1. 大棚落葵
2. 大棚茼蒿
3. 大棚苦苣
4. 大棚苋菜

U0250700

1. 大棚藜蒿
2. 大棚紫背天葵
3. 大棚韭菜
4. 大棚红薯尖

1. 马齿苋
2. 芥蓝
3. 紫苏
4. 大棚菊花脑

1. 大棚红菜薹
2. 豆瓣菜
3. 大棚萝卜
4. 大棚蕹菜

快生菜大棚栽培实用技术

KUAISHENGCAI DAPENG ZAIPEI SHIYONG JISHU

汪李平　编著

中国科学技术出版社

·北　京·

图书在版编目（CIP）数据

快生菜大棚栽培实用技术 / 汪李平编著 . —北京：
中国科学技术出版社，2018.1

ISBN 978-7-5046-7815-7

I. ①快… II. ①汪… III. ①蔬菜—温室栽培

IV. ① S626.5

中国版本图书馆 CIP 数据核字（2017）第 279433 号

策划编辑	刘　聪　王绍昱
责任编辑	刘　聪　王绍昱
装帧设计	中文天地
责任印制	徐　飞

出　　版	中国科学技术出版社
发　　行	中国科学技术出版社发行部
地　　址	北京市海淀区中关村南大街16号
邮　　编	100081
发行电话	010-62173865
传　　真	010-62173081
网　　址	http://www.cspbooks.com.cn

开　　本	889mm×1194mm　1/32
字　　数	242千字
印　　张	10.625
彩　　页	4
版　　次	2018年1月第1版
印　　次	2018年1月第1次印刷
印　　刷	北京威远印刷有限公司
书　　号	ISBN 978-7-5046-7815-7 / S・690
定　　价	40.00元

C*ontents* 目 录

第一章
概　述

一、快生菜的栽培共性

（一）作用和意义

快生菜指以直播为主、生长期不超过60天的叶菜类蔬菜。如大白菜秧、小白菜、生菜、油麦菜、萝卜秧、菜心等。快生菜近几年发展较快，武汉地区尤以夏秋播面积大。通常所说的快生菜，一般都是在夏季蔬菜供应相对紧缺时抢播的蔬菜，主要以叶菜为主，品种有小白菜、油麦菜、大白菜秧子、蕹菜等。

只要温度适宜（25℃左右），水分供应充足，就可以加快快生菜的生长。一般来说，生长周期为40天左右的快生菜，夏季只要20天就可以采摘。因此，相比正常生长的蔬菜，快生菜在口感上并无差异。

快生菜主要指生长快速的根茎叶菜，其生长快、易栽培，在茬口衔接、市场供应上有着较重要的作用。快生菜新鲜、柔嫩、易腐烂的特点，决定了快生菜大多是不耐贮藏运输的，最好就地生产就地供应。快生菜具有以下特点。

第一，快生菜种类繁多，形态、结构、风味各异，且营养丰富，含有丰富的维生素、矿物质和含氮物质，如菠菜维生素C含量达32毫克/100克。对增进人们的身体健康，丰富"菜篮子"

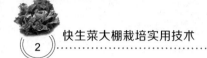

有重要意义。

第二，快生菜适应性广，生长期短，采收灵活，可充分利用土地，产量和经济效益可观；可多品种搭配，排开播种，分期采收，形成灵活的茬口，是周年供应的优良品种，在蔬菜均衡生产和供应上起着重要的作用。

第三，快生菜植株矮小，适于密植，是间作、套种的好材料，可以增加复种指数，提高光能利用效率，提高单位土地面积产量。

第四，快生菜栽培上的共同特点是生长期短、根系入土浅，但单位面积株数多，种植密度高，要求具有保水保肥力强、结构良好的土壤。快生菜多以柔嫩的茎叶供食用，要求组织柔嫩、纤维少，栽培上应以氮肥为主，但不存在疯长、徒长的问题。在施肥上要少施勤施，氮肥充足，以保证其不断生长的需要。它们均以营养器官供人们食用，所以促进营养器官生长、控制未熟抽薹是栽培技术的关键。

（二）主要种类

快生菜种类很多，除了常规栽培的生菜、苋菜、小白菜、芹菜等快生菜外，许多野生蔬菜、芳香蔬菜、药用蔬菜、彩色蔬菜也是很好的栽培材料。

1. 常见快生菜　芹菜、蕹菜、苋菜、小白菜、生菜、油麦菜、菠菜、茼蒿、香菜、广东菜心、木耳菜、水芹菜、西洋菜、番杏、南瓜秧、大白菜秧、萝卜菜、红薯尖、菊花脑等。

2. 彩色快生菜　红叶甜菜、白梗甜菜、黄梗甜菜、紫叶生菜、花叶生菜、花叶苋菜、红叶苋菜、白叶苋菜、紫背天葵、白背天葵、京水菜、乌塌菜、奶白菜、紫崧三号小白菜、紫菜薹、金丝芥菜、花叶苦苣、结球菊苣、大叶木耳菜、红叶木耳菜等。

3. 药用快生菜　蒲公英、鱼腥草、叶用枸杞、桔梗、车前草、马兰、板蓝根、马齿苋、铁皮石斛等。

4. 芳香快生菜 小香葱、韭菜、蒜苗、香芹、紫苏、熏衣草、薄荷、罗勒、荆芥、留兰香、迷迭香、香蜂花、茴香、球茎茴香、神香草、芝麻菜、藿香等。

5. 野生快生菜 苦麻菜、鸭儿芹、土人参、荠菜、冬寒菜、藜蒿等。

（三）栽培特性

1. 对温度的要求 根据对温度的要求，快生菜可分两种类型。

（1）喜冷凉而不耐热类 菠菜、芹菜、莴苣、茼蒿、芫荽、茴香等，生长适温为15～20℃，且能耐短期的霜冻，其中以菠菜的耐寒力最强。这类绿叶蔬菜，在冷凉的条件下栽培，产量高、品质好，在高温（超过28～30℃）或高温干旱条件下品质降低。例如，菠菜叶变小变薄，涩味增加；莴苣叶片变小变粗糙，且微带苦味。

（2）**喜温暖而不耐寒类** 蕹菜、苋菜、落葵、紫苏、薯尖等，生长适温为20～25℃或更高一些。如蕹菜、落葵在35℃条件下，只要土壤保持供水，仍能正常生长；15℃以下茎叶生长缓慢或生长不良，遇霜冻茎叶易枯死。但温度过高，茎部纤维化程度增高。因此，快生菜栽培时应根据其对温度的要求，注意安排好适宜季节。

2. 对光照的要求 喜冷凉的快生菜是低温长日照作物，但大多数喜冷凉的快生菜如菠菜、莴苣的花芽分化并不需要经过较低的温度条件，而它们的抽薹开花对长日照敏感，在长日照条件下伴以适温便可迅速抽薹开花，从而影响叶片的生长，降低蔬菜品质。相反，在短日照条件下并伴以适当的低温能促进叶片的生长，有利于产量和品质的提高。因此，喜冷凉的快生菜虽然可春秋栽培，但以秋播为好。喜欢温暖的快生菜是高温短日照作物，如蕹菜、苋菜、落葵、紫苏等，春播且长日照条件下性器官出现晚，收获期长，品质柔嫩，产量高；秋播条件下花器官出现早，收获期较短，其生长和发育在较大程度上受光照长短的影响。

3. 加水分的要求　大多数快生菜根系较浅，生长迅速，单位面积种植的株数较多，因此对水分条件要求较高且不耐干旱。如菠菜在空气湿度 80%～90%、土壤相对含水量 70%～80% 条件下，生长最旺盛，叶片厚，品质好，产量高；若生长期缺水，则生长减缓，叶肉老化，纤维增多，尤其在高温、干燥、长日照条件下，会促进其花器官发育，提早抽薹。

4. 对土壤的要求　大多数快生菜对土壤的适应性较强，但由于它们要在较短的生长期内吸收大量的营养和水分，因而要求土壤具有良好的团粒结构，且保水保肥力强。在施肥方面，要求在较好土壤墒情的前提下，少施勤施，以保证蔬菜不断生长的需要。快生菜大多以柔嫩的叶片供食，氮肥充足，植株内的大部分碳水化合物与氮形成蛋白质，只有少数形成纤维、果胶等，故叶片柔嫩多汁而少纤维，且品质好、产量高。氮肥不足，则植株矮小、叶少、色黄而粗糙，失去食用价值。

（四）栽培模式

快生菜栽培主要有露地栽培和设施栽培两种模式。

1. 露地栽培　通俗来说，就是露天种植，即在没有任何保护措施的情况下种植，完全依靠自然条件来种植。受自然条件的制约，一般喜冷凉而不耐热的快生菜在夏季高温季节种植时易出现生长不良、纤维过多、品质较差的问题；而喜温暖而不耐寒的快生菜在冬季露地无法生长。

2. 设施栽培　即在不适宜快生菜生长的季节，利用各种设施为快生菜生产创造适宜的环境条件，从而达到周年供应的栽培形式。长江流域快生菜常见的设施栽培类型主要有塑料大棚、塑料大棚内多层覆盖、连栋大棚、连栋温室等冬季保温栽培，以及夏季的避雨栽培、遮阳网覆盖栽培、防虫网覆盖栽培等。

二、快生菜高效茬口案例

武汉地区利用大棚保护地种植快生菜，通过合理安排茬口，选择优良品种，进行科学的田间管理，达到一年多收，从而获得较高的产量及显著的经济效益。经田间试验，探索出"苋菜—苋菜—娃娃菜—油麦菜—生菜—娃娃菜—苋菜"高效快生菜种植模式，1年7茬，经济效益显著，每亩年销售额达45600元。现将此高效模式介绍如下。

（一）茬口安排

6月上旬播种苋菜，约25天采收上市；7月中旬种植苋菜，约25天采收上市；8月下旬密植娃娃菜，约40天采收上市；10月上旬种植油麦菜，约40天采收上市；11月中旬密植生菜，约70天采收上市；翌年2月上旬撒播娃娃菜，约40天采收上市；4月中旬撒播苋菜，约50天采收上市。

（二）种植管理

1. 苋 菜

（1）**品种选择** 选用武汉本地耐热圆叶苋菜，高温季节25天即可采收上市。

（2）**整地播种** 苋菜对土壤要求不严，以疏松、肥沃、保肥保水性好的土壤为佳。上茬采收后及时清理大棚，高温闷棚1周后，亩施有机肥2000千克，进行第二次闷棚。整地后每亩施三元复合肥75千克，精耕细作，做畦宽2米、沟宽0.3米、沟深0.2米左右的高畦。亩用种量约1.5千克，与细土拌匀后均匀撒播，用细齿耙浅耧，浇水待出苗。

（3）**田间管理** 播后3～5天出苗，苗期在光照强烈的晴天盖遮阳网遮阴。早晨或傍晚浇水，保持土壤湿润，出苗后注意除草。苋菜 2 片真叶时及时间苗、补苗。

（4）**病虫害防治** 白锈病：播前用种子质量 0.2%～0.3% 的 58% 甲霜·锰锌可湿性粉剂，或 64% 噁霜·锰锌可湿性粉剂拌种预防；发病初期选喷 58% 甲霜·锰锌可湿性粉剂 500 倍液，或 50% 琥铜·甲霜灵可湿性粉剂 600～700 倍液，或 64% 噁霜·锰锌可湿性粉剂 500 倍液。蚜虫：可用 5% 吡虫啉乳油 2 000～3 000 倍液，或 3% 啶虫脒乳油 1 000～1 500 倍液交替防治。

（5）**采收** 苗高 15～20 厘米时开始间拔采收。

2. 娃娃菜 娃娃菜一般生育期 40～55 天，商品球高约 20 厘米，直径 8～9 厘米，净菜重 150～200 克。生长适宜温度 5～25℃，低于 5℃ 易受冻害，抱球松散或无法抱球；高于 25℃ 则易感染病毒病。

（1）**品种选择** 选择抗性较强、生长速度快的品种，如春来早白。

（2）**整地播种** 选择土壤肥沃、排灌方便的沙质至黏质壤土为宜。因生育期较短，要注重基肥，应全面施足腐熟有机肥，每亩施三元复合肥 50 千克作基肥。缺钙或土质偏碱的地区可增施 15～20 千克过磷酸钙以促进钙吸收，深翻耙平，做畦参见苋菜。

（3）**田间管理** 用遮阳网遮强光降高温；播种后 1～2 周及时间苗、定苗、补苗、拔除杂草；适时浇水。

（4）**病虫害防治** 苗期和莲座期重点防霜霉病，可用 72% 霜脲·锰锌可湿性粉剂 600～800 倍液，或 69% 烯酰·锰锌可湿性粉剂 800 倍液防治，每 7～10 天喷 1 次，连喷 2～3 次。幼苗出土后常遭受黄曲条跳甲危害，喷施 90% 敌百虫晶体 1 000 倍液，或 50% 辛硫磷乳油 1 000 倍液。小菜蛾、菜螟、甜菜夜蛾用 0.2% 甲氨基阿维菌素苯甲酸盐乳油 1 000 倍液防治，每 7～10 天喷 1 次。蚜虫防治同苋菜。

（5）**采收** 当球高 20 厘米、直径 8～9 厘米时，及时采收。采收时应全株拔掉、去除多余外叶、削平基部，用保鲜膜打包后即可上市。

3. 油麦菜 油麦菜是以嫩梢、嫩叶为产品的尖叶型叶用莴苣，叶片长披针形，色泽淡绿，抗病性、适应性强，质地脆嫩，口感鲜嫩、清香，亩产 1 500～2 500 千克。

（1）**品种选择** 选择产量高、适应性强的品种。

（2）**整地播种** 油麦菜生命力强，对土壤要求不严。每亩施三元复合肥75千克，深翻20～30厘米，以加深活土层、疏松熟化土壤、改善土壤透气性，有利于茎叶生长。最后粉碎大土块，耙平，做畦同苋菜。播前用50℃温水浸种4～6小时，晾干后直播，株行距15厘米×20厘米。播后浇1次透水，促种子生根发芽。

（3）**田间管理** 油麦菜种子发芽比较快，通常3～4天（低温7～10天）即可出苗。幼苗达2～3片真叶时，进行1次间苗，并适时中耕、松土、除草。油麦菜需水量不大，一般7天左右浇水1次，浇水量不宜过大，保持土壤湿润即可。生长过程中如果发现杂草，应立即清除，以免影响油麦菜生长。

（4）**病害防治** 生长中后期喷施多菌灵，预防病害发生。在喷施杀菌剂时，喷雾器喷口朝上，尽量使药液喷在油麦菜叶片背面。

（5）**采收** 40天左右、株高达30厘米左右时采收上市。

4. 生菜 生菜又名叶用莴苣，按叶的生长形态可分为散叶生菜和结球生菜两种。结球生菜喜低湿冷凉的环境，秋季种植播种期为9月下旬至11月中旬。

（1）**品种选择** 选择适宜秋季种植的结球生菜。

（2）**整地播种** 前茬油麦菜采收结束清洁田园后，深翻土壤。生菜移栽前，亩施有机肥2 000千克，并掺入过磷酸钙15千克，然后耙平地面，做畦同苋菜。一般每亩大田需种子25～30克。播前浇透水，待水渗下后撒播种子。由于种子较小，可掺入种子体积4～5倍的潮湿细沙混播，以保证播种均匀，播后覆土厚0.5厘米，平铺地膜，有利于保温保湿，便于种子萌发。在15～20℃条件下，1～2天后当大部分种苗顶土时，及时揭去地膜。幼苗出土后，加强管理，真叶出现后及时间苗。苗期温度管理很重要，以15～20℃为宜；水分管理以保持土壤湿润、不干不浇水为原则。当秧苗长到4～5片叶、苗龄达20～30天时，即可定植。

（3）**田间管理** 做畦宽2米，株行距（25～30）厘米×（25～35）厘米，密度为4 000～8 000株/亩。定植前1天，对苗床喷水，使床土湿润。挖苗时尽量多带泥土、少伤根。大小苗分开栽植，便于管理，并留5%～10%的备用秧苗，供补苗时用。宜选用生长健壮、节间短、叶柄粗阔、无病虫害的秧苗定植。定植时，气温若较低，应选择冷天过后晴朗无风的温暖天气进行。先栽苗后浇水，忌大水漫灌，以防大幅度降温，影响成活率。栽植深度以根部全部埋入土中为宜，将土稍压紧，使根部与土壤充分密接，埋土不可过深，否则压住心叶，影响正常生长。生长前期适当控水，叶片生长旺盛期需水量较大，保持土壤湿润，高温时早晚浇水，宜小水勤浇，采收前逐渐减少浇水量。

（4）**病虫害防治** 主要害虫有蚜虫，防治同苋菜。主要病害有软腐病、菌核病，用50%多菌灵可湿性粉剂500～600倍液，或70%敌磺钠原粉800～1 000倍液防治。

（5）**采收** 移栽定植25天左右开始采收，在主茎老化前采收完毕。

（三）经济效益评估

根据产量和当季单价计算，本种植模式产值可达45 600元/亩，其中第一茬苋菜3元/千克，亩产2 000千克，产值6 000元；第二茬苋菜4元/千克，亩产1 800千克，产值7 200元；第三茬娃娃菜3.4元/千克，亩产2 500千克，产值8 500元；第四茬油麦菜3元/千克，亩产2 300千克，产值6 900元；第五茬生菜3元/千克，亩产2 000千克，产值6 000元；第六茬娃娃菜2元/千克，亩产2 500千克，产值5 000元；第七茬苋菜4元/千克，亩产1 500元，产值6 000元。

第二章
芹 菜

芹菜俗称旱芹、药芹，是伞形花科芹属中可形成肥嫩叶柄的2年生蔬菜。芹菜适应性广，全国各地均有栽培，尤其是近年来，随着蔬菜生产的不断发展，芹菜的消费量也在不断增加，已成为我国城乡居民消费的主要绿叶蔬菜之一。露地栽培与设施栽培相结合，从春到秋可排开播种，周年生产。

一、品种类型

芹菜的品种很多，分本芹（中国芹菜）和西芹（西洋芹菜）两大类型。

（一）本 芹

本芹特点是分蘖多，叶柄细长，多为空心，叶丛开张，香味浓。依叶柄颜色可分为青芹和白芹两个类型。青芹叶片较大，深绿或绿色，叶柄较粗，绿色或淡绿色，有些品种心叶黄色，植株高大，生长健壮，香味浓，软化栽培品质更佳；白芹叶较细小，淡绿色，叶柄黄白色，植株较矮小而柔弱，质地较细嫩，品质较好，但香味稍淡，抗病性差。按叶柄的充实与否又可分为空心与实心两种，实心芹菜品质较好，春季不易抽薹，产量高，耐贮藏；空心芹菜品质较差，春季易抽薹，但抗热性较强，宜夏季栽培。

本芹适应性强，一般来说，凡是能够在露地栽培的品种，大棚内都可以选用栽培。冬春大棚生产宜选用耐寒性强，叶柄长、实心、纤维少、品质好、高产、耐贮抽薹晚的品种；夏季大棚生产多选用耐热性强和生长快的空心品种。生产中的主要品种有铁杆芹菜、青梗芹、黄心芹、培芹、药芹、白芹等。

1. 铁杆芹菜 地方品种。株高80～100厘米，叶片绿色，叶柄绿色，长约50厘米，纤维少，香味浓，抽薹晚，耐寒，耐贮藏，产量高，单株重可达1千克以上。大棚栽培亩产量在5 000千克以上。

2. 青梗芹 地方品种。株高60厘米左右，叶片大而厚，浓绿色，叶柄绿色，中空，质地脆嫩，香气浓，纤维少，品质佳，生长快，产量高，抗逆性强，可四季栽培。

3. 白梗芹 地方品种。株高60厘米左右，叶片绿色，叶柄圆大，白色，中空。质脆，清香，味淡，品质中等。耐寒性较弱，抗热性较强。

4. 培芹 地方品种。植株高70厘米左右。叶片少，呈汤匙形，绿色，叶柄长而肥嫩，绿白色，纤维少，香气浓，品质优，适于培土软化栽培。

5. 药芹 也称香芹，地方品种。株高65厘米左右，叶片少，绿白色，叶柄绿色，圆形，质地脆，水分少，味香浓带药味，晚熟，适于春、秋栽培。

（二）西 芹

西芹特点是分蘖少，叶柄肥厚实心，节处缢痕明显，叶丛较紧凑，香味较淡。西芹依叶柄的颜色可分为青梗和黄梗两大类型。青梗品种的叶柄绿色，圆形，肉厚，纤维少，抽薹晚，抗逆性和抗病性强，熟期晚，不易软化；黄梗品种的叶柄不经过软化就自然呈金黄色，叶柄宽，肉薄，纤维较多，空心早，对低温敏感，抽薹早。

近十几年来，我国育种工作者利用引进芹菜资源，通过现代育种技术选育出多个优良的西芹新品种，如四季西芹、西雅图、优文图斯、津奇1号、津奇2号、双港西芹、黄嫩西芹等，这些品种已经得到大面积推广应用，并迅速替代国外品种。

1. 文图拉　植株高大，生长旺盛，株高80厘米左右。具有株型大、叶片肥、叶柄浅绿、横断面实心（半圆形）、腹股较浅、叶柄宽厚（抱合紧凑）、质地脆嫩、纤维少等特点，从定植到收获80天左右，适合保护地及露地栽培。单株重在1千克以上，每亩产量在8 000千克以上，对芹菜病毒病、叶斑病和缺硼有较强抗性。冬性较强，抗病性好，适合保护地及春、秋露地栽培。

2. 加州皇　植株长势好，株高85～90厘米，叶柄长35～40厘米，株型紧凑，整齐一致。叶柄颜色绿白色，实心，耐运输，田间持续能力好，不易空心，质地脆嫩，纤维极少。耐抽薹，抗病性强，产量高，定植后75～80天采收。单株重1千克以上，每亩产量最高可达10 000千克。

3. 荷兰西芹　株型紧凑，株高80厘米左右，叶绿色，叶柄长、肥宽、浅绿色、光泽好、纤维少、商品性佳。早熟，定植后75天左右收获，每亩产量8 000～10 000千克。耐热性较好，冬性强，抗病性好，适于保护地及露地春、秋栽培。

4. 荷兰皇帝西芹　株型紧凑，株高70～80厘米，叶绿色，叶柄长、肥宽且光滑、鲜绿色、光泽好、纤维少、商品性佳。早熟，定植后60～90天收获，亩产量8 000～10 000千克。冬性强，抗性好，适合春、秋保护地及露地栽培。

5. 金皇后　植株高大旺盛，株高70～85厘米，叶色翠绿，叶柄长、浅绿色、有光泽、纤维少、品质佳。早熟，冬性较强，定植至收获75～90天，每亩产量达7 500千克以上。抗病性好，适合保护地及春、秋露地栽培。

6. 四季西芹　株高80厘米左右，叶柄宽厚翠绿，有光泽，腹沟较浅，组织结实。第一节长30厘米以上，质地脆嫩，纤维少。株型紧凑，冬性强，耐抽薹，抗病性好，产量高。适合保护地及春、秋露地栽培，每亩种植 2 万株左右，由定植至收获需 80 天。单株重 1 千克左右，一般每亩产量 8 000 千克左右。

7. 黄嫩西芹　叶柄实心，淡绿色，鲜嫩，叶片较大，叶缘为圆锯齿形，单株食用叶柄 9 条左右；叶柄长 60 厘米左右、叶柄宽 1.5～2.0 厘米。单株高 80 厘米左右，抽薹晚。具有美国嫩脆西芹的耐寒、高产、抗病、抽薹晚、糠心率低的特点，又有广东黄芹的叶片大、生长速度快的特点。丰产性好。保护地栽培一般亩产量 7 000 千克左右，高产的可达 13 000 千克以上。抗病毒病、斑枯病、软腐病能力强。

8. 百利西芹　植株较大，叶色翠绿，叶片较大，叶柄浅绿色，横断面上半圆形，腹沟较浅，叶柄肥大、宽厚，茎部宽 3～5 厘米，叶柄第一节长度 27～30 厘米，植株高 80 厘米左右，叶柄抱合紧凑，质地脆嫩，纤维少，从定植至收获一般 70 天左右。本品种抗病性强，对芹菜病毒、叶斑病和芹菜缺硼抗性较强。单株重在 2 千克以上，亩产量 20 000 千克以上。田间种植行株距 50 厘米×10 厘米为宜，软化后品质更为白嫩脆美。

9. 阿姆斯特丹　荷兰引进，早熟品种，叶柄黄嫩，高 80 厘米左右，定植后 80～90 天收获，单株 1～1.5 千克，也可小棵种植。

10. 皇菲　法国引进，中早熟，叶柄黄绿色、实心，高 80 厘米左右，单株 1～1.5 千克，定植后 80～90 天收获，也可作中、小棵芹菜栽培。

（三）本芹与西芹的杂交改良型

指本芹与西芹进行自然杂交或人工杂交后，再经过系统选育而成的一类芹菜品种，特点是分蘖少，叶柄细长，植株较高，叶丛较开张，香味浓，代表品种有天津实心芹、开封玻璃脆、上农玉芹、马家沟芹菜一号等。这类品种与传统本芹相比，具有生长快、品质优、产量高的明显优势，因而育成后迅速得到大面积推广应用，在我国芹菜生产中曾经发挥很大作用，但近年来这类品种的栽培面积总体上呈下降趋势，在许多地区被新一代西芹品种取代。

1. 开封玻璃脆 河南开封育成的品种，为开封实秆青芹与西洋芹自然杂交选育而成。株高 70～80 厘米，单株重 500 克左右。叶柄长而粗，实心，肉质细嫩，纤维少，不易老，色如碧玉，透明发亮，故得名"玻璃脆"。长势强，耐水肥，耐热耐寒，耐贮藏。一年四季均可种植，定植后 100 天即可收获。大棚栽培一般亩产量 5 000 千克以上。因其耐寒性强，作为秋季及冬季大棚栽培更为适宜。

2. 津南实芹 1 号 由天津市南郊区双港乡农科站利用天津白庙芹菜的自然变异单株，经多年系统选育而成的新品种。株高 80～100 厘米，单株重 250～600 克，叶片绿色，叶柄黄绿色，叶柄长，实心，纤维少，质地脆嫩，香味适中，可食用叶柄多，抗病性强，耐寒也较耐热，抽薹晚，适应性广。大棚栽培一般亩产量 5 000 千克以上，高产稳产。

3. 玉香 1 号 玉香 1 号是从江苏省昆山地区的毛芹菜品种中经系统选育而成的芹菜新品种，其分蘗性强、叶色深绿色、香味浓郁、质地脆嫩、口感好，适合鲜食，尤其适宜做芹菜馅料。该品种于 2015 年通过江苏省农作物品种审定委员会审定。玉香 1 号芹菜长势强，植株分蘗较明显；叶簇半直立，叶片深绿色，叶缘锯齿尖型，二回羽状复叶顶端小叶叶片边缘齿刻密，裂片间隔分离，叶柄筋无突起，叶柄内侧轮廓较平，叶柄无白化。抗叶斑病、菌核病和早疫病。每亩产量 1 600 千克左右。经江苏省芹菜新品种区域试种 2 年的鉴定表明，玉香 1 号芹菜平均可溶性糖含量为 0.9%，维生素 C 含量为 27.6 毫克/100 克，可溶性蛋白质含量为 11.3 毫克/克，粗纤维含量为 4.6%。玉香 1 号芹菜适宜在苏南及沿江地区作保护地栽培。春季保护地栽培，苏南地区一般在 1 月初播种，3 月下旬定植，每亩用种量 450 克左右；秋季保护地栽培，一般在 8 月下旬播种，11 月中旬定植。

4. 申香芹一号　申香芹一号是上海市农业科学院园艺研究所最新育成的青柄绿叶小芹菜新品种，该品种叶色浓绿，叶柄青绿细长，脆嫩，香味浓郁，尤其抗病、抗逆性强。在上海地区可以周年播种栽培，其春季栽培的播种适期为 3 月中旬，秋季栽培的播种适期为 9 月中旬，而越冬栽培的播种适期为 10 月中旬；适宜种植密度为每亩种植 5 万～5.5 万株，每亩产量 3 000 千克左右。

二、栽培特性

（一）生长发育过程

芹菜的生长发育过程，可分为营养生长时期和生殖生长时期。一般来说，芹菜是 2 年生植物，第一年生长叶丛，为营养生长时期，第二年抽薹、开花、结实，为生殖生长时期。芹菜是以肥大叶柄为主要食用和商品部分，花薹的抽生将使芹菜失去食用价值，从而影响经济效益。因此，无论是露地栽培还是保护地栽培，都是以延长营养生长期获得较多的肥大柔嫩叶柄为目的，必须尽量满足其营养生长所要求的条件，避开或减少转向生殖生长的条件，而获得优质高产的产品。

1. 发芽期　芹菜播种后，在土壤水分、温度和空气等条件适宜时开始发芽，种皮破裂，先长出胚根，然后两片子叶出土。种子萌动到子叶展开，15～20℃需 10～15 天。

2. 幼苗期　子叶展开到有 4～5 片真叶（西芹为 7～9 片），20℃左右需 45～60 天（西芹 80 天左右），为定植适期。幼苗期适应性较强，可耐 30℃左右的高温和 4～5℃低温。

3. 外叶生长期　从定植至心叶开始直立生长（立心），在 18～24℃适温下需 20～40 天，遇 5～10℃低温 10 天以上易抽薹。这一阶段主要是根系恢复生长。初期处于营养消耗状态，基部的1～3片老叶因营养消耗而衰老黄化，在其叶腋间可能长出侧芽，即分蘖，特别是西芹。分蘖会妨碍植株的生长，应及时摘除。随着根系恢复生长和新根的发生，幼苗恢复生长，陆续长出3～4片新叶。由于移栽后营养面积扩大，受光状况改变，新叶呈倾斜状态生长，这是外叶生长期的最显著特征。随着外叶的生长和充实空间，植株受光状态发生改变，继续发生的新叶则开始直立生长。

4. 心叶肥大期　从心叶开始直立生长至产品器官形成及收获，此期叶柄迅速肥大增长，生长量占植株总量的70%～80%，12～22℃时需30～60天，为采收适期。立心以后，生长速度加快，约2天可分化1片叶，每天可生长2～3厘米。此期心叶陆续生长，叶柄因营养积累而肥大。同时，根系旺盛生长，大量发生侧根，须根布满耕层，主根因储藏营养而肥大。

5. 花芽分化期　从花芽开始分化至开始抽薹，约2个月。芹菜为绿体春化型蔬菜，当苗龄达30天以上、幼苗有4～5片真叶（西芹7～8片真叶）、苗粗达0.5厘米以后就可以感应低温。苗株越大，感应低温的能力越强，完成春化需要的时间越短。实际上，日历苗龄比植株大小（生理苗龄）的影响更重要。

6. 抽薹开花期　从开始抽薹至全株开花结束约需2个月。越冬芹菜受低温影响通过春化，营养苗端在2～5℃时开始转化为生殖苗端。春季在15～20℃和长日照下抽薹，形成花蕾，开花结籽。花芽分化完成后，遇到适宜的长日照条件即抽生花薹，长出花枝。花序开花的顺序：顶端花伞的花先开，其次是一级侧枝的花伞开花，以后顺次是二级侧枝到五级侧枝的顶伞开花。小（单）花开放的顺序是从周围以同心圆状向中心开放，每天开3～5朵，一个大花伞的花开完需7天。每株的花伞数以三级和四级侧枝上最多，其次按二级、五级和一级侧枝的顺序逐渐减少。

7. 种子形成期　从开始开花至种子全部成熟收获，需2个多月，大部分时间与开花期重叠。就一朵花而言，开花后雄蕊先熟，花药开裂 2～3 天后雌蕊成熟，柱头分裂为二。靠蜜蜂等昆虫传粉进行异花授粉，授粉后 30 天左右果实成熟，50 天后枯熟脱落。

（二）对环境条件的要求

1. 温度 芹菜属于耐寒性蔬菜，要求较冷凉湿润的环境条件，在高温干旱条件下生长不良。芹菜在不同的生长发育时期，对温度条件的要求是不同的。

种子在 4℃时开始萌发，发芽期最适温度为 15～20℃；低于 15℃或高于 25℃，则会延迟发芽的时间和降低发芽率。30℃以上几乎不发芽。适温条件下，7～10 天就可发芽。

芹菜在幼苗期对温度的适应能力较强，能耐 −5～−4℃的低温。品种间耐寒性有一定差异，低温季节栽培应选择耐寒品种。幼苗在 2～5℃的低温条件下，经过 10～20 天可完成春化。幼苗生长的最适温度为 15～23℃。芹菜在幼苗期生长缓慢，从播种到长出一个叶环大约要 60 天。因此，多采用育苗移栽的方式栽培。

定植至收获前是芹菜营养生长的旺盛时期，此期生长的最适宜温度为 15～20℃。温度超过 20℃则生长不良、品质下降，且容易发病。芹菜成株能耐 −10～−7℃的低温。秋芹菜之所以能高产优质，就是因为秋季气温最适合芹菜的营养生长。

2. 光照 芹菜是一种耐弱光的蔬菜作物。光照的长短对它的营养生长影响不大，但是对它的生殖生长影响非常大，尤其是越冬栽培中，光照调节不好，会过早地发生抽薹现象，严重影响芹菜的产量和品质。

芹菜种子发芽时喜光，有光条件下易发芽，黑暗下发芽迟缓。芹菜在生育初期，要有充足的光照，以便植株开展、充分发育，而营养生长盛期喜中等光强，光照度在 10～40 千勒较适宜。因此，冬季可在温室、大棚及小拱棚中生产，夏季栽培需遮光。

另据试验，弱光下芹菜呈直立性生长，而强光抑制伸长生长，使叶丛横向扩展，所以芹菜适宜在保护地内栽培，但应适当密植。长日照可以促进芹菜苗端分化花芽，促进抽薹开花；短日照可以延迟成花过程，而促进营养生长。因此，在栽培上，春芹菜适期播种（如清明后播种），保持适宜温度和短日照处理，是防止抽薹的重要管理措施。冬季大棚生产虽然低温条件可以满足，但因当年已经没有长日照条件，所以不会有先期抽薹的问题。

3. 水分 芹菜为浅根性蔬菜，吸水能力弱，对土壤水分要求较严格，整个生长期要求充足的水分条件。适宜的土壤相对含水量为 60%～80%，空气相对湿度为 60%～70%。播种后床土要保持湿润，以利幼苗出土；营养生长期间要保持土壤和空气湿润状态，否则叶柄中厚壁组织加厚，纤维增多，甚至植株空心老化，使产量及品质都降低。在栽培中，要根据土壤和天气情况，充分地供应水分。

4. 土壤营养 芹菜喜有机质丰富、保水保肥力强的壤土或黏壤土。沙土及沙壤土易缺水缺肥，使芹菜叶柄发生空心。芹菜对土壤酸碱度的适应范围为 pH 值 6～7.6，耐碱性比较强。

芹菜要求较完全的肥料。在任何时期缺乏氮、磷、钾，都会影响芹菜的生长发育，而以初期和后期影响更大，尤其缺氮影响最大。每生产 100 千克产品，从土壤中吸收氮 40 克、磷（P_2O_5）14 克、钾（K_2O）60 克。对氮、磷、钾的吸收比例，本芹约为 3:1:4，西芹约为 4.7:1.1:1。苗期和后期需肥较多。初期需磷最多，因为磷对芹菜第一叶节的伸长有显著的促进作用，芹菜的第一叶节是主要食用部位，如果此时缺磷，会导致第一叶节变短。缺磷虽妨碍叶柄的伸长生长，但磷过多时则会使叶柄纤维增多。钾对芹菜后期生长极为重要，可使叶柄粗壮、充实、有光泽，能提高产品质量。缺钾影响养分的运输，使叶柄薄壁细胞中储藏的养分减少，抑制叶柄的增粗生长。在整个生长过程中，氮肥始终占主导地位。氮肥是保证叶片生长良好的最基本条件，对产量影响较大。氮肥不足，会显著地影响到叶的分化及形成，叶数分化较少，叶片生长也较差，而且叶柄也易老化空心。叶柄空心除与缺肥有关外，还与高温、干旱或低温受冻等有关，在这些逆境条件下，干物质的运输和分配受到阻碍，叶柄内部细胞因营养供应不足而空心。此外，芹菜对硼较为敏感，土壤缺硼时在芹菜叶柄上出现褐色裂纹，下部产生劈裂、横裂和株裂等，或发生心腐病，发育明显受阻。

芹菜是以叶柄为商品的蔬菜，因此一切栽培措施都要围绕叶柄的生长来进行。芹菜栽培中需要注意的几个因素：①水分不足、缺氮和低温受冻，叶柄容易产生空心；②温度过高、土壤干燥、缺硼，叶柄会发生"劈裂"现象，西芹缺钙则易烂心（心腐病）；③在芹菜株高达到20厘米以上，收获前的15天喷1次赤霉素，施用浓度为10毫克/升，结合0.1%的磷酸二氢钾效果更好。选择晴天上午9时以前喷洒，阴雨天禁止使用。喷后要多浇水、多施肥。使用赤霉素不但可以增加产量，而且可以提高品质，增加抗病性。

三、栽培季节

（一）本　芹

芹菜的大棚栽培，主要有以下几种方式。

1. 大棚秋（延迟）芹菜　5～6月份播种育苗，8月中下旬定植，10月下旬至11月上旬天气转冷不适于芹菜生长时，大棚覆膜保温，11月上旬开始采收。

2. 大棚冬芹菜　一般7月上旬至8月上旬播种育苗，9月上旬至10月上旬定植，10月下旬至11月上旬及时扣棚膜保温，12月下旬至2月上中旬采收，正好春节供应。

3. 大棚春（越冬）芹菜　8月中旬至9月中旬播种育苗，10

月中下旬定植，11月上旬气温逐渐降低时，要及时扣棚膜保温，3月上中旬开始收获，正好春淡时上市。

4. 大棚夏芹菜 又叫伏芹菜，春季终霜后至5月上中旬播种，6月上旬定植，6月下旬开始覆盖遮阳网，以减弱棚内阳光，覆盖遮阳网最好做到盖顶不盖边、盖晴不盖阴、盖昼不盖夜，前期盖，后期揭。这一季芹菜正好在8～9月份秋淡时收获。

（二）西 芹

西洋芹菜生长期长，从播种到采收要150～200天，其中从播种至定植及从定植至采收各75～100天。西芹不及中国芹菜耐热耐寒，需要在冷凉湿润的气候条件下生长，最适生长温度为15～20℃，温度过高过低均会使其生长不良。13℃为感温临界温度，低于13℃的时间过长则植株先期抽薹；-3℃以下会使植株受冻；25℃以上伴以干燥气候，又会使植株纤维化，品质变劣。因此，西芹栽培对环境条件要求比本芹严格，加之其生长期长，在长江流域要充分生长，目前只能在大棚中栽培。西芹的大棚栽培，主要有以下两种方式。

1. 大棚秋、冬季栽培 秋、冬季栽培从高温到低温，符合西芹生长习性要求，而且适合的生长期长，植株可充分生长，不但产量高，而且品质优，供应期长。是长江流域西芹栽培的主要方式。一般5月上旬至8月下旬皆可播种，8月上旬至10月下旬定植，10月下旬至翌年3～4月份抽薹前采收。分批播种可以分期采收，如5月上旬播种的苗，8月上旬定植，经80～90天生长，10月下旬即可开始采收；7月上旬播种要到9月下旬定植，供应期正值元旦到春节期间；8月份播种的苗，10月份定植，冬季覆盖保温可延长到翌年3～4月份抽薹前采收。

2. 大棚春、夏季栽培 春、夏季栽培，幼苗有相当长时间在低温下生长，春季以后又进入长日照时期，冬性弱的品种大都会先期抽薹，丧失商品价值。因此，宜选择春化阶段长、冬性强的品种，如晚抽薹 96、巴斯加、意大利夏芹、美国芹菜等品种冬性都比较强，适合作春茬栽培。一般 12 月上旬至元月上旬大棚内播种，2 月下旬至 3 月上旬定植，5 月上中旬大棚保留顶膜且加盖遮阳网，降低棚温，在 6 月上中旬高温来临之前及时采收上市。

四、栽培技术

（一）大棚秋延迟芹菜栽培

1. 选用良种　大棚秋芹菜（或称秋延迟芹菜）应选用生长势强、纤维少、肉质脆嫩、产量高、品质好、耐低温、耐弱光、抗倒伏的实心品种，如开封玻璃脆、津南实芹、铁杆青芹、京芹一号、天津黄苗、康乃尔 019、意大利冬芹、美国白芹等。

2. 种子处理与播种

（1）浸种催芽和播种　大棚秋芹菜的播种期为 6 月份，为了避开在高温季节发芽，也有提前到 5 月份的。视大棚保温性能和预期上市时间而确定早播或迟播。一般是大棚保温性能较差和准备早收获上市的要适当早播种育苗。

（2）育苗畦的准备　芹菜种子小，胚芽顶土力弱，出苗慢，苗纤细，忌涝怕旱，育苗畦要选择通风凉爽、土壤肥沃、排水和浇水都很方便的地块。前茬作物收获后及时清除杂草，翻耕晒地，耙碎土块，每亩育苗畦施腐熟有机肥 3 000～5 000 千克作基肥，再进行浅耕浅耙，使土壤疏松、土肥融合，然后做成连沟宽 1.2～1.5 米的深沟高畦。做畦时可先取出部分畦土，过筛后备做覆土。

（3）种子处理和催芽　芹菜种皮较硬，不易透水，种子发芽慢。为了加速出苗，提高出苗率，需进行种子处理。常用的方法有 3 种：①先将种子在清水中浸泡 24～48 小时，使种子充分吸水，然后用清水冲洗多次，并反复用手揉搓种子，不断换水，直至水清时为止；②用1000毫克/升赤霉素或1%硫脲溶液浸种或拌种；③将浸泡后的种子放入冰箱冷藏室中冷藏处理30天左右。经过以上处理的种子，既可缩短催芽时间，又能提高发芽率。

经过处理的种子用湿布袋包好进行催芽，催芽温度要控制在15～20℃，可放在家用电冰箱冷藏室的底层，也可埋入阴凉的大树树荫下，有井的地方最好用绳子将种子吊挂在井内距水面50～100厘米处。芹菜种子发芽需光，吊挂在井中的种子有弱光刺激，发芽容易。催芽期间，每天应将种子取出用凉水冲洗1遍。经5～7天，70%以上的种子露白时即可播种。

（4）**播种** 播种前先将育苗畦浇足水，待水渗下后，在畦面上撒一薄层过筛的细土，再在细土上撒种子。经催芽后的种子互相粘结，为了把种子撒播均匀，可将种子掺入一些过筛的半湿沙子，再分两次均匀地撒在畦面上，撒完种子后再撒盖0.5～1厘米厚的过筛细土，不可过厚，否则出苗困难。每亩苗床用种量1～1.5千克，苗床与栽植田面积比为1：3～4。

3. 苗期管理 芹菜从播种到定植，正处于高温多雨季节，对出苗和幼苗生长均不利，为达到全苗和培育壮苗，应做好以下工作。

（1）**遮阴降温** 大棚秋芹菜播种正是高温时节，并时有阵雨或暴雨，给芹菜的育苗工作带来了许多困难，影响成苗。为防止暴晒，保湿降温，保证出苗，播种后需进行遮阴。可在播种覆土后直接在畦面铺放秸秆、稻草、树叶、水浮莲及遮阳网等遮阴保湿防雨，出苗前如发现墒情不好，可直接在覆盖物上淋水，但需注意7～10天大部分苗出土后要及时揭除畦面覆盖物，否则幼苗胚轴伸长，甚至幼苗顶尖钻进网眼，造成高脚苗或揭覆盖物时损伤折断幼苗。

幼苗出土后揭去地面覆盖物的同时，要搭凉棚以达到降温保湿的目的。一般在苗床四周用木料或竹竿打桩作为立柱，在立柱上面用竹竿连成棚架，主柱高 1～1.2 米为宜，过高揭盖覆盖物不便，过低通风不良，引起床面潮湿。棚架上面的覆盖物，一般是用芦苇或小竹竿编结成的帘子。帘子一般较棚架宽 25～30 厘米，这样将全畦搭盖起来，各畦互相连接成大片荫带，以降低苗床温度。为了防止帘子滴水对幼苗冲击，可在出现大降雨或暴雨时，临时加盖芦席或塑料薄膜。帘子按时揭盖，一般于晴天上午10～11 时盖帘，下午 3～4 时揭帘，阴天不盖，使幼苗适时接受露地气候，生长健壮。当午时前后阳光强烈时，遮阴苗床的温度可较露地低 7～8℃。

有条件的地区可利用塑料大棚进行遮阳防雨棚育苗。苗床直接选在大棚内，夏季育苗时，将大棚四周的围裙膜撤除，只留棚顶的塑料薄膜防雨，并在塑料薄膜上再覆盖遮阳网。遮阳防雨棚育苗成苗率高。

采用遮阳网挡光，要根据天气和温度进行揭盖，阳光强烈时扣上遮阳网，如遇阴天或气温较低时，应将遮阳网卷到一端或撤下来。在定植前 7～10 天，要逐渐撤去棚顶的遮阳网，以进行幼苗锻炼，提高抗性。

（2）及时间苗 分两次进行。第一片真叶展开后进行第一次间苗，苗距 1.5 厘米左右；2～3 片真叶时进行第二次间苗即定苗，苗距为 3 厘米左右。结合间苗要拔除杂草。

（3）肥水管理 芹菜根系分布浅，耐旱性差，必须以小水勤浇。苗出齐后要常浇水，保持土面湿润，但又要防止畦面积水。夏日高温，宜选"天凉、地凉、水凉"时浇水，即早、晚浇井水或有遮阴的河水为宜。幼苗 1～2 片真叶时，浇水后，应向畦面均匀撒一层细土，将露出地面的苗根盖住。4～5 片真叶时，应减少浇水次数，保持畦面见湿见干，促根系生长和幼叶的分化。苗期视苗情可追肥 2 次，但因苗期根系弱，不能追施人粪尿，以免烧苗，只能追施少量速效化肥且随水追施或施后浇水。第一次施壮苗肥，在定苗后施入，每亩施尿素 10～15 千克；第二次施起苗肥，在移栽前5～7天施入，施用尿素5～7千克或叶面喷施1次0.3%磷酸二氢钾和0.5%尿素混合液。

4. 定植 8月下旬苗高15～20厘米、有5片真叶时，应适时定植。定植前，结合耕耙，每亩施腐熟有机肥3 000～5 000千克，深翻耙平，做成连沟宽1.2～1.5米的深沟高畦，耙平畦面，准备定植。

起苗前，育苗畦内浇透水，以减少提苗时伤根。定植宜于晴天下午或阴天进行，大棚秋延迟芹菜要合理密植，按行距15厘米、株距10厘米栽植为宜。定植时边起苗边栽植，边栽植边浇水，以利于缓苗。栽植深度以不埋住心叶为宜。定植时要尽量选用健壮的、大小一致的苗，对细弱的小苗应剔除不用或单独分开栽植，这样便于管理。

5. 定植后的管理 定植后至大棚扣薄膜之前，在管理上是以浇水、中耕、除草等为主。定植后，每2～3天浇1次水。4～5天后可缓苗，缓苗后结合中耕松土，适当控制一段时间不浇水，进行蹲苗，促进植株发根和分化叶片。蹲苗时间不要太长，要以促为主，促控结合。定植后10～15天，为促进幼苗生长，亩施尿素5～7千克，随水浇施或施后浇水。当芹菜植株高达30厘米左右时，植株开始进入旺盛生长期，为满足芹菜旺盛生长对肥水的要求，要水肥齐攻，促苗快长。每亩可施100千克细碎的腐熟饼肥，施肥后中耕松土并浇水，也可随水冲施尿素7～10千克或三元复合肥20～25千克。此期若追施氮素化肥，要少施勤施，切忌一次施用过多，发生烧根现象。总的来说，在此期管理上要注意防止前期生长过旺，以避免后期发生倒伏。中、后期气温降低，芹菜生长速度减缓，要以促为主，到大棚扣膜，力求芹菜植株基本长成。

覆盖后的管理：10月下旬至11月上旬，天气转冷，不适于芹菜生长，大棚需要盖膜保温。覆盖薄膜后应根据芹菜生长对温度的要求及时调节，一般前期注意通风降温，中期以保温排湿为主，后期则应加盖草苫以防寒保温为重点。扣棚初期，若天气较好，应全面通风，白天温度保持 15～20℃、夜间 8～10℃为宜，此时要避免大棚内温度偏高，引起芹菜徒长，降低抗寒能力。以后随天气转冷，应逐渐减少通风量，到 11 月下旬以后，除中午进行短时间通风外，则以保温为主。此期棚内湿度对芹菜生长起着决定性的作用，湿度过大，易感染多种病害，叶片发黄，甚至腐烂；湿度过小，则影响芹菜的生长。据试验，棚内空气相对湿度以控制在 85% 左右为宜，即白天叶片上见湿而无水珠。当棚内空气相对湿度超过 90% 时，就要在晴天中午排气降湿。到 12 月份以后，大棚则要有多层覆盖保温，在寒潮来临，可在大棚四周加围草苫，内套中、小棚，中、小棚上再盖草苫。使大棚内白天的温度保持在 7～10℃、夜间在 2℃以上，最低温度不低于 –3℃。在大棚中生产的芹菜植株转柔嫩，温度慢慢下降，–7～–4℃也不受冻害，但一旦温度突然下降，0℃就会遭受冻害，叶柄皮肉分离，严重时引起腐烂。

合理施用微肥和植物生长调节剂，能显著提高芹菜产量和品质。芹菜对硼元素比较敏感，缺棚时叶柄基部有褐色条纹，叶柄开裂，每亩追施 0.5～0.75 千克硼砂可以防止。赤霉素能促进细胞生长，在采收前 15 天喷第一次，1 周后再喷 1 次，浓度均为 30 毫克 / 升，可明显增加叶柄长度，提高产量。

6. 收获 大棚秋延迟芹菜，在植株长成之后，可根据市场需要和茬口安排实行一次采收或擗叶多次收获。若准备 2 月中下旬倒茬栽特早熟番茄，一般可从 11 月上旬开始擗叶采收，25～30 天采收 1 次，每次每株擗收外叶 1～3 个，以擗后留 1 片大叶 3 片心叶为宜，可采收 4～5 次，擗收下来的叶柄按长短分级捆扎上市。另外，棚内湿度大、光照弱，易感染病害，每次擗叶后，可喷洒甲基硫菌灵可湿性粉剂 800 倍液。第一次擗叶后，清除黄叶、烂叶和老叶。擗叶前 1 天浇 1 次水。每次擗收后不要马上浇水，因伤口未愈合，浇水易引起腐烂（1 周后伤口会愈合）；

心叶开始生长时加强肥水管理，每亩可追施尿素 10 千克或三元复合肥 15 千克，配合浇水，保持土壤湿润。

一般一次采收的芹菜每亩产量 3 500～5 000 千克，多次掰叶采收则产量成倍提高，每亩可达 10 000 千克。

（二）大棚冬芹菜栽培

1. 栽培季节　于 7 月下旬至 8 月上旬利用简易塑料大棚播种育苗，9 月上旬至 10 月上旬定植在大棚等保护设施中，元旦、春节陆续收获上市。

2. 适宜品种　大棚冬芹菜栽培的后期处于秋末冬初的低温季节，所以要选用耐寒性强、叶柄充实、不易老化、纤维少、品质好、柱型大、抗病、适性强的品种。由于收获期较长，且采收越晚价格越高，所以不要选速生品种，宜选用生长缓慢、耐贮藏的品种。由于冬季人们对绿色菜有所偏爱，所以选用的品种有开封玻璃脆、津南实芹、美国芹菜、意大利冬芹、四季西芹、日本西芹、黄心实芹等。

3. 播种育苗　大棚冬芹菜的播种育苗期应适当，若播种过早，则收获期提前，不便于冬季供应贮藏；播期过晚，在寒冬来临前芹菜尚未完全长足，则产量不高。

（1）**建育苗床**　育苗床应选择地势高、易灌能排、土质疏松肥沃的地块。苗期正值雨季，做畦时一定设排水沟防涝。畦内施腐熟有机肥 3 000～5 000 千克／亩，然后浅翻、耙平，做成宽 1.2～1.5 米的高畦。芹菜苗期较长，加上天热多雨，杂草危害十分严重。可施用除草剂防治杂草。一般用 48% 氟乐灵乳油 100 克／亩，或 58% 甲草胺乳油 200 克／亩。上述药液之一加水 35 升喷洒于畦面，然后浅中耕，使药与土均匀混合（混合高度 1～3 厘米），即可防止多种杂草发生。

（2）**种子处理**　芹菜种子发芽缓慢，必须催芽后才能播种。先用凉水浸泡种子 24 小时，后用清水冲洗，揉搓 3～4 次，将种子表皮搓破，以利发芽。种子捞出后用纱布包好，放在15～20℃的冷凉处催芽，每天用凉水冲洗1～2次，并经常翻动和见光，6～10天即可发芽。待80%的种子出芽时，即可播种。育苗期易发生斑枯病、叶枯病等病害，为防治种子带菌，可用48～49℃温水浸种30分钟，以消灭种子上携带的病菌。

（3）**播种**　应选在阴天或傍晚凉爽的时间，播前畦内浇足底水，待水渗下后，将出芽的种子掺少量细沙或细土拌匀，均匀撒在畦内，然后覆土0.5～1厘米厚。用种量1～1.5千克/亩。为了防止苗期杂草，播后可用50%扑草净可湿性粉剂100克/亩，掺细沙20千克，撒于畦面。

（4）**苗期管理**　大棚冬芹菜栽培苗期正值炎热多雨的季节，为了降低地温，防止烈日灼伤幼苗和大雨冲淋，播种后应采取措施在苗床上遮阴。在幼苗出土后，2～3片真叶期陆续撤去遮阳物。幼苗出土前应经常浇小水，一般是1～2天浇1次，保持畦面湿润，以利幼芽出土。严防畦面干燥而旱死幼苗。幼苗出土后仍需经常浇水，一般3～4天浇1次，以保持畦面湿润，降低地温和气温。雨后应立即排水，防止涝害。芹菜长出1～2片真叶时，进行第一次间苗，间拔并生、过密、细弱的幼苗。在长出3～4片真叶时，定苗，苗距2～3厘米。结合间苗，及时拔草。在幼苗2～3片真叶时追第一次肥，施尿素7～10千克/亩。15～20天后追第二次肥，每亩施尿素10～15千克。苗期根系浅，可在浇水后覆细土1～2次，把露出的根系盖住。定植前15天应减少浇水，锻炼幼苗，提高其适应能力。芹菜秋延迟栽培定植前本芹的壮苗标准：苗龄50～60天，苗高15厘米左右，5～6片真叶，茎粗0.3～0.5厘米，叶色鲜绿无黄叶，根系大而白。西芹的苗龄稍长，一般为60～80天。

4. 定植　定植前施优质腐熟有机肥5 000千克/亩，另混入过磷酸钙50千克/亩。然后深翻、耙平，做成宽1～1.5米的高畦。栽植前育苗床应浇透水，以便起苗时多带宿土，少伤根系。

定植应选阴天或晴天的傍晚进行。定植株行距一般为12厘米×13厘米，单株较大的西芹品种，如美国芹菜为（16～25）厘米×（16～25）厘米。根据行距开深5～8厘米的沟，按株距单株栽苗。

5. 田间管理

（1）**肥水管理** 定植后4～5天浇缓苗水。待地表稍干即可中耕，以利发根。以后每3～5天浇水1次，保持土壤湿润，降低地温，促进缓苗。定植15天后，缓苗期已过，即可深中耕、除草，进行蹲苗。蹲苗5～7天，使土壤疏松、干燥，促进根系下扎和新叶分化，为植株的旺盛生长打下基础。待植株粗壮，叶片颜色浓绿，新根扩大后结束蹲苗，再行浇水。以后每5～7天浇1次水。

定植后1个月左右，植株已长到30厘米左右，新叶分化，根系生长，叶面积扩大，进入旺盛生长时期。此时正值秋季凉爽、日照充足季节，外界条件很适合芹菜的需求，加上蹲苗后根系发达，吸收力增强。因此，在管理上应加大肥水供应，一般每3～4天浇1次水，保持地表湿润。蹲苗结束后追第一次肥，随水冲施腐熟人粪尿5 000千克/亩，或三元复合肥15～20千克/亩。以后每隔10～15天随水冲施尿素或三元复合肥15～20千克/亩，于收获前20天停止追肥。

大棚冬芹菜定植前期外界温度较高，浇水量宜大。待进入保护设施后，外界气温渐低，保护设施内的温度也不高，加上塑料薄膜的阻挡，土壤蒸发量很小，浇水次数应逐渐减少，浇水量也应逐渐降低。只要土壤不干燥就无须浇水，若浇水也应在上午进行，下午及时掀开塑料薄膜排出湿气，防止空气湿度太大而发生病害。

（2）**光照、温度管理** 芹菜秋延迟栽培中，在早霜来临前的10月下旬至11月上旬，即应把大棚的塑料薄膜扣好。夜间加盖小拱棚保温。白天尽量保持15～20℃，夜间6～10℃。入冬前多数植株尚未长足，适宜的温度条件可以保证芹菜继续生长，增

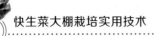
加产量。

在栽培后期，外界寒冷，大棚要减少通风，保证保护设施内夜间不低于0℃，白天尽量保持在15℃以上。有条件时，在畦上设小拱棚，利用多层覆盖，保持温度。

6. 收获 由于市场上是收获越晚价格越高，越接近元旦和春节价格越高，所以应尽量晚采收。一般株高60～80厘米即可采收。

采收时注意勿伤叶柄，摘除老叶、黄叶、烂叶，整理后上市。短期贮藏，可在棚内假植贮藏，分期上市。

假植贮存方法：摘去黄叶、老叶和烂叶，捆成重约5千克的把，在棚内挖深25～30厘米、宽1.5米、长度不限的浅沟，将芹菜把根朝下码齐排入沟中，上边盖上草苫，可防冻和减少水分蒸发，这样可贮存20天左右，陆续供应市场。

（三）大棚越冬（春）芹菜栽培

大棚越冬芹菜（又叫春芹菜），这一茬特点是在秋季凉爽气候条件下露地育苗，在保护地内越冬，开春后在保护地中长成，3月春淡时上市供应。

1. 品种选择 春芹菜的品种应选择耐寒性强、品质好、产量高、抽薹晚的品种。目前普遍栽培的有春丰、开封玻璃脆、青梗芹、津南实芹1号、铁杆大芹菜等。

2. 露地育苗 春芹菜要培育素质好的秧苗，大苗壮苗越冬是丰产的关键，因此要掌握以下育苗的关键环节。

（1）整地要细，基肥要足 前茬作物收获后，每亩施优质厩肥5 000千克、过磷酸钙50千克，然后耕翻做畦。要求畦平，无坷垃，以保证灌水均匀。

（2）选种和浸种催芽 选用发芽率高的当年新种，除去杂质，播种前要用48～50℃温水浸种30分钟，然后冷水降温，用手搓洗。并在冷水中再浸种24小时，然后在冷凉处催芽5～7

天，种子萌动即可播种。

（3）**播种** 播种期从 8 月中旬至 9 月中旬，将催好芽的种子掺上细沙土进行撒播，力求撒匀，每亩用种量 0.5～1 千克，播种前用除草剂喷洒畦面，以防草荒。播种方法同前。

（4）**苗期管理** 播后根据天气情况进行浇水保苗，苗出齐后及时间苗、拔草，3 片真叶时定苗，苗距 3 厘米。定苗后适当控制浇水，促根生长，培育壮苗。幼苗高达 6～9 厘米时即可起苗定植。有条件的还可喷 1 次 0.3% 磷酸二氢钾液使苗生长健壮。

3. 定植及定植后的管理 10 月中下旬定植，株行距 9～12 厘米^2，定植前整平土地，施足基肥，定植方法同前。

定植缓苗后要及时追肥（每亩施硫酸铵 20 千克）、中耕和蹲苗。蹲苗能使幼苗粗壮，有利于防冻。

11 月上旬，气温逐渐降低，要及时搭棚扣膜。务必选择无风天气扣膜，薄膜要求扣平、抻展、不留皱。扣好薄膜后要及时用压膜线或铅丝压膜固定，以免被风刮坏。扣膜初期，由于天气尚未寒冷，晴天中午时棚内温度可达 35℃ 以上，所以要及时通风，棚内温度控制在 15～20℃。随着天气变冷，要逐渐减少通风，只在中午前后通风调湿。

进入 12 月份后，气温下降剧烈，注意加盖草苫，早揭、晚盖。越冬期间，要注意防寒保温，一旦遭受冻害，容易造成叶柄中空，影响品质和产量。其次，要控制蚜虫危害。

到翌年 2 月上旬气温开始回升，大棚内午间温度达 15℃ 以上时，芹菜开始生长。2 月中旬，午间温度达到 25℃ 以上时可放顶风，并加强追肥浇水和中耕等管理。这时注意保暖升温，使芹菜快速生长，可于晴天中午结合浇水，每亩随水冲施尿素 5～7 千克或三元复合肥 10～15 千克，以后每 6～7 天浇水 1 次。

4. 采收 3 月上中旬开始收获，产量可达每亩 5 000～6 000 千克。

由于大棚越冬芹菜收获期偏晚，目前大多作为早春露地果菜的前作，否则会影响大棚早春黄瓜、番茄定植，降低其前期产量和产值。经试验，将芹菜与分葱间作，早春分葱早收获后定植早春黄瓜、番茄，使其与芹菜间作，可解决上述矛盾，能获得双丰收。这样，芹菜收获时正值春淡，产值很高，又不误大棚黄瓜、番茄的早熟高产。

（四）大棚夏芹菜栽培

夏芹菜又叫伏芹菜。夏季高温强日照不适于芹菜生长，很多地区生产中没有这一茬。夏芹是随着近年遮阳网的使用才发展起来的。本茬芹菜特点是在凉爽的条件下育苗，在高温条件下生长。大棚栽培技术关键是防暑降温、防烈日、防暴雨。夏芹菜可在 4 月中旬至 6 月下旬播种，7 月下旬至 10 月上旬上市供应。

1. 地块选择　越夏芹菜栽培应选富含有机质、保水保肥力强的壤土或黏壤土，栽培田要求地势平坦、土壤结构适宜、排灌方便通畅、前茬未种过芹菜。前茬收获后及时深耕，土壤晒烤后，结合施肥和施石灰整细整平地块，每亩施腐熟有机肥 4 000～5 000 千克、饼肥 75 千克、叶菜类专用复合肥 250 千克。

2. 品种选择　芹菜性喜冷凉湿润气候环境，不耐炎热，多数品种适宜晚秋和冬季栽种，而不适宜夏、秋季栽培。因此，夏、秋季栽培必须选择优质丰产、耐热抗病、适应性广、商品性好的芹菜品种，如申芹 2 号、津南实芹 2 号、溢香伏芹、上海青梗芹菜、开封玻璃脆、四川金黄芹、泰国空心黄芹、香港黄芹、正大白芹、百利、双秆西芹、四季西芹、文图拉等。

3. 播种育苗　芹菜种子小，种皮厚且表皮有革质，还有油腺发生，透水性差，发芽慢。为达到出苗快、苗齐、苗全的目的，播前必须进行浸种催芽。播种前 7～8 天，用 50～55℃温水浸种 20 分钟，期间不断搅拌，杀死种子表面病菌，然后用清水浸泡 24 小时，使种子充分吸水，再揉搓种子并淘洗数遍到水清为止，随后用湿纱布包好，置于 15～20℃阴凉处或冰箱冷藏室内（5～10℃）催芽，每天用清水洗1次，保持半干湿状态，经过5～7天，80%种子露白时即可播于苗床上。播种前1天夜里或播前4小时，苗床浇透大水，以表面呈稀泥状为宜，播前均匀撒盖干细土。为保证播种均匀，掺入种子同量的清沙或干细土撒播，播种后撒干细土作盖土，耙平即可。播种后不再浇水，以免苗床表土板结。出苗后，根据天气和幼苗生长情况，每2～3天淋水1次，出苗后10天左右追施0.2%尿素溶液，3～4片真叶时追施2%过磷酸钙浸出液。

4. 定植 芹菜苗高8～12厘米、长有4～6片真叶时即可定植。土壤充分耙匀，筑畦面宽1.2～1.5米、沟宽0.4米，定植株行距10厘米×15厘米，开浅沟单株种植，以露心叶为度，浇足定根水，每亩栽3万～3.5万株。

5. 田间管理

（1）及时遮阳防晒 过强的光照使芹菜叶柄偏横向生长，伸长受抑制，产量降低，而且叶柄纤维增加，品质下降。因此，从6月下旬开始就要盖遮阳网，以减弱棚内阳光。可将大棚四周的围裙膜撤除，只留棚顶的塑料薄膜供防雨用，在塑料薄膜上再覆盖遮阳网。遮阳防雨棚栽培不仅具有挡强光和降温增湿的效应，而且在南方地区对防止夏季暴雨袭击有很好的效果。利用大棚的现成结构和材料，去掉塑料薄膜，盖上塑料遮阳网也是一种可行的办法。

夏芹菜栽培需覆盖遮光率为60%～70%的黑色遮阳网，四周敞开通风，直到采收。覆盖遮阳网不能严严实实、一盖到底，最好做到盖顶不盖边，盖晴不盖阴，盖昼不盖夜，前期盖，后期揭。覆盖遮阳网有两个优点：一是降低光照强度，同时可降低地面温度4～6℃，基本满足芹菜生长的温度要求，有利于芹菜正常生长，保证丰产丰收；二是改善芹菜品质，使芹菜叶柄柔嫩、气味减淡、口感好，商品性好。

（2）加强肥水管理 夏芹菜在管理上要以促为主。芹菜为喜水作物，生长期间要始终保持畦面湿润，以利植株生长，提高产量和品质。夏季气温较高，栽下的小苗根系浅，一遇晴天高温，则表土干燥，秧苗易萎蔫，若不浇水使表土保持湿润，小苗易于枯死。浇水时间应早、晚进行。一般不蹲苗，一直小水勤浇以降低地温保苗。当然，南方雨后要及时排水。夏季植株生长迅速，幼苗定植1个月左右，植株即进入旺盛生长时期，须及时追肥，追肥要施用化肥，不用人粪尿，因为此时气温、地温偏高，容易引起烂根。追肥要分多次施用，每次不要太多。芹菜生长期间还需中耕除草2～3次。

定植后20天内，每隔2～3天在早上或傍晚浇1次水，保持土壤湿润，降低地温，遇雨及时排水促进缓苗，防止田间湿度过大诱发斑枯病、腐烂病发生。缓苗后，心叶生长期每亩施尿素7千克、硫酸钾3千克作提苗肥；旺盛生长期分别在前期和中期追肥，每次每亩施尿素10千克、硫酸钾4千克（注意：追肥时不可从心叶浇下去）。如发生心腐病，可在叶面喷洒0.3%～0.5%硝酸钙或氯化钙液防治，同时叶面喷施0.2%硼砂或硼酸溶液防止茎裂。

为防止芹菜体内积累硝酸盐，采收前15天左右停止施肥（特别是氮肥），也不宜施用植物生长调节剂，以达到无公害蔬菜标准。

6. 适时采收　夏芹菜生长期正值高温炎热，不利于芹菜生长，且易纤维化和空心，植株基本长成后，要抓紧时间收获。夏芹菜一般定植后60～90天、茎高40～60厘米时就可采收，此时芹菜茎叶嫩绿，质量好、产量高，每亩产量3 500千克左右。此季芹菜正好在8～9月份秋淡时收获，因此产值也很可观。

采收时将芹菜连根拔起，剔除黄叶，用未受污染的水洗净泥土，避免包装贮运销售过程中造成二次污染。

（五）大棚秋、冬季西芹栽培

秋、冬季栽培从高温到低温，顺乎西芹生长习性，而且品质优，供应期长。

1. 品种选择 秋、冬季栽培的品种没有特殊要求，只要产量高、品质好的品种均能在秋季生长。绿色品种株型高大，产量高，抗逆性较强，是目前我国推广的主要品种类型；黄色品种株形矮小，抗逆性不如绿色品种，产量偏低，但净菜率较高，在日本及我国港澳市场上较绿色品种畅销，国内一些高级宾馆也急需，若为特需栽培或出口种植，则应优先选用。

生产中多选用实心、生长势强、抗逆性好的西芹品种，如新生代西芹、黄玉西芹、荷兰西芹、四季西芹、美国"加州王"西芹、文图拉西芹、百利等。

2. 育苗 秋、冬季栽培的育苗期正值夏季高温季节，需要精细管理。苗床地应选择既能排水又能灌水、土质疏松肥沃、通风良好的地块。播前床土要深耕晒透，结合整地施入充分腐熟的有机肥料作基肥，地要整平整细，做1.2米左右宽的高畦或平畦。

5月上旬至8月下旬皆可播种，分批播种可以分期采收。由于西芹是喜凉作物，高温季节播种要低温催芽。先用15～20℃清水浸泡24～48小时，浸种过程中要搓洗几遍，搓裂种皮，以利种子吸水，然后将种子用湿纱布包裹，置于冰箱的冷藏室内，5～10℃条件下处理3～5天，也可吊在井中催芽，每天冲洗1次，待种子约50%出芽时即可播种。

苗床浇足底水后，适墒播种，播种要匀，盖土要细，以不见种子为度。每亩苗床撒种子0.5千克，苗床与定植田面积比为1∶4～5。播种床利用大棚加一网一膜（即一层遮阳网，一层薄膜）覆盖，以防止暴雨冲刷，操作也方便。播种后至出苗前，苗床上要覆盖湿草苫，并经常洒水，保持床土湿润，以利幼苗生长。出苗后，无大棚架苗床要盖严，夜间可以揭除，以吸收露水有利于秧苗苗壮。

出苗后，苗高2.5厘米时间苗，苗距3.3～6.6厘米；苗高10厘米、有3～4片真叶时可移苗假植1次，苗距10厘米×8厘米，由于种子出苗不齐，移苗时应注意大小苗分开，以便于管理。假植苗床同样需要遮阴保温降湿。播种较晚的可不必遮阴。

西芹幼苗生长缓慢，要及时拔除杂草，防止草害，可用60%丁草胺乳油1 000倍液于播种后出苗前畦面喷雾。

在整个育苗期间，都要注意浇水，经常保持土壤湿润。浇水要小水勤浇，且应在早、晚进行，午间浇水会造成畦表面温差，易致死苗。齐苗后勤浇稀粪水，每次每亩施用1 000～1 500千克，促进幼苗生长。定植前7天左右控制浇水，炼苗壮根，以利于定植后的缓苗活棵。

3. 定植 8月上旬至10月下旬，当苗高20厘米左右、7～8片真叶时定植到大田。

西芹应选土层深厚、疏松肥沃、排灌条件良好的地块栽培。定植前每亩施优质厩肥4 000～5 000千克，然后深翻、整地，耙平做畦，畦宽1～1.2米，南方多用高畦栽培。

选阴天或晴天下午定植，定植时应尽量带土护根，使秧苗减少损伤。西芹的成株个体较大，栽植密度比本芹要稀得多，我国种植本芹大多采用10厘米×10厘米的株行距，以这种密度种植西芹是不适宜的。秋、冬季生育期长，一般75～100天，植株充分生长，商品性的西芹单株重可达到750～1 500克，特别是特需栽培或出口种植，株行距一定要放宽，一般以20～25厘米×50～60厘米株行距且单株定植最好，这样栽植才能充分生长，表现出固有的品质和风味。栽苗的深度以不埋心叶为宜。

4. 田间管理 先定植在大棚框架内露天生长，10月下旬至11月上旬温度降低，应进行覆膜以提高温度（覆盖时间以旬平均气温13℃为下限来确定）。扣棚初期要及时通风，降温排湿。随着气温下降，逐步减少通风量，12月份温度降到0℃以下时大棚下再套小棚，小棚夜间还应加盖草苫以防冻。棚内温度白天保持在20℃左右，超过25℃通风；夜间温度保持在5～10℃。当

外界气温降至 −5℃时在大棚内套小拱棚保温，持续 −7℃以下温度时，小拱棚还应加盖草苫以增强保温效果。

西芹原产地中海沿岸沼泽地带，叶片脆嫩，其肥大的根系对土壤湿度要求较高，应经常浇水，保持土壤湿润，若水分不足，不但生长缓慢，而且纤维老化，品质变劣。栽培时，及时浇透水，以促成活，2～3 天后浇缓苗水，并松土 1～2 次，整个生长期要小水勤浇，保持畦面湿润，一般 5～6 天浇 1 次水。西芹耗肥耗水量大，但又不耐浓肥，因此追肥宜结合浇水行少肥勤施，通常浇 2 次水追 1 次肥，有条件的可水水带肥。肥料种类以速效性的氮肥或人粪尿为主，每次按每亩追施硫酸铵 10～15 千克，最好是化肥和人粪尿交替追肥。在叶丛生育盛期施大水大肥，水肥并举，以满足植株生育需要。除全期均以氮肥为主外，前期应配施磷肥，以促进根系发育和叶数分化，生育盛期应增施钾肥，以促进心叶的发育，提高产品品质。此外，还应注意有无缺钙、缺硼症，并针对性补施肥料。

在生长前期，茎基部出现分蘖，形成侧枝，应及时除去，以保证养分集中供应。西芹株行距大，极易滋生草害，前期生育又较缓慢，应及时中耕除草。为减少除草用工，可用除草剂防治，生长前期每亩用 25% 除草醚 500 克加水 100 升在地表喷雾，植株封行后以人工拔草为主。

进行软化栽培时，应在采收前 10～15 天进行培土，土垄高度为 20 厘米左右，注意泥土不要撒入心叶中。也可采用遮光的办法，用包装纸包裹叶柄，或者植株四周用陶土管、钵以及竹筒围住，达到软化的目的。

西芹生长期中应密切注意蚜虫危害，蚜虫不但使芹菜卷叶、生长不良，同时还能传播病毒病，所以应定期喷洒高效低毒农药以消灭蚜虫。病害主要有斑枯病等，要及早防治。

为提高产量和改善品质，在采收前 30 天和 15 天各叶面喷施 1 次赤霉素，浓度为 20～30 毫克 / 升，并配合水肥进行。在遇到干旱、低温、弱光或短日照等不利于生长的环境条件时，喷施赤霉素经常会表现出更好的效果。但赤霉素处理后，极易遭受冻害，因此处理后要密切注意天气变化，搞好保温防寒。

5. 及时采收　西芹定植后75～100天，生长正常的单株重为750～1000克，大的可达1500克左右。心叶直立向上、心部充实即应及时采收。如采期延时，虽心叶可续性生长，但外叶变黄，叶柄变空且易开裂。如5月上旬播种的苗，8月上旬定植，经80～90天生长，10月下旬即可开始采收；7月上旬播种要到9月下旬定植，供应期正值元旦到春节期间；8月上旬至下旬播种，10月份定植，冬季覆盖保温可延长到翌年3～4月份抽薹以前采收。

西芹植株脆嫩，应成片采收，以提高产品的商品率。采收时，齐地面切割，使叶柄基部相连而不分散，然后削去黄叶，洗净泥土，如能每株用一塑料袋包装，不但能提高商品性，而且能起保鲜作用，增加经济效益。秋、冬季栽培每亩产量可达4000～5000千克。

（六）大棚春、夏季西芹栽培

1. 选用冬性强的品种　春、夏季栽培，幼苗有相当长时期在低温下生长，春季以后又进入长日照时期，冬性弱的品种大都先期抽薹，丧失商品价值。因此，应选择春化阶段长、冬性强的品种。例如，意大利冬芹、法国皇后、荷兰西芹、荷兰皇帝西芹、美国西芹、文图拉、嫩脆、福特胡克、康奈尔619、佛罗里达683、高犹他、高金、阿尔法西芹、美琪西芹、格瑞西芹、宝石西芹、雅格西芹等品种冬性都比较强，适于作春茬栽培用。

2. 播种育苗　12月上旬至1月上旬播种于大棚内。如采用电热温床育苗，播种期可推迟15～20天。3～4片真叶时移苗假植1次，苗距（10～13）厘米×（10～13）厘米，移苗床也设在大棚内。育苗期间气温低，棚内白天尽量保持在15～20℃，夜间也要保持在5～10℃，温度愈高，秧苗生长愈快，苗期愈短。反之，苗床温度愈低，从播种到定植时间愈长，而且先期抽薹率也愈高。

3. 定植 2月下旬至3月上旬6～8片真叶时带土定植在塑料大棚中。春栽由于生长期较短，发棵较小，为提高单位面积产量，定植时可适当加大密度，一般株行距为15～20厘米×50厘米，单株定植。

4. 定植后的管理 春季生长由低温到高温，一般来说不是西芹生长的理想季节。春大棚栽培要及时通风降温，随着气温升高逐步加大通风量。4月下旬温度高时，白天应将四边围裙膜揭开，以防高温灼害。棚中温度应控制不超过30℃，经常保持土壤湿润。

西芹抗热性差，在高温下易出现"烂心"现象，同时纤维变粗，品质变劣，因此到5月中旬要加盖遮阳网，降低棚温。在高温来临之前即6月上中旬以前及时上市。春季栽培，5月份以后会有蚜虫、蚧螨等危害，应经常检查，及时喷高效低毒农药防治。

其他管理可参照秋、冬季栽培。

5. 采收 6月中旬以后，温度逐步升高，开始不适于西芹生长，应及时采收，过分延迟则品质变劣。春、夏季栽培由于生长期短，发棵小，采收时一般单株重500～700克，亩产量2500～3000千克。

五、病虫草害防治

本芹和西芹属同一物种的不同变种，因此病虫草害完全一样，防除方法也相同。大棚芹菜及西芹的主要病害有早疫病、斑枯病、菌核病、病毒病、软腐病和黑腐病等。

（一）病害防治

1. 早疫病 又叫斑点病，是大棚夏秋育苗及越夏栽培时经常发生的病害。

（1）**症状** 主要是叶片受害，叶柄及茎也受害。叶上病斑初为黄绿色水渍状，以后发展为圆形或不规则形，病斑直径不受叶脉限制，严重时病斑连成片，叶片枯死，空气潮湿时，病斑上生白霉（分生孢子）。叶柄和茎上的病斑椭圆形，直径 0.3～0.7 厘米，灰褐色，稍凹陷，病害严重时全株倒伏，高湿时，也会长出灰白色霉层。

（2）**侵染途径** 病原菌是以菌丝附着在种子或残留病株上过冬，成为翌年的初侵染源。病叶的两面病斑上都产生分生孢子，分生孢子通过气流、灌溉水、农事操作等传播危害。

（3）**发病条件** 病菌喜高温高湿环境，发育的适宜温度为 25～30℃，分生孢子形成的适宜温度为 15～20℃。一般高温高湿、通风不良易发病。大水漫灌、排水不畅，地表面潮湿或缺肥、生长衰弱时发病严重。

（4）**防治方法** 防治芹菜早疫病，应注意采取综合防治，以防为主，加强通风换气，控制好棚内湿度，能有效控制此病的发生。具体防治措施有：①注意田园清洁，发病初期摘除病叶，收获后深翻土地清除病残体。②从无病株上采种，必要时种子用 48～50℃温水浸种 30 分钟，移入冷水中冷却，捞出催芽播种。③高温季节育苗要注意防雨遮阴，培育壮苗。④施足基肥，合理密植，科学浇水，切忌大水漫灌。⑤防止棚内湿度过大，及时通风降湿。⑥发病初期喷洒 70% 甲基硫菌灵可湿性粉剂 1 000 倍液，或 50% 腐霉利可湿性粉剂 500 倍液，或 50% 多菌灵可湿性粉剂 500 倍液，或 77% 氢氧化铜可湿性粉剂 500 倍液，或 70% 代森锰锌可湿性粉剂 500 倍液，或 75% 百菌清可湿性粉剂 600 倍液，或 50% 琥铜·甲霜灵可湿性粉剂 500 倍液，或用 1:0.5:200 波尔多液。每亩喷药液 40～50 千克，一般每 7～10 天喷 1 次，连喷 2～3 次。

2. 斑枯病 又叫晚疫病、叶枯病等，俗称"火龙"，主要发生在冬春大棚内，露地栽培发病较轻。此病来得猛、发展快、损失大，一般叶及叶柄均被害，影响品质及产量；而且芹菜不仅生长期间受危害，收获后的产品也能发病，在贮运及销售过程中继续造成损失。

（1）**症状** 芹菜斑枯病一般发生在叶片上，但也可蔓延到叶柄和茎上。一般先发生在老叶子上逐渐向新叶子上扩展。病斑初为淡褐色油渍状小斑点，边缘明显，以后发展为不规则形斑块，大小为（0.1～0.5）厘米×（0.1～0.5）厘米，色由浅黄变灰白，其上散生小黑点（分生孢子器），通常数个0.05～0.2厘米的小病斑融合成大病斑，直径超过0.3厘米以上，病斑处常有一圈黄色晕环。叶柄及茎受害时，病斑长椭圆形，色稍深，微凹陷，病害严重时造成叶枯和茎秆腐烂。

（2）**侵染途径** 病菌主要以菌丝体潜伏在种皮内越冬，也可在病残体上越冬。种皮内的病菌可存活1年多，附着在种皮上的病菌可存活2年以上。病菌遇到适宜的环境，即形成分生孢子器及分生孢子，靠气流、灌溉水、农事作业、农具等传播。分生孢子在有水滴时萌发，从气孔或穿透皮层侵入寄主。带病种子可远距离传播危害。

（3）**发病条件** 此病在较冷凉、高湿的环境下易发生。病菌在较冷凉的气候条件下比高温条件下发育迅速，孢子需在有水滴的条件下萌发，潮湿是孢子传播和萌发的必要条件。温度20～25℃和阴雨高湿，病害发生严重，并能迅速蔓延和流行。温度过高或过低，芹菜生长不良，抗病力下降，病害也会加剧。

（4）**防治方法** ①从无病株上采种，使用隔年的种子要用48～50℃温水浸种30分钟，浸种时要不断搅拌，使种子受热均匀，此法使发芽率降低10%，应加大播种量。②加强栽培管理，重点加强肥水管理，除施足基肥外，应及时追肥，防止缺肥，勿大水漫灌，雨后注意排水。③搞好大棚内通风排湿，推广应用无滴棚膜，减少棚内因水滴造成的发病中心，降低棚内空气湿度。④发病初期应摘除病叶和底部老叶，收获后清除病残体，进行深翻，重病地块实行 2～3 年轮作。⑤初发病时喷洒 25% 多菌灵可湿性粉剂 300 倍液，或 70% 甲基硫菌灵可湿性粉剂 800～1000 倍液，或 70% 代森锰锌可湿性粉剂 300 倍液，或 58% 甲霜·锰锌可湿性粉剂 500 倍液，或 75% 百菌清可湿性粉剂 600 倍液，或 64% 噁霜·锰锌可湿性粉剂 500 倍液，或 2% 嘧啶核苷类抗菌素水剂（农抗 120）200 倍液，也可用 1∶0.5∶200 波尔多液防治。每 7～10 天喷 1 次，连续 2～3 次，可控制危害。

3. 菌核病 芹菜菌核病主要发生在春季大棚，由于大棚地块固定，重茬芹菜会更严重，尤其是与大棚黄瓜、番茄等的菌核病都属于同一菌源，导致大棚芹菜菌核病逐渐加重，应重视采取相应轮作换茬措施防治。

（1）**症状** 芹菜茎叶受害。首先在叶片上发生，形成暗色的污斑，潮湿时，表面生白色霉层，后向下蔓延引起叶柄及茎发病，病部初为水渍状，后腐烂造成全株溃烂，表面生浓密的白霉，最后形成黑色鼠屎状菌核。

（2）**侵染途径** 病原菌的菌核落入土中越冬，成为翌年的初侵染源，病菌也可随种子传播。菌核在秋冬大棚内适宜的条件下萌发出土后形成子囊盘，继而放射出大量子囊孢子传播、蔓延。子囊孢子借棚内雾滴和灌水传播。

（3）**发病条件** 此病在冷凉高湿条件下发生严重，温度 5～20℃、空气相对湿度 85% 以上有利于病害的发生和蔓延。菌核在 50℃ 条件下 5 分钟死亡。

（4）**防治方法** ①从无病种株采种，种子播前用 10% 盐水选种汰除菌核，然后用清水冲洗几次再播种。②实行 2 年以上的轮作。③施足基肥，增施磷钾肥。④合理密植，加强大棚的通风管理，通风降湿。⑤夏季高温季节深翻、覆膜、灌水，闭棚升温，可杀死菌核。⑥发病初期可用 40% 菌核净可湿性粉剂 1000 倍液，或 50% 腐霉利可湿性粉剂 1200 倍液，或 50% 异菌脲可湿性粉剂 500 倍液进行喷施防治。

4. 病毒病 俗称皱叶病、抽筋病。近几年，随着大棚芹菜栽培面积的扩大，病毒病也扩展蔓延，成为主要病害之一。

（1）**症状** 从幼苗期开始即可发病。被害叶片一般表现为黄绿相间的斑驳，后变为褐色的枯死斑，也可出现边缘明显的黄色或淡绿色环形放射状病斑，并在全叶散生许多小点，严重时病叶短缩，向上卷曲，心叶停止生长，甚至扭曲，全株矮化。

（2）**侵染途径** 病原主要在土壤病残体上及其他寄主上过冬。黄瓜花叶病毒靠蚜虫传播，苜蓿花叶病毒靠蚜虫和机械传播，芹菜黄斑病毒靠机械传播。

（3）**发病条件** 高温干旱、缺水缺肥则病毒病发生严重；苗期易发病，蚜虫多发病重。

（4）**防治方法** ①采取措施降低苗床温度，减少光照，合理施肥灌水，培育壮苗。②加强栽培管理，防旱防涝，适时浇水追肥，促使植株健壮生长，提高抗病力。③在整个生长期注意及时防治蚜虫。

5. 软腐病 也叫芹菜腐烂病。

（1）**症状** 主要发生于叶柄基部。初期在叶柄基部发生纺锤形病斑，后呈水渍状，以后变黑发臭、腐烂。

（2）**侵染途径** 病菌在土壤中越冬。主要从植株的伤口侵入，发病后，病菌借水滴、灌溉水传播。

（3）**发病条件** 病菌属喜温细菌，4～38℃都能生长，最适温度27～30℃。一般在生长中后期封垄遮阴，通风不畅，地面潮湿容易发病；重茬、排水不良的地块发病较重。收获时带上病菌，在存贮期间也易腐烂。

（4）**防治方法** ①合理轮作，发病地要实行2年以上的轮作。②加强肥水管理，控制温、湿度。③避免伤根，且每次掰收后要喷药保护，可喷洒70%甲基硫菌灵可湿性粉剂800倍液。④发现病株及时拔出深埋，病穴可撒生石灰消毒。⑤发病期停止灌水或减少灌水，并注意田间雨后排水，降低土壤湿度。⑥发病初期喷洒 72% 硫酸链霉素可溶性粉剂 4 000～5 000 倍液，或 90% 新植霉素可溶性粉剂 3 000 倍液，或 80% 代森锌可湿性粉剂 500～600 倍液，或 14% 络氨铜水剂 400 倍液。

6. 黑腐病　要注意与软腐病相区别。

（1）**症状**　多在接近地面的根茎部和叶柄基部发病，有时也危害根部。病部变黑腐烂，其上生许多小黑点。植株发病后往往长不大，外边一、二层叶常因基部腐烂而脱落。

（2）**侵染途径**　病原以菌丝体或分生孢子器在病残体上于土壤中越冬。

（3）**防治方法**　①收获后彻底清除病株残体，并结合深翻晒地消灭病原菌。②重病地块实行 1～2 年轮作。③合理密植、科学用水，注意田间排水。④发病初期摘除病叶、脚叶，然后喷洒药剂防治，用 1∶0.5∶160～200 波尔多液，或 50% 代森铵水剂 1 000 倍液，或 75% 百菌清可湿性粉剂 1 000 倍液喷洒。

（二）生理病害防治

芹菜在栽培过程中，由于环境条件不适宜，生长发育出现异常，引起生理上的病害。虽然生理病害没有传染性，但也常成片发生，对产量品质会造成比较严重的影响。

1. 黑心病　也叫烂心病、干心病。西芹更易得此病。

（1）**症状**　病株中心部嫩叶的叶脉间初期变为褐色，以后逐渐变为褐色或黑色腐烂。

（2）**病因及发病条件**　发病原因主要是缺钙。多发生在缺钙的酸性土壤上，连阴天后突然转晴，气温上升很快，空气湿度低，植株蒸腾作用大，根吸收的钙随水分蒸腾留在老叶，而使心叶缺钙，造成植株黑心腐烂坏死。土壤中铵、钾、镁的含量过多时，因其拮抗作用也会影响植株对钙的吸收和体内运输。

（3）**防治措施**　①酸性土壤在定植前施适量石灰。②加强棚室的通风换气和灌水管理，避免温度过高和土壤、空气过于干燥。③施肥应注意氮、磷、钾等配合，不过多偏施氮肥。④发病后叶面喷洒 0.5% 氯化钙或硝酸钙溶液 2～3 次。

2. 叶柄劈裂

（1）**症状** 叶柄从第一小叶节处开始，内侧表皮变成褐色，并向下发展延伸到叶柄第一节中部，且发生横裂；在叶柄外侧，沿着背脊表皮发生纵裂；同时，还会出现嫩叶边缘变褐，叶片萎缩。

（2）**病因及发病条件** 发病原因主要是由于缺硼。土壤缺硼或氮、钾过量会加剧缺硼症的发生。

（3）**防治措施** 可用 0.05%～0.25% 硼砂溶液喷洒叶面，亩用液量为 50～75 千克。

3. 黄化失绿

（1）**症状** 芹菜叶脉间失绿黄化。

（2）**病因及发病条件** 症状首先在新叶上表现，则是由于缺锰；首先在老叶上表现，则是由于缺镁。高钙土壤易发生此病。

（3）**防治措施** 发病初期有针对性的用 0.05%～0.1% 硫酸锰或 0.5% 硫酸镁溶液叶面喷施，每周 1 次，缺乏症状可马上消除。

4. 空 心

（1）**症状** 实心芹菜品种出现叶柄中空，降低商品价值。

（2）**病因及发病条件** 叶柄中的薄壁组织储存着营养物质和大量的水分，当薄壁细胞破裂时会发生空白。生长时间过长，使叶片老化，由外围叶向心叶逐渐发生空心；高温、干旱、缺乏肥水、生长停滞会使全部叶柄发生空心；秋延迟及冬季栽培则因低温受寒发生空心，或高温生长过速也可发生空心。

（3）**防治措施** ①根据各生育阶段的需肥规律，合理施肥，满足需要，沙性土壤上应在定植之前增施有机肥。②加强通风降温和防寒保温管理，尽量使棚内温度适于芹菜的生长发育。③适时采收。

（三）虫害防治

危害本芹及西芹的主要害虫是蚜虫、茶黄螨，苗期还有蝼蛄等地下害虫危害。

1. 蚜 虫

（1）**症状** 蚜虫个体细小，繁殖力很强，能进行孤雌生殖，4～5 天可繁殖 1 代，1 年可繁殖几十代。从育苗到采收，各个季节栽培随时都能发生蚜虫危害，高温干旱季节更为流行。蚜虫开始时多群集于心叶部分吸食汁液，使叶片皱缩，叶柄不能伸展，严重影响产量品质，危害严重时全株萎缩。蚜虫还是病毒病传播的重要媒介，必须经常观察，及时喷药防治。蚜虫主要积聚在新叶、嫩叶上，以刺吸式口器刺入叶片组织内吸取汁液，使受害部位出现黄斑或黑斑，受害叶片皱缩。蚜虫能分泌蜜露，招致细菌生长。

（2）**防治方法** 常用农药有 50% 抗蚜威可湿性粉剂 2 000～3 000 倍液，或 50% 敌敌畏乳油 1 000～1 500 倍液，或 50% 氰戊菊酯乳油 5 000 倍液，或 2.5% 溴氰菊酯乳油 5 000 倍液，或 10% 吡虫啉可湿性粉剂 1 500 倍液，或 20% 啶虫脒 2 000 倍液进行喷药防治。

此外，大棚内发生蚜虫可用黄板诱杀，也可用银灰色遮阳网覆盖，蚜虫对其有忌避作用，但应注意要整个棚全覆盖上。

2. 茶黄螨

原为茶树上害虫，极微小，肉眼一般不易看见。食性很杂，寄主植物很广，能危害约 30 个科 70 多种植物。近年来已成为大棚蔬菜重要害虫之一，可危害芹菜、蕹菜、萝卜及瓜、豆、茄类蔬菜。

（1）**症状** 11 月中下旬以成螨或卵在土缝、杂草根际越冬；翌年 4 月中、下旬开始活动，5 月上旬到 10 月上旬大量发生，大棚内 12 月中旬还有发生。幼螨群居危害。叶片受害，叶背处汁液外渗，干后呈油渍状茶褐色，有光泽，叶缘反卷，畸形；嫩叶和生长点受害，植株生长受阻，形成"秃顶"现象。茶黄螨的危害症状和药害、生理性病害及病毒症状类似，不易区分。诊断时只要取 1 片新生小叶，放在扩大镜下检查，见到虫体，即可确诊。

（2）**防治方法** 生长季节加强检查，发现个别植株受害应及时喷 73% 炔螨特乳油 1 500～2 000 倍液，或 21% 胂·锌·福美双乳油 2 000 倍液。一般每 7～10 天 1 次，连喷 2～3 次。喷药要周到，尤其是心叶及叶背面不可漏喷。

3. 蝼蛄

（1）**症状** 在幼苗期间易发生。蝼蛄是杂食性害虫，成虫和幼虫都在土壤中咬食刚播下的种子和幼芽，或将幼苗咬断，使幼苗枯死。受害的根部呈乱麻状。又由于蝼蛄活动，将表土窜出许多隧道，使苗土分离，幼苗失水干枯而死。

（2）**发生规律** 蝼蛄昼伏夜出，以夜间 9～11 时活动最旺盛，多在表土层或地面活动。特别是气温高、湿度大、闷热的夜晚，大量出土活动。早春或晚秋，多在表土层活动，不到地面上，在炎热的中午常躲在深土层里。

（3）**防治方法** 蝼蛄对香甜物质，如对半生半熟的谷子、炒香的豆饼、麦麸等都有强烈的趋性。可用 90% 敌百虫可湿性粉剂 0.1～0.2 千克加水 3～6 升，拌炒香的麦麸或豆饼 5 千克制成毒饵，于傍晚时撒放在畦的四周进行诱杀，每亩施毒饵 1.5～2.5 千克。

（四）芹菜田化学除草

芹菜为湿生密植蔬菜，生长期长，尤其是苗期和定植后的旺盛生长前期，生长缓慢，杂草大量滋生。杂草主要有马唐、牛筋草、狗尾草等禾本科杂草及马齿苋、小藜、莎草及其他阔叶杂草。杂草与芹菜争水争光，管理稍疏就会形成"草欺田"，因此除草是芹菜栽培管理的一项主要工作。人工除草用工占整个栽培管理过程的 40% 以上，苗期达到 90% 左右，难度大、效率低且易造成损苗。应用化学除草，不仅能铲除杂草，提高芹菜产量和品质，同时也节省了大量除草用工，减轻劳动强度。据经验，采用化学除草比人工除草节省劳力、成本10倍左右，是一项投资少、见效快、经济效益高的新技术，可大力推广应用。

芹菜田常用的除草剂有50%扑草净可湿性粉剂，每亩施用100～150克，或48%氟乐灵乳油150～175克，或48%仲丁灵（地乐胺）乳油200克。用时加水150升稀释，在播种前或播种后出苗前均匀喷洒地面；大田除草用扑草净100～150克或除草醚1千克，加水70升稀释，在定植前或定植返青缓苗后喷施。

使用除草剂时要注意：①土壤处理以杂草初生时施药效果最佳，即在播种前或播种后出苗前施药处理；茎叶处理要在杂草齐苗时及时用药。②土壤处理要求畦面平整，土壤细碎、湿润，以促进杂草一起萌发，便于一次用药；茎叶处理要选择高温无风晴朗的天进行施药，以提高除草效果。③喷雾要均匀周到，即使有多余药液，也应均匀分布，千万不能图省事集中一处。④施药后若用地膜覆盖则可以提高地温和土壤湿度，药效增高，故用药量可酌减20%～30%。⑤氟乐灵很容易挥发和见光分解，喷药后应立即松土，使药液混入5厘米表土层内；沙质土壤芹菜除草不宜使用丁草胺，以防发生药害。⑥为了延缓杂草对药剂产生抗性，应交替使用除草剂，不要长期使用单一除草剂。

第三章
莴　苣

　　莴苣是菊科莴苣属能形成叶球或嫩茎的1～2年生草本植物，原产于地中海沿岸，性喜冷凉湿润的气候条件。按食用部分可分为叶用莴苣和茎用莴苣。叶用莴苣又称生菜，世界各地普遍栽培叶用莴苣，主要分布于欧洲、美洲，我国主要在广东、广西、台湾栽培较多，现全国各地均有栽培；茎用莴苣就是莴笋，适应性强，我国南北各地普遍栽培，在长江流域它是3～5月份春淡季供应的主要蔬菜之一。近年来，随着人们对优质反季节蔬菜需求的增加，茎用和叶用莴苣可利用不同品种排开播种，配套设施栽培，可以分期采收，周年供应。

一、品种类型

　　莴苣分叶用莴苣和茎用莴苣2类。

（一）叶用莴苣

　　叶用莴苣包括直立莴苣、皱叶莴苣和结球莴苣3个变种，习惯上把不结球的称散叶莴苣，结球的称结球莴苣。

　　1. 直立莴苣（或长叶莴苣）　叶狭长直立，长倒卵形或长披针形，深绿或淡绿色，叶面平，全缘或稍有锯齿，植株生长直立，内叶一般不抱合或卷心呈筒形，开展度小，腋芽中等多，比较容易抽薹。常见的品种有广州的牛利生菜、登峰生菜、长叶生菜、波士顿生菜、比布生菜、羊生菜、罗马生菜、油麦菜等。

（1）**牛利生菜** 广东省地方品种。叶簇生，较直立，株高40厘米左右，开展度50厘米左右。叶片倒卵形，长30厘米左右，宽15厘米左右，青绿色，光泽少，叶全缘微波状，叶面稍皱，心叶不抱合。叶柄长约1厘米，浅绿色，茎部有乳汁。单株重300～500克。耐寒，不耐热，较耐瘠薄。生长期65～80天。每亩产量2000千克左右。

（2）**登峰生菜** 广东省地方品种。叶直立，近圆形，叶片淡绿色，叶缘波状，株高30厘米左右，开展度35厘米左右，单株重300～350克。每亩产量2000千克左右。适宜春秋大棚或露地种植及冬季保护地栽培。

（3）**意大利耐抽薹全年生菜** 叶片近圆形，叶色黄绿，不结球。株型紧凑，抗热，抗病性强，耐抽薹性特强，播种后50天即可采收。可周年生产，春季露地栽培，夏季遮阳网覆盖栽培，秋季露地栽培，冬季保护地覆盖栽培。

（4）**罗马直立生菜** 市场上的绿曼、罗曼尼是其别称。植株直立，绿色，叶缘基本无锯齿，叶片长，呈倒卵形，直立向上伸长，似小白菜，叶质较厚，叶面平滑，后期心叶呈抱合状；口感柔嫩，品质好，适宜生食和炒食。耐寒性强，抽薹较晚，全生育期60～70天。每亩产量2000千克左右，产品深受宾馆、饭店的欢迎，在香港、广东等地销量较好。适宜于春、秋、冬季保护地和春、秋季露地种植。还可作为盆栽蔬菜种植，每亩播种量20～30克，株行距25厘米×25厘米。

（5）**油麦菜** 又名莜麦菜，有的地方又叫苦菜、生菜，属菊科，是以嫩梢、嫩叶为产品的尖叶型叶用莴苣的一种。叶片呈长披针形，色泽淡绿、长势强健。株高30厘米左右，有"凤尾"之称。抗病性、适应性强、质地脆嫩，口感极为鲜嫩、清香，具有独特风味，油麦菜的营养价值和生菜基本相同，略高于生菜。长江流域四季可播种。春播可设施育苗露地移栽，25～30天即可上市，每亩产量1800～2000千克。秋播7～9月份正遇高温干旱季节，且常遇暴雨，移栽后用遮阳网覆盖5～7天，活棵后可解除遮阳网，20～30天即可上市，一般每亩产量1600～1800千克。秋冬播10～11月份在露地移栽，12月份遇寒潮侵袭，需移栽至大棚内，25～30天即可上市，每亩产量1500千克左右。

2. 皱叶莴苣 叶面皱缩，叶缘深裂，宽扁圆形，开展度大，叶片颜色丰富多彩，有绿色、黄绿色、紫红色和紫红黄绿相间的花叶等，不包球或莲座丛上部叶子卷成蓬松的小叶球，腋芽多，易抽薹。可掰叶食用或分期采收，该变种色彩丰富，是冷餐拼盘的好原料。不耐贮运，多作鲜销。软尾生菜、玻璃生菜、意大利耐抽薹生菜、奶油生菜、红帆、辛普森精英、美国大速生、罗莎红、罗莎绿、红裙生菜、夏季绿裙生菜、紫冠、绿罗、橡叶红、橡叶绿、红叶生菜、芳妮、澳大利亚青叶鸡冠生菜、花叶生菜等属此类型。

（1）**玻璃生菜** 株高25厘米左右，开展度30厘米左右。叶片黄绿色，散生，倒卵形，有皱褶，带光泽，叶缘波状，中肋白色，叶群向内微抱，但不紧密，脆嫩爽口，品质上乘。生育期约55天，较耐寒，不耐热，易抽薹，适于春秋大棚、露地种植及冬季保护地栽培，生长期短，也可进行保护地间作、套种栽培。单株重300～500克，净菜率高。

（2）**软尾生菜** 广东省地方品种。叶近圆形，黄绿色，叶面皱缩，叶缘波状，心叶微内弯，叶柄白色，较耐寒，不耐热，叶质软滑。株高25厘米左右，开展度35厘米左右，成株叶片28片左右。叶肉薄，脆嫩多汁、味清香，微苦，品质好。不耐高温，适于春秋露地和冬季保护地栽培。

（3）**罗莎红** 紫色散叶，株型漂亮，叶簇半直立，株高25厘米左右，开展度20～30厘米，叶片皱，叶缘呈紫红色，色泽美观，叶片长椭圆形，叶缘皱状，茎极短，不易抽薹，口感好，是品质极佳的高档品种。适应性强，适宜春秋、冬季保护地和露地种植。

（4）**美国大速生**　叶片倒卵型，略皱缩，黄绿色，生长迅速，播种后40～45天成熟，比常规种早10天左右，长江流域可周年栽培。品质脆嫩，无纤维，耐热、耐寒性强，抗抽薹，生长整齐一致。抗病抗虫性强，适应性广，在冬季温度12℃以上的南方地区可露地常年种植，在长江流域多采用春秋露地栽培和冬春保护地内栽培，夏季须做好防高温措施。

（5）**辛普森精英**　散叶生菜，耐热耐抽薹，播种后55天左右可收获。叶色亮绿，叶型美观，头部叶片展开形成卷菜，有饰边皱叶，食味爽脆，品质佳，商品性好。春、夏、秋可露地栽培，冬季可保护地内栽培。栽植密度以25厘米×20～25厘米为宜。

（6）**红帆紫叶**　美国引进品种。植株较大，散叶，叶片皱缩，叶片及叶脉为紫色，色泽美观，随着收获的临近，红色逐渐加深。喜光，较耐热，不易抽薹，成熟期较早，全生育期50天，适宜于春、秋露地栽培。

（7）**波士顿奶油生菜**　从美国引进，是设施水培生菜的主栽品种。早熟品种，定植后35～40天可采收。半结球，植株生长强健，株高20厘米左右，开展度30厘米左右。叶片椭圆形，绿色，有光泽，叶肉厚，质地柔软，品质优良，俗称奶油生菜。叶片全缘，外叶松散，心叶抱合或不抱合。较耐寒、稍耐热，对土壤要求不严格，适应性广，产量较高而稳定，单株重300克左右。

（8）**尼罗**　意大利奶油生菜品种。中早熟，全生育期60天左右，株高25～30厘米，叶簇生，叶片近圆形，翠绿色，有光泽，质地软滑，圆正美观，单株重300～400克，耐抽薹性和抗病性较好。该品种可以水培和土壤栽培两种方式种植生产。

（9）**花叶生菜**　又名苦苣，叶簇半直立，株高25厘米左右，开展度 26～30 厘米。叶长卵圆形，叶缘缺刻深，并上下曲折呈鸡冠状，外叶绿色，心叶浅绿，渐直，黄白色；中肋浅绿，基部白色，单株重 500 克左右。品质较好，有苦味；适应性强，较耐热，病虫害少，全生育期 70～80 天。适合春、夏、秋季露地及大棚栽培。

3. 结球莴苣 近年由国外引进的品种多属此类型，故又称西生菜。叶片大，扁圆形，叶全缘，有锯齿，叶面光滑或微皱缩，绿色或黄绿色，叶丛密，心叶能形成明显叶球，呈圆球形至扁圆球形，外叶开展，产量高，品质好，又可分为绵叶和脆叶两种，是欧美各国普遍种植的最主要蔬菜，近年国内栽培面积日渐扩大，利用设施栽培在长江流域可做到周年供应。主要品种有凯撒、奥林匹亚、萨利纳斯、马莱克、大湖 366、绿湖 388、柯宾、阿斯特尔、卡罗娜、王冠、皇帝等。

（1）凯撒 日本引进的结球生菜品种。极早熟，生育期 80 天。株型紧凑，生长整齐。肥沃土适宜密植。球内中心柱极短。单球重约 500 克，品质好。极耐热、抗病、抗抽薹、高温下结球好，因此特别适于作各地春夏露地栽培品种。

（2）奥林匹亚 日本引进的结球生菜品种。极早熟，生育期 80 天左右。叶片淡绿色，叶缘缺刻较多，外叶较小而少；叶球淡绿色稍带黄色，较紧密，单球重 400～500 克；品质佳，口感好，耐热性强，抽薹极晚，适合春、夏、秋季露地栽培，可以作为夏季生菜栽培的专用品种。

（3）北山 3 号 早熟品种，全生育期只需 60～80 天。开展度小，适于密植，栽植密度以 20 厘米×20 厘米为宜。耐热、抽薹晚、抗病性强。长江流域除炎热的 7～8 月份外可周年栽培。产量每平方米可达 10 千克以上。无论是土壤栽培，水培、露地栽培，还是保护地栽培，它都是一个理想的耐热品种。

（4）爽脆 引自美国的结球生菜品种。叶球大而紧实，外叶少，高产，优质，抗病性强。叶球绿白色，球状，单球重约 800

克。叶近圆形，叶缘缺刻浅，叶面微皱，叶片较厚，外叶深绿色。质爽脆，味清甜，适合生食和熟食。耐顶烧病，对霜霉病、菌核病和软腐病抗性也较强。冷凉环境下才能结球，在高温环境下易抽薹。长江流域最适秋冬大棚栽培，10～12月份播种育苗，早熟，播种至收获86天左右。净菜亩产量约4000千克。

（5）**萨琳娜**　引自美国的结球生菜品种。叶球大，外叶少，株型紧凑，高产优质。叶球绿白色，近圆球状，单球重约700克。叶面微皱，叶片较厚，外叶深绿色，稍向里抱合。开展度40厘米，株高15厘米，可适当密植。抗病性一般。冷凉环境下才能结球，在高温环境下易抽薹。早熟，播种至收获83天左右。耐寒性好、生长期较短、球大整齐。长江流域最适秋冬大棚栽培，适播期为9月中旬至12月份，最适播期为10月份。

（6）**大湖系列**

①大湖118　引自美国。适应性较广，高产稳产，品质优良，叶球黄白色，单球重600克左右。外叶绿色，叶缘缺刻较浅，叶面微皱而开展，抗病性较强。结球适温较广，较迟抽薹，适播期为9月中旬至翌年1月中旬，中早熟，播种至收获88天左右，适合春秋露地及保护地栽培。

②大湖659-700　引自美国。性状与大湖118相近，但产量稍低，叶球重约500克，外叶浅绿色、较多，叶缘锯齿状缺刻较细。成熟期不一致。抗病性一般，耐寒性较强，温暖气候条件下生长良好，但不耐热，生育期90天左右，适合春秋露地及保护地栽培。

③大湖366　引自日本。生长势强，外叶大，深绿色，内部紧实，单球重600克以上，采收期应根据结球的紧实程度来判定，一般春季栽培为定植后2个月，夏季栽培为定植后1个月，秋季栽培为定植后3个月左右。

（7）**绿湖**　引自美国的结球生菜品种。为较优良的耐热早熟品种，但耐热性稍差于凯撒，于炎热季节播种，生长及结球较皇帝差。叶球绿白色，扁圆形，单球重500克左右。外叶绿色，叶缘呈细缺刻，叶面微皱。品质优良，抗病性一般，适播期为9月份至翌年2月份，播种至收获75天左右，适合春秋露地及保护地栽培。

（8）**亚尔盆**　引自日本。叶球绿白色，扁圆形，单球重约700克。外叶较多，外叶深绿色，近全缘，叶面微皱。植株开展度约45厘米，高约15厘米。品质优良，抗病性一般。耐热性较皇帝差但比爽脆强，炎热季节栽培易抽薹。适播期9月中旬至翌年1月份。中早熟种，播种至收获约85天。

（9）**铁人**　中熟，全生育期82天左右。叶片绿色偏深，叶缘有中等缺刻。结球稳定、紧实一致，叶球略扁圆形。单球重700克左右，产量高。耐雨水和炎热气候，耐烧心烧边。温暖季节均可种植，特别适合于夏季露地种植和春秋保护地。

（10）**拳王**　中早熟新品种，全生育期85天左右，叶色鲜绿，叶缘略缺刻，球形圆正，叶球紧实，中心柱较小，产量高，耐热，耐抽薹，耐雨水，抗烧心烧边。适宜于温暖季节种植，尤其是春夏秋露地栽培。

（11）**安妮**　结球生菜，中熟新品种，全生育期85天左右，株型紧凑，叶色深绿，层抱性好，球形圆正，个头均匀，产量高，耐热、耐寒性均衡，后期不耐雨水，品质佳，出成率高，适合于切片加工。主要适宜于由凉转热的春、夏季节保护地或露地种植。

（二）茎用莴苣

茎用莴苣根据叶片形状可分为尖叶和圆叶两个类型，各类型中依茎的色泽又有白莴苣、青莴苣、紫红莴苣之分。

1. 尖叶莴苣　叶片披针形，先端尖，叶簇较小，节间较稀，叶面平滑或略有皱缩，色绿或紫，肉质茎棒状，下粗上细。较早熟，苗期较耐热，可作夏莴笋、早秋莴笋、春提早促成莴笋栽培。主要地方品种有尖叶鸭蛋笋、杭州尖叶、宜昌尖叶、西宁莴

苣、四川早熟尖叶、成都尖叶子、上海大尖叶、早青皮、南京紫皮香、贵州双尖莴笋。

2. 圆叶莴苣　叶片长倒卵形，顶端稍圆，叶面皱缩较多，叶簇较大，节间密，茎粗大，成熟期晚，耐寒性较强，多不耐热，可作秋延迟莴笋、冬莴笋、越冬春莴笋栽培。主要地方品种有紫叶莴笋、挂丝红莴笋、上海大圆叶、南京白皮香、成都二白皮、杭州圆叶、孝感莴笋、竹蒿莴笋、锣锤莴笋、大皱叶、大团叶等。

（1）**紫叶莴笋**　地方品种。植株生长势强，植株高大，节间长，叶片披针形，心叶紫红色，叶面皱缩少。笋长棒形，上端稍细，长 30～33 厘米，横径 4～5 厘米，单株重 350～500 克。茎皮浅绿色，基部带紫晕，皮厚，纤维多，肉质黄绿色，质地嫩脆，味甜，含水分多，品质好。耐寒，晚熟，适合冬春栽培。

（2）**挂丝红莴笋**　四川成都市地方品种。生长势强，株高 50 厘米左右，开展度 50 厘米左右，叶簇较紧凑。叶片呈现倒卵形，叶面微皱，有光泽，叶缘波状浅齿，心叶边缘微红，叶柄着生处有紫红色斑块。茎呈长圆锥形，长 30 厘米，横径 5 厘米。茎肉绿色，质好，单笋重 600～700 克，早中熟，耐肥，抗病，适应性强，适宜冬春栽培。

（3）**成都二白皮**　四川成都市地方品种。株高 45～50 厘米，植株叶簇小，叶片直立，呈倒卵圆形，尖端钝尖，基部宽平，浅绿色，叶缘微波状，叶面微皱，叶片的节间有稀、密两种类型。肉质笋长圆锥形，笋粗皮薄，茎皮绿白色。肉质浅绿色，质脆，品质好。耐热，不易抽薹，适合秋季栽培。

（4）**草白莴笋**　四川成都市地方品种。有尖叶和圆叶两种。草白圆叶莴笋叶簇半直立，叶片为长倒卵圆形，先端钝尖，绿色，叶面皱缩。草白尖叶莴笋叶簇直立，叶片为披针形，先端锐尖，绿色。笋粗，节密，近长柱形，皮白色，肉浅绿色，品质好，产量高，适应性强，抽薹晚，适宜作秋季栽培。

（5）**南京白皮香** 江苏南京市地方品种。植株叶簇大，节间密，叶片淡绿色，宽披针形，先端尖，叶面皱缩，茎皮淡绿白色，肉质青白色。品质好，香味浓，纤维少，早熟，抗霜霉病，适合越冬栽培。

（6）**孝感莴笋** 湖北孝感市地方品种。株高50厘米左右，节间较密，叶片绿色，倒卵圆形，全缘或浅波状。笋长圆柱形，中下部粗，先端细，长约40厘米，横径4～4.5厘米。茎皮绿色，节间稍紫，肉质绿白色。品质好，耐寒，适合秋季或越冬栽培。

（7）**紫皮香** 沿江和江南地方品种。植株高大。叶片大，披针形，绿带紫红色，叶面皱缩，全缘。茎短，粗壮，长卵圆形，皮绿白色，产量高，水分多，质脆嫩，抽薹迟，晚熟种。

（8）**白皮香** 南京地方品种。植株生长势强。叶片宽大，长倒卵形，先端钝圆，淡绿色，叶面微皱。茎粗短似鸭蛋，茎皮绿白色。嫩茎开始膨大较早，品质好，不开裂，产量高，抽薹迟。

（9）**尖叶鸭蛋笋** 合肥地方品种。株高40～45厘米，开展度50～55厘米。叶片绿色，披针形，叶面稍皱缩，先端尖，叶缘有浅缺刻。肉质茎中下部膨大，形似鸭蛋，故名尖叶鸭蛋苣。皮及肉均为绿白色，质致密脆嫩，皮薄，品质佳。早熟、丰产，适应性强，耐寒耐热，不易抽薹。

（10）**三青王** 新一代青皮青肉香莴笋，圆叶，色浓绿，开展度较小，该品种在莴笋中香味最浓，茎皮、茎肉色绿，品质商品性佳，单株重1～2千克，特耐寒，高抗病，在气温3～20℃条件下生长效果良好，适宜晚秋、冬季栽培。

（11）**种都5号** 低温季节专用型，冬季上市高产型品种，圆叶，皮青肉绿，茎棒粗，生长适温5～22℃，是晚秋、初冬栽培的理想品种。

（12）**千里香** 早熟，卵圆叶、深绿、全缘，叶面皱缩。株高50～55厘米，株型直立紧凑。长势旺，抗性强，耐肥水。肉质茎膨大速度快，肉质茎长24厘米左右，横径达6厘米，笋茎长直棒形，较匀称，不易裂口。茎皮青绿色，皮薄，节稀。茎肉翠绿色、脆嫩、清香味浓，品质好。单株重 1～1.2 千克，净菜率高，亩栽 4500～5000 株。耐寒性强，适宜晚秋、越冬、早春露地和保护地栽培。

（13）**华笋**　中早熟。大圆叶，叶色绿，心叶边缘略带紫红，叶全缘，叶面微皱。株高 50～55 厘米，直立紧凑。长势旺，抗性强，耐肥水。肉质茎膨大速度快，粗大，直径达 6～7 厘米，肉质茎长 24～28 厘米，笋茎长直棒形，较均匀，不易裂口。茎皮浅绿色，见光易泛浅紫红，皮薄，茎肉色绿，节稀。茎肉脆嫩、清香，品质好。单株重 1.2 千克，亩栽 4500～5000 株。耐寒性强，很适宜冬春栽培。

（14）**红香妃**　中熟，叶披针形，叶尾略尖，叶面皱，叶片绿紫色，茎直立，肉质茎长 40～60 厘米、横径 6～8 厘米，茎外皮淡绿色带红色，单株质量 0.8～1 千克，肉色翠绿，皮薄。香味浓，口感好，可食率高，商品性好。播种至采收 80～100 天，适宜冬春栽培。

（15）**红满田**　新一代红叶红皮尖叶丰产型品种，耐寒性强，抗病性强，生长整齐，膨大迅速，叶片披针形，稍皱，有明显红斑，茎棒长直，皮色红艳，节间稀，棒形美观，茎肉青，质脆味清香。生长适温 8～23℃。适宜冬、春季节栽培，长江流域播期为 9～11 月份。

（16）**圆绿宝 No.1**　属最新特选超级高抗寒新品种，极抗低温，极耐阴湿，高抗病，生长整齐而健壮。在气温 3～25℃条件下生长效果良好，叶片卵圆形，叶面稍皱，色浓绿，节间稀，茎粗大，皮青、肉翠青，香味浓，质脆。单株重可达 1.5 千克。是青肉类丰产品种。适宜长江中下流地区冬、春季节栽培，9～11 月份播种。

（17）**碧绿翠**　特新耐寒品种，叶大椭圆色深绿，叶簇开展度较大。茎秆粗长棒形，节间稀，皮绿肉青，质脆清香。在气温

5～18℃正常生长。单株重可达1千克。

（18）**科兴3号** 耐寒莴笋品种。耐寒力强，低温下肉质茎膨大较快，抗病性好，叶大呈披针形，叶厚而鲜绿，肉质茎粗大，皮薄肉厚，香甜脆嫩，商品性极好，单株重1.5～1.8千克，宜作冬、春季栽培。

（19）**绿竹** 最新选育的耐寒高桩型品种，长势强，抗病，植株开展度中等。叶长椭圆形，色绿，茎高筒长棒形，皮绿，肉青，质脆味清香，膨大快，产量高，单株重可达1.5千克，在气温3～20℃条件下效果好，属高产、高品质、高桩新品种。

（20）**美竹** 最新定向单株选育的高品质、高桩型新品种。耐寒性强，晚秋、初冬季节栽培专用品种。叶片长椭圆形，叶面微皱，色绿；笋茎长棒形，节间稀，节疤平；皮嫩绿，肉翠绿，味清香，品质佳。

（21）**翠竹青香** 多年单株定向选育，特耐寒莴笋新品种，在气温3～20℃下长势良好，植株长势及抗病力强，叶片长椭圆形，叶色绿，叶片较稀，笋棒高桩长棒形，茎皮青绿，肉质青翠，口感青香，单株重可达1.5千克，商品性优，丰产性好，秋、冬季栽培主推品种。

（22）**金牌红牛** 多年单株定向选育，耐寒莴笋新品种，植株生长强健，耐寒性强，叶片长椭圆形，叶色紫红，节间稀密适中，茎皮淡绿带紫红色，笋肉翠绿，肉质脆香，适宜秋、冬、春季栽培。

（23）**金质3号** 最新选育的高产型优质品种。耐热耐寒，在气温8～25℃条件下生长效果良好，适宜春、秋季节栽培；叶片长椭圆形，色绿；茎粗棒形，皮浅绿白，肉质嫩绿，口感香脆。

（24）**碧绿青** 最新培育的夏季极耐高温高品质品种，生长前期、中期适宜温度为22～30℃，生长后期可抗45℃高温。叶椭圆形，色绿，茎皮浅绿白色，笋肉嫩绿，茎棒粗，单株重可达0.6～1.1千克。

（25）**碧绿香** 特新种，特耐寒。皮深绿，叶深绿，肉深绿，肉嫩脆而清香，品质极佳，属晚秋、冬季栽培的特色品种。叶片椭圆形，单株重可达 1 千克，产量高。长江流域 9～11 月份播种。

（26）**碧绿秀** 新一代耐热耐寒型品种，叶大椭圆，色绿。皮色绿白，茎肉绿色，茎粗棒，单株重可达 1.5 千克，商品性好，长势旺，抗病高产，是秋冬上市的理想品种。适宜我国大部分地区种植。

（27）**碧绿竹** 最新选育的耐寒高桩型品种，长势强，抗病，植株开展度中等。叶长椭圆形，色绿，茎高筒长棒形，皮绿，肉青，质脆味清香，膨大快，产量高，单株重可达 1.5 千克，在气温 3～20℃条件下生长效果好，属高产、高品质、高桩新品种。

（28）**春秋二白皮** 属特新一代种，耐热耐寒性均较强，叶片长椭圆形，色深。茎秆粗长棒形，皮大白，肉浅绿。在气温 8～25℃条件下生长效果良好。该品种近年在我国部分地区已逐渐成为晚秋、冬春主栽品种。

（29）**耐寒二白皮** 属特新一代种，耐寒性强。叶长大，椭圆形，色深绿，叶簇开展度大。皮特别白嫩，节间稀，节疤平，茎特别粗棒，肉浅绿色。在气温 5～20℃条件下生长效果良好，单株重可达 1.5 千克。该品种适宜我国大部分地区晚秋、冬、春季种植。

（30）**春秋二青皮** 属特新一代种，耐热耐寒性较强，叶片长椭圆形、色深，叶簇开展度较大，茎秆粗长棒形，节间稀。皮绿白色，肉浅绿，在气温 8～25℃条件下生长效果良好。该品种适宜我国大部分地区秋季、冬、春季栽培。

（31）**耐热二白皮** 属特新种，耐热性适中。叶片长卵圆形，半直立，色绿。茎粗棒形，皮嫩大白，节间稀，节疤较平直，肉淡绿色。在气温 12～30℃条件下生长效果最佳，该品种适宜我国大部分地区秋季栽培。

（32）**溢香红翠** 高产型优质红莴笋品种。耐热耐寒，在气温

8～25℃条件下生长效果良好，适宜春秋季栽培。叶片椭圆形，色绿带大面积紫红色；莴笋粗棒形，光照良好情况下茎皮嫩绿色带紫红色；肉翠绿，质脆嫩，味清香。

（33）**碧红丰** 极品红尖叶莴笋。叶片细长披针形，叶色紫红，笋茎长棒形，外皮淡紫红色，叶稀皮薄肉绿，香味浓，质脆嫩，生长适宜温度8～25℃，适宜秋、冬季节栽培。

（34）**三绿峰** 耐热尖叶莴笋新品种，植株生长势强，抗病力强。叶片披针形，叶绿，笋棒粗大，茎皮嫩绿，笋肉翠绿清香，单株重可达1千克以上，适宜秋季栽培。

（35）**三绿香** 高品质莴笋。较耐热，叶片披针形，色绿。正常栽培条件下，莴笋茎皮嫩绿色，肉质翠绿，口感清香。长江流域播种时间8月下旬至10月下旬。

（36）**科兴6号** 耐抽薹、早熟、丰产、品质好的莴笋品种。株高约30厘米，开展度约40厘米，叶片数40片左右，节间约0.4厘米，叶倒卵圆形，叶色浅绿色，茎皮浅绿色，肉浅绿色，横径约4厘米，净菜率较高，可达62%，外观整齐，口感好，商品性好。

（37）**四季白尖叶** 耐热耐寒。叶片大披针形，色绿。皮绿白，节间稀，节疤平，茎棒粗，肉绿色，在气温5～28℃条件下生长效果好。单株重可达1.3千克。该品种适宜我国大部分地区一年四季广泛种植，是国内莴笋生产中栽培面积最大的品种之一。

（38）**夏三绿** 耐热圆叶莴笋新品种，叶片椭圆形，叶绿，茎皮嫩绿色，皮薄，笋肉翠绿，肉质脆嫩，单株重可达1.2千克，适宜夏秋栽培。

（39）**碧绿峰** 最新特选超级抗高温专用品种。耐高温，高抗湿，不易抽薹，生长整齐而快速。在气温22～38℃条件下生长效果良好。叶片披针形，色绿，茎粗大，茎皮浅绿白色，笋肉嫩绿，质特脆香味特别浓郁。单株重可达1千克。

（40）**夏峰清香** 夏、秋高温季节种植的莴笋专用型新品种。

抗病性强，叶片披针形，色绿，株型较紧凑，茎皮淡绿，茎棒粗，味香脆，商品性佳，单株重 0.6～1.2 千克，生长迅速。不易抽薹，不易空心，生长适温 18～32℃，生长后期可抗短期 40℃以上高温。

（41）**旭日东升**　耐热莴笋，皮嫩绿，肉浅青，味清香，单株重可达 0.8 千克，耐热性好，短期可抗 40℃高温，适宜我国大部分地区夏、秋季节栽培的优质品种。

（42）**迎夏圆叶王**　新一代夏、秋高温季节种植的专用型新品种，生长迅速，抗病性强，不易抽薹，不易空心，叶片卵圆形，色绿，株型较紧凑，茎皮淡绿，茎肉嫩绿，茎棒粗，味香脆，商品性佳，单株重可达 1.2 千克，生长适温 18～32℃，后期可抗短期 40℃以上高温。

（43）**强抗热笋王**　最新选育的强抗高温型圆叶新品种，该品种茎棒粗，抗病性强，产量高，单株重可达 0.6～1 千克，皮淡绿而肉浅绿，质脆味香，商品性佳。在 22～33℃正常生长，后期可抗短期 42℃高温。此品种是夏、秋季节大面积种植的理想品种。

（44）**夏胖青**　夏季极耐高温、高品质品种，生长前期、中期适宜温度 22～30℃，生长后期可抗 45℃高温。叶椭圆形，色绿，茎皮浅青，肉嫩绿，茎棒粗，单株重 0.6～1.1 千克。众多农民称"夏胖青"形如夏季出生的"胖娃娃"。

（45）**夏翡翠**　特耐高温，叶椭圆形，生长前中期适温 22～30℃，生长后期可抗 42℃高温，单株重 0.6～1.1 千克。

（46）**清夏尖笋王**　大尖叶，皮浅青，茎棒粗，在 18～35℃下生长良好，中后期抗短期 40℃高温，适宜夏秋栽培，定植 33 天即可上市，单株重 0.6～1 千克。

（47）**嫩香世纪王**　高温专用型品种，在 42℃高温下正常生长，能耐 45℃的短高温，耐湿，抗病，不易抽薹，不空心，尖叶，叶大披针形，茎皮薄，青绿色，单株重 1～1.2 千克。

（48）**清香**988　特抗热，在43～45℃下生长良好，抗高温、耐湿、抗病，不易抽薹，生长整齐，大尖叶，叶淡绿色，茎皮薄，口感好，单株重0.8～1千克。

（49）**尖叶先峰**No.1　属最新特选超级高温季节专用品种，极抗高温，极耐高湿，高抗病，极不易抽薹，生长整齐而快速。在气温15～38℃条件下生长效果良好，短期45℃高温下正常生长。叶片披针形，色绿，茎粗大，皮嫩绿肉青，质特脆，香味特别浓郁，单株重可达1千克。

二、栽培特性

（一）生长发育

莴苣是1～2年生植物，其生长发育可分为营养生长和生殖生长两个时期。营养生长时期包括发芽期、幼苗期、发棵期及产品器官形成期（包括叶用莴苣的结球期和茎用莴苣的茎肥大期），各个时期的长短因品种及栽培季节而异。

1. 发芽期　播种到真叶初现，其临界形态标志为"露心"，需8～10天。

2. 幼苗期　"露心"至第一个叶环5～7片叶全部平展，其临界形态标志为"团棵"，直播需17～27天，初秋播种需时较短，晚秋播种需时较长。育苗移栽的需要30天左右。在幼苗期中，植株生长缓慢，叶片和根系的重量增长很小，主要是叶数的增加，据研究，苗端平均每2天能分化1片小叶。

3. 发棵期　从"团棵"至开始包心或茎开始肥大，需15～30天，这一时期叶面积的扩大是结球莴苣和莴笋产品器官生长的基础。

4. 产品器官形成期　结球莴苣从"团棵"以后一面扩展外叶，一面卷抱心叶，到发棵完成时，心叶已经形成球形，然后是叶球的扩大与充实，所以发棵期与结球之间的界限不像大白菜和结球甘蓝那样明显，从卷心至叶球成熟需 30 天左右。

莴笋的幼苗短缩茎在进入发棵期后开始肥大，整个发棵期短缩茎的相对生长率不高，而且增长幅度不大，为茎肥大初期，以后茎与叶的生长齐头并进，相对生长率显著提高达最高峰后两者同时下降，开始下降后 10 天左右达采收期。

露地越冬的春莴笋完成发棵期短缩茎开始肥大后，温度降低，进入长达 100 天左右的越冬期和返青期，在此期间短缩茎的增长很缓慢，返青过后，茎的相对生长率显著提高，进入茎肥大期。

5. 生殖生长时期　莴苣的抽薹开花，不需要先经过一个低温阶段，而在高温（高于 24℃）、长日照条件下反而比低温长日照更易抽薹开花结籽，完成生育周期。

（二）对环境条件的要求

1. 温度　莴苣是半耐寒性蔬菜，喜冷凉，稍耐霜冻，忌高温，在天气炎热时生长不良。在长江流域可以露地越冬，但耐寒力随植株的成长而逐渐降低。

莴苣的种子在 4℃以上就能缓慢发芽，而以 15～20℃最适，出芽需 4～5 天。莴笋种子在 30℃以上、生菜种子在 27℃以上进入休眠状态，发芽受抑制。因此，在高温炎热的季节播种时，播前需进行种子低温处理，如在 5～18℃条件下浸种催芽，种子才能发芽良好，出苗率高。

莴苣在不同的生长时期所要求的温度不同，幼苗期对温度的适应性较强，可耐 –5℃的低温，–6℃时叶片有冻伤，幼苗生长的最适温度为 12～20℃，在日平均温度 29℃的高温下，生长缓慢，高温日晒常致地温偏高而使幼苗胚轴受灼伤，引起倒苗，因此在高温季节育苗时需要进行遮阴降温。莴笋成株的抗冻性较差，在 0℃以下即容易受冻害。茎叶生长时期最适温度为 11～18℃，在夜温较低（9～15℃）、昼夜温差大时更有利于叶簇生长，茎部粗壮肥大，易获得高产。莴苣春化阶段发育属于"高温感应型"，此时期的日平均温度超过24℃，夜间温度长时间在19℃以上，则植株易徒长，抽薹，造成减产甚至绝收。莴苣在开花结实期要求较高的温度，以22～28℃为最适，开花后15天左右瘦果成熟，10～15℃可正常开花，但不能结实。

结球莴苣对温度的适应范围较窄，与莴笋相比，结球莴苣既不耐寒也不耐热，结球莴苣结球期的生长适温为15～20℃，日平均温度高于20℃，就会造成生长不良，出现徒长、结球松散、提早拔节抽薹等现象，影响产量，降低品质。

不结球莴苣（散叶莴苣）对温度的适应范围介于莴笋与结球莴苣之间。

2. 光照　莴苣种子是需光种子，适当的散射光可促进发芽。播种后，在适宜的温度、水分和氧气供应条件下，不覆土或浅覆土时均可较覆土的种子提前发芽。

莴苣为喜中等强度光照植物，光补偿点为1.5～2千勒，光饱和点为25千勒。要求日光充足，生长才能健壮，叶片肥厚，嫩茎粗大。长期阴雨、遮阴密闭会影响叶片和茎部的发育，因此莴苣生长期间，宜合理密植，生菜稍耐弱光，强光下生长不良。莴苣在长日照下发育速度随温度升高而加快，早熟品种最敏感。

3. 水分　莴苣为浅根性作物，根系吸收能力较弱，但叶面积大，叶片多，蒸腾量大，消耗水分多，因此不耐旱，但水分过多且温度高时又易引起徒长，所以加水分要求严格，而且在不同的生育时期加水分有不同的要求。

幼苗期应保持土壤湿润，勿过干过湿或忽干忽湿，以免幼苗老化和徒长。发棵期应适当控制水分，进行蹲苗，使根系往纵深生长，莲座叶得以充分发育。结球期或茎部肥大期水分要充足，若缺水，则叶球或茎长得细小、味苦，但在结球和茎肥大的后期，又要适当控制水分，若此时供水过多，则又易发生裂球、裂茎及软腐病。

4. 土壤及营养 莴苣的根吸收能力弱，且根系对氧气的要求高，在黏重土壤或瘠薄的地块上栽培时，根系生长不良，地上部生长受抑制，结球莴苣的叶球小、不充实、品质差，莴笋的茎细小木质化，且易提前抽薹和开花。因此，莴苣的栽植宜选排灌方便、有机质丰富、保水保肥的壤土或沙壤土，并应实行轮作，避免重茬，以减轻病害。结球莴苣喜欢微酸性土壤，适宜的土壤 pH 值为 6 左右，pH 值在 5 以下或 7 以上时生长不良，莴笋的适应性稍强。

莴苣对土壤营养的要求较高，其中对氮素的要求尤为重要，任何时期缺少氮素都会抑制叶片的分化，使叶片减少，幼苗期缺氮表现更为显著，因此在施足基肥的基础上追施速效氮肥能提高产量，增进品质，此外磷钾肥也不可缺少。据分析，生长期为 120 天、亩产量 1 500 千克的叶用莴苣，需吸收氮 3.8 千克、磷 1.8 千克、钾 7.4 千克。幼苗期缺磷不但叶数少，而且植株变小，产量降低，叶色暗绿，生长势衰退。任何时期缺钾虽然不影响叶片的分化，但影响叶片的生长发育和叶片的重量，尤其是结球莴苣的结球期，如缺钾会使叶球重量显著减轻。因此，在生菜结球期或莴笋的茎肥大期，植株在供给氮磷的同时，还需维持氮、钾营养的平衡。如果氮多钾少，则外叶生长过旺，呈现徒长现象，而叶球和嫩茎则较轻，严重影响产量。偏施氮肥还会导致叶片中硝酸盐含量增加，影响品质安全。

三、栽培季节

茎用莴苣（莴笋）喜冷凉气候条件，茎叶生长最适温度 11～18℃，成株不耐寒，在长日照和高温条件下容易抽薹。长江流域露地莴笋栽培 1 年只能供应两季，即春莴笋、秋莴笋，且以秋播春收的春莴笋为主。近年来，通过利用大棚冬季防寒保温和夏季遮阴防雨降温技术，莴笋可以排开播种，周年供应，既丰富了市场花色品种，又可增加经济效益。

叶用莴苣（生菜）生长的适宜温度为 18～22℃，0℃以下有冻害，25℃以上生长不良，高温和长日照易诱发花芽分化，导致先期抽薹，品质下降。随着栽培设施的发展，利用保护设施栽培生菜，已基本做到分期播种、周年生产供应。夏、秋季栽培时要注意先期抽薹的问题，应选用耐热、耐抽薹的品种。

长江流域散叶生菜及皱叶生菜的生长期较短，一年中可生产 10 茬之多，2～5 月份每月播种 1 茬，育苗期 25～35 天，3 月下旬至 6 月上旬定植，定植后 30～40 天收获，于 4 月上旬至 7 月上旬供应；6 月下旬至 8 月下旬播种 3 茬，育苗期 15～25 天，7 月下旬至 9 月中旬定植，定植后 25～35 天收获，于 8 月下旬至 10 月中旬供应；9 月下旬至 11 月份播种 2 茬，育苗期 30 天，10 月中旬至 12 月份定植，定植后 55～60 天收获，于 12 月中旬至翌年 2 月中旬供应。

结球生菜的生长期较长，茬次可适当减少。结球生菜喜冷凉气候，耐热、耐寒力较差，主要栽培季节为春、秋两季。春季 2～4 月份播种育苗，5～6 月份收获；秋季 7～8 月份播种育苗，10～11 月份收获。此外，冬季也可在大棚温室中育苗定植，夏季还可利用遮阳网进行遮阴栽培。

莴笋（茎用莴苣）和生菜（叶用莴苣）全年的主要茬口安排见表 3-1。

表 3-1　长江流域莴苣的周年栽培茬次

种 类	栽培方式	茬 口	推荐品种	播种期	定植期	采收期
莴笋	塑料大棚	秋延迟栽培	三青王、种都 5 号、雪里松等	9 月上中	10 月上中	12 月下至翌年 2 月份
	塑料大棚	春早熟栽培	三青王、科兴系列、种都系列等	9 月下至 10 月上	11 月上中	3 月份至 4 月上
	塑料大棚	夏季栽培	耐热二白皮、绿奥夏王系列等	5 月上至 6 月上	5 月下至 6 月份	7～8 月份

续表 3-1

种 类	栽培方式	茬 口	推荐品种	播种期	定植期	采收期
莴笋	露地	秋季栽培	耐热二白皮、夏翡翠、青峰王等	8月上至8月下	8月下至9月下	9月下至12月上
	露地	越冬栽培	雪里松、寒春王、秋冬香笋王等	9月下至10月上	11月上中	4月中至5月下
	露地	春播栽培	春秋二青皮、竹叶青、红剑等	3月上	4月上	6月份
叶用莴苣	塑料大棚	越冬栽培	卡罗娜、绿湖、柯宾、油麦菜等	9月上至10月下	10月份至12月下	12月上至翌年4月上
	塑料大棚	春季栽培	卡罗娜、绿湖、柯宾、油麦菜等	12月下	2月中	4月中至5月中
	遮阳大棚	夏季栽培	绿湖、大湖、意大利耐抽薹等	5月中至7月中	6月下至8月中	7月下至9月中
	大棚＋露地	春季栽培	卡罗娜、绿湖、柯宾、油麦菜等	1月份至3月上	3月中至4月份	5月中至6月中
	露地	春季栽培	卡罗娜、绿湖、柯宾、油麦菜等	3月中至4月下	5月上至6月中	6月上至7月中
	露地＋遮阳	夏季栽培	绿湖、大湖、意大利耐抽薹等	5月中至6月下	6月下至7月下	7月下至8月下
	露地	秋季栽培	卡罗娜、绿湖、柯宾、油麦菜等	8月中	9月中	10月下至11月中
	露地＋覆盖	秋季栽培	卡罗娜、绿湖、柯宾、油麦菜等	8月下	9月下	11月份至12月上

四、栽培技术

（一）大棚秋延迟莴笋栽培

1. 品种选择　宜选用耐寒性强、茎部肥大的中晚熟品种，这些品种易达到优质高产。长江流域近年选用的主要品种有三青王、种都 5 号、雪里松、笋王、青秀、春秋二青皮、翠竹长青、极品雪松、笋王、竹叶青、红剑、科兴系列、种都系列等。

2. 播种育苗 栽培莴笋多先育苗后定植。

（1）**适期播种** 大棚栽培的秋延迟莴苣，播期不能太早，也不能太晚。过早因生育期过长，后期茎易空，商品性差；播种过晚，则生长后期温度条件不适，茎不易伸长和增粗，产量低。长江流域宜于 9 月上中旬播种。

（2）**苗床准备** 选择肥沃、排水良好、结构疏松的沙壤土地块作苗床。播前整细耙平，施足基肥，并注意不要缺磷肥、钾肥。基肥可用腐熟的堆肥、人粪尿或其他畜禽肥，每亩施用量 3 000 千克左右。穴盘育苗则选用 128 孔穴盘，每亩需要 80 张左右育苗穴盘。

（3）**种子准备** 培育壮苗应选用品质优良的种子。可用风选或水选法选取较重的种子，淘汰较轻的种子。适当稀播，以免幼苗拥挤，导致胚轴伸长和组织柔嫩，此时播种气温已不是很高，因气候温和、土温适宜、出苗容易，可不必浸种催芽而用干种子播种，播种量也不宜太大。一般每亩苗床用种 750 克左右，苗床与栽植田面积之比为 1 : 10～15。

（4）**播种** 播种前，育苗畦内浇足底水，水渗下后将种子均匀撒播，播种时可用细土与种子拌匀，重复两次撒播，以便达到撒种均匀。因莴苣种子发芽需光，因此覆盖土要细薄，以不见种子为准，盖土过厚则出苗不齐。

（5）**苗床管理** 要培育壮苗还必须适时间苗，一般间苗 1～2 次，在子叶展开后即进行第一次间苗，剔除病苗、弱苗、过密苗，人工拔除杂草，苗距以叶与叶不搭靠为宜；真叶展开 2～3 片时再进行第二次间苗，苗距仍保留叶与叶互不搭靠为准，为5～7 厘米。苗期土壤干燥时，可适当浇水，但总的来说，苗期应适当控制浇水，以免幼苗徒长。在整个育苗期间，每天保持苗床充分湿润，切忌苗床泛白。生长中期，根据长势，可少量追肥，每亩苗床用尿素 3～5 千克。

3. 定 植

（1）**定植时期**　莴笋幼苗真叶 4～5 片、苗龄 30 天左右时要适时定植，以免幼苗过大、胚轴过长、不易获得肥大的嫩茎。长江流域于 10 月上中旬定植为宜。

（2）**整地做畦**　应选择土壤肥沃、土层深厚、结构疏松、排水良好的地块栽培秋延迟莴苣。前茬收获后立即清园、施基肥、深耕、细耙、整地做畦，为定植做好准备。结合土壤翻耕，一般每亩施腐熟农家肥 3 000 千克加饼肥 100 千克或商品有机肥 1 500 千克加三元复合肥（N∶P∶K=15∶15∶15）50 千克。基肥应提前 7～10 天施入土壤中，然后用机械旋耕 2～3 次。做连沟 1.2～1.5 米深沟高畦，铺设滴灌带后铺上地膜，准备定植。

（3）**定植方法**　定植前 1 天，将育苗床浇透水，以便于起苗。起苗时，要尽量少伤根，多带土，以利缓苗。起苗前喷药防病 1 次。定植应选择晴天下午或阴天进行，注意大小苗分级。栽苗要轻提轻放，不要碰伤叶片和根系。栽植深度要适宜，覆土深度比幼苗在育苗床中入土的深度稍深即可，栽植过深，不利于发根，植株生长不旺。栽后要及时浇定根水，以利缓苗。栽植行距 30～33 厘米，株距 25～30 厘米。每亩定植约 5 000 株。

4. 田间管理

（1）**扣棚保温**　莴笋茎叶生长的适宜温度为 11～18℃。定植后要尽量创造适合莴笋茎叶快速生长的温度条件，即 16～18℃。10 月下旬以后，随着空气温度迅速下降，为了保证莴笋继续正常生长，此时应及时扣上大棚薄膜保温。在秋延迟莴苣栽培中，覆盖前期要注意使温度不能偏高而导致植株徒长，白天应注意通风降温；控制温度白天不超过 24℃，夜间不低于 10℃。为了便于通风，扣膜应采用三大块法，通风取决于温度条件，在满足莴苣生长的适宜温度下尽量加大通风，在湿度偏大的情况下，及时通风散湿，可防止病害发生。后期天冷后，要防止植株受冻，气温在0℃以下时棚内要双层覆盖（大棚＋小棚）并加盖草苫保温。在管理上，前期草苫应早揭晚盖，增加光照时间，午间注意通风降温降湿。后期草苫可晚揭早盖，通风量也随气温下降逐渐减少，严寒天气可不通风。

（2）**肥水管理**　定植后随即浇定根水，第二、第三天早晨还要复水1次。秋延迟莴笋定植初期温度仍然偏高，浇水时间要放在早晨或午后。活棵后应加强肥水管理，在长好叶片的基础上，促进茎部迅速膨大，这是夺取高产的关键，也是防止先期抽薹的重要措施之一。幼苗缓苗后，及时进行1次追肥，每亩追施尿素5～7千克，随后浇水。浇1～2次水后，再进行中耕。遇干旱时及时灌跑马水，保墒，切忌大水漫灌，宜采用膜下滴灌带滴灌。此时外界环境条件比较适于莴苣的生长，应抓紧肥水管理，促使植株健壮生长。在第一次追肥约15天后，须进行第二次追肥，每行间穴施优质复合肥25～30千克，并配合浇水；封行以前茎部开始膨大时，施第三次追肥，每亩施尿素7～10千克、硫酸钾5～7千克，以促进肉质茎肥大。管理得当，莴苣的正常长相是叶片肥厚平展、叶子排列密集、生长顶端低于莲座叶的高度。采收前20天左右停止灌溉、施肥、喷药。

5. 采收　大棚秋延迟莴笋生长期较长，一般在12月初至翌年1月份收获，可根据市场需要，随时收获上市。收获后在运销过程中也要注意保温防冻。

莴笋成熟时心叶与外叶的最高叶一样高，株顶部平展。这时嫩茎已长足，品质最好。为提高商品性，莴笋上市的标准产品应该是：在莴笋拔出后，用刀将根切去，顶部只留10片左右小叶，其他叶片全部去尽。

秋延迟莴笋主要供应元旦、春季市场，丰富节日花色品种，2月下旬气温回升后极易抽薹，应及时采收完毕，也便于为大棚春早熟果菜腾出茬口。采收过晚，茎皮增厚，且易空心。

（二）大棚春提早莴笋栽培

春提早莴笋可以接大棚秋延迟黄瓜、番茄、辣椒、菜豆等的茬口，供应早春市场，在露地越冬莴笋上市前 30～40 天应市，经济效益也十分可观。另外，如果大棚茬口腾不出来，也可以在 1 月上旬直接在露地越冬莴笋上扣中棚或小拱棚，最好在定植时将地面用地膜覆盖，管理得当，同样可以提前 20～30 天上市。仅有地膜覆盖的莴笋只比露地提前上市 7～9 天。

1. 品种选择 应选用节间短、茎秆粗壮、茎不开裂、香味足、脆嫩、肉质绿色、耐寒耐抽薹品种，如耐寒二青皮、冬青、澳立 3 号、郑兴圆叶、绿丰王、成都挂丝红、种都 5 号系列等。

2. 培育壮苗

（1）苗床准备 选择疏松、肥沃、排水良好的沙壤土做苗床，播前整细耙平，施足基肥。一般每亩苗床施用腐熟的堆肥、人畜粪或其他畜禽肥 3 000 千克左右。

（2）适时播种 春提早莴笋的播种期和露地越冬莴笋相同。一般 9 月下旬至 10 月上旬露地播种育苗，播前将苗床浇足底水，待水渗下后，将种子拌干细土均匀撒播（因此时天气转凉，可不必浸种、催芽，用干种子播种）。播后覆盖细土厚 1 厘米，每亩苗床播种量为 750～1 000 克，苗床与大田面积比为 1∶10～15。

（3）苗床管理 一般在苗床上间苗 2 次，在子叶展开后间第一次苗，在 2～3 片真叶展开后间第二次苗，以叶与叶互不搭靠为准，苗距保持 3～5 厘米。苗期应适当控制浇水，以免幼苗徒长，土壤干燥时，可适当浇水，当苗龄达 40 天左右、有 4～5 片真叶时定植。

3. 及时定植 定植前将大棚内土壤深翻晒垡，施足基肥，每亩施腐熟土杂肥 3 000 千克、三元复合肥 50 千克，然后整平、耙细、做畦，棚宽 4.5 米，一棚 2 畦，中间留路沟畦宽 2 米；6 米或 8 米宽大棚则做成连沟 1.2～1.5 米宽深沟高畦。11 月上中旬将大、小苗分别定植于已扣好薄膜的大棚内，株行距为 25 厘米×30 厘米。

4. 定植后的管理

（1）**温、湿度管理** 定植初期要注意通风降湿，夜间气温在 0℃以上时，仍要通风，以锻炼植株，提高抗性。当气温在 0℃以下时，大棚内夜间要盖小拱棚并加盖草苫（白天揭开草苫，增加光照）。为了减轻棚内湿度防止病害发生，最好使用无滴棚膜，小拱棚可用废旧薄膜。立春以后，天气转暖，要逐渐加大通风，2 月上中旬以后当茎部开始膨大至收获前，白天棚温控制在 15～20℃，超过 24℃应通风降温，以免徒长，降低品质，夜温不应低于 5℃，以促进莴笋迅速生长、膨大。

（2）**肥水管理** 定植后，浇足稳根水，5～6 天缓苗后，浇 1 次缓苗水，并顺水追 1 次提苗肥，可亩施尿素 5～7 千克，以后连续中耕松土 2～3 次，以利蹲苗，促进根系发育，当长到 8 片叶开始团棵时，再随水追 1 次肥，可亩施尿素 10 千克，然后继续中耕、蹲苗。当植株长至 16～17 片叶（两个叶环）、茎部开始膨大时，应及时浇水追肥，可顺水追施 1 次壮苗肥，亩施三元复合肥 25～30 千克，此后应经常保持土壤湿润，地面干就浇灌，浇水要匀，防止大水不均，造成茎部开裂。

5. 收获 莴笋收获的最适时期是主茎顶端与最高叶片的叶尖相平时，应及时收获。为了提前上市，可适当早采收，收大留小，分批上市，以提高产量。

长江流域春提早莴笋 3 月份至 4 月上旬采收上市，利用塑料大棚多层覆盖栽培的，可将上市期提早到 2 月中旬左右，较露地越冬春莴笋提前 40～50 天上市，平均单产 1 500 千克，高产可达 2 000 千克，经济效益十分可观。

（三）大棚夏莴笋遮阴防雨栽培

夏莴笋 4 月下旬至 5 月份播种，7～8 月份上市。大棚栽培可接春早熟果菜的茬口。夏莴笋生长期间外界环境正值高温长日照，极易提前抽薹，轻则造成减产，重则导致栽培失败。因此，防止先期抽薹是夏莴笋栽培的关键，所以栽培措施自始至终都要以防止先期抽薹为主旨。

1. 选用良种　夏季大棚莴笋遮阳防雨栽培应选耐高温、高湿，抗病，生育期短，长势好，高温不耐抽薹的品种。长江流域可选用夏三绿、碧绿峰、夏峰清香、旭日东升、迎夏圆叶王、强抗热笋王、夏胖青、夏翡翠、清夏尖笋王、嫩香世纪王、清香988、尖叶先峰 No.1 等。

2. 适期播种　针对夏莴笋易抽薹的特点，可 4 月下旬至 5 月份分批播种，以期 7～8 月份分期供应，早播早收，迟播迟收，及时满足市场需求。播种前进行浸种催芽。方法是：先将种子在清水中浸泡 2 小时，捞出后略晾干用布袋包好放置于冰箱冷藏室或冷库中预冷 24 小时，再放到阴凉通风处，保持 15～20℃，每天用清水淘洗 2～3 次，2～3 天后即可发芽、播种。经过低温预冷和催芽的种子，播种后出苗快而整齐，抗逆性增强。

3. 培育壮苗　育苗除一般管理要求外，还应特别注意两点：一是适当稀播，每亩苗床用种量 500 克左右，苗床面积与定植面积之比为 1∶10；二是要及时间苗，防止幼苗拥挤而导致胚轴伸长而引起徒长，苗距 5～7 厘米。

4. 整地施肥　夏莴笋生长期短，生长快，生长量大，根系不甚发达。因此，对整地质量要求高，还要有充足的基肥。当前茬作物收获后，深耕晒土，并结合整地每亩用腐熟堆、厩肥 3 500 千克或商品有机肥 1 500～2 000 千克作基肥。夏季雨水多，雨量大，应做成深沟高畦，以利排水，畦宽连沟 1.2～1.5 米。

5. 适时定植　幼苗 4～5 片叶时带土定植于保留顶膜的防雨大棚中。夏莴笋苗龄不宜过长，以 20～25 天为宜，谨防苗龄过大，秧苗徒长而引起先期抽薹。

定植时应选植株生长健壮，根系完好，子叶完整，叶片平展、肥厚，有4～5片真叶，节间短，未拔节，色泽正常，无病虫危害的苗来栽植。起苗时一定要多带土，以免损伤根系，影响缓苗和以后的生长。

夏莴笋生长期短，植株较矮小，适于密植，但也要合理密植，谨防徒长。一般1.2米宽的畦栽4行，株距30厘米。

6. 田间管理

（1）**遮阴防雨** 夏季高温强日，暴雨是莴笋生长的最大障碍，从6月中旬开始就要及时扣棚膜（只盖天膜）、盖遮阳网，降温防雨。选用黑色网较为理想，遮阳网的揭盖管理同大棚夏芹菜栽培。盖网时间不宜过长，以15～20天为宜，否则影响产品品质和风味，一般采收前7～10天去网。

（2）**肥水管理** 夏莴笋栽培生长快，需要较好的肥水条件。干旱缺肥或水分过多，偏施氮肥，都有可能导致莴笋茎细弱瘦长，先期抽薹。要淡肥勤施，早晚灌溉，降温保湿，常保持土壤湿润，促进生长，但也注意雨后及时排水，降渍防病。一定要在封行前（10～15片叶时）勤施追肥，一般选晴天，结合灌水，1周左右追肥1次，共2～3次，每次每亩施尿素5～7千克。茎膨大初期是追肥的关键时期，必须重视这一次追肥，每亩施三元复合肥25～30千克。茎膨大期间，生长健壮可不再追肥，只需保持土壤湿润即可，若生长后期缺肥，可利用叶面施肥来补充，即叶面喷洒0.3%磷酸二氢钾和0.5%尿素的混合液。

（3）**防止抽薹** 在定植缓苗后喷多效唑50毫克/千克或缩节胺5毫克/千克，或在茎部开始肥大时叶面喷施矮壮素6000～10 000毫克/千克，能明显抑制莴苣的纵向伸长，促进苣茎的膨大增粗，从而控制莴苣的徒长，防止先期抽薹。

7. 适时收获 夏莴笋的适收期短，要适时抢收。过早采收影响产量，过迟则易抽薹，莴笋茎中空或开裂，降低品质。一般7～8月份在莴笋主茎和叶簇相平时及时分批采收上市。

（四）大棚生菜冬季栽培

1. 选择良种　冬季大棚栽培应选耐寒性较强、抗病、丰产的品种。江淮地区可选用绿湖、都莴苣、美国 PS、萨利纳斯、柯宾、卡罗娜、花叶生菜、玻璃生菜和 14624 结球生菜等品种。

2. 播种育苗　选保水保肥性能好、肥沃的沙壤土地，播前 7～10 天整地，施足基肥，每亩大田需备苗床 20～30 米^2，用种 50 克左右，每 10 米^2 苗床施过筛腐熟有机肥 50 千克、硫酸铵 0.3 千克、过磷酸钙 0.5 千克和氯化钾 0.2 千克（也可用三元复合肥 0.5 千克代替），基肥施入后要与床土充分混合，并打碎整平做畦。

播种前浇足底水，水渗下后，选择生活力强的新种子混沙撒播，要播均匀，播后盖土以盖没种子为度。播种后保持畦面湿润，3～5 天可齐苗。幼苗 2 叶 1 心时及时间苗，使幼苗均匀分布，生长健壮，苗距 3～5 厘米。间苗后可喷施 1 次叶面肥，即叶面喷洒 0.3% 磷酸二氢钾和 0.3% 尿素的混合液，促幼苗生长。生菜幼苗对磷肥敏感，缺磷时叶色暗绿，生长衰退，苗期注意补充磷肥，保证幼苗正常生长，可用磷酸二氢钾喷或随水浇 1 次。苗期喷 1～2 次 75% 百菌清可湿性粉剂 600 倍液或 70% 甲基硫菌灵可湿性粉剂 1 500 倍液防止霜霉病发生。

苗龄 30～60 天，长有 4～5 片真叶时定植于大棚中。

3. 定植　定植田应选择保水保肥力强、土壤肥沃、排灌方便的田块，结合整地，施足基肥。一般亩施腐熟有机肥 2 500～3 000 千克，并增施三元复合肥 40～50 千克，混入土中，也可用人粪尿或沼液沼渣作基肥，整平畦面，做连沟 1.2～1.5 米宽的深沟高畦。

栽植密度：散叶莴苣可适当密些，株行距（20～25）厘米×（20～25）厘米；结球莴苣的株距为 30～40 厘米。其中，早熟品种，植株偏小，以 30 厘米左右为宜，中晚熟品种植株较大，株行距（35～40）厘米×（35～40）厘米。

起苗前要浇水湿润床土，以利起苗时多带土，定植深度不宜过深，避免埋住菜心，影响缓苗，引起腐烂。定植后及时浇水，促使迅速活棵，5～6天可缓苗成活。

4. 定植后管理

（1）**施肥** 由于生菜是以生食凉拌或焅拌为主，因此不提倡浇施人粪尿，追肥以尿素等化肥或液体有机肥为主。结球生菜在生长过程中，各阶段对养分要求比较严格，在施足基肥基础上，采取"促前，控中，攻后"的技术措施，即早期施氮肥促生长，中期控肥限徒长，后期重肥攻叶球。定植后整个生育期要追肥3次：第一次在缓苗后15天左右进行，每亩可施尿素5～7千克，促使幼苗发棵，生长敦实；第二次在结球初期进行，以三元复合肥较好，每亩追施15～20千克，使叶球充实膨大；第三次在结球中期再追1次肥，每亩追施三元复合肥20千克左右。

（2）**浇水** 浇水是生菜栽培中的关键措施。浇水过多，植株生长快，但叶片薄，结球松散，产量较低。所以，要掌握好浇水时间和数量。大棚冬季栽培一般浇水5～6次即可，即定植后3～5天要浇1次缓苗水，促进缓苗后发出新根。在第一次追肥后应浇1次足水，可使莲座叶生长旺盛，植株充分生长。以后根据土壤情况，在蹲苗期间适当浇1次水，浇水后要中耕，继续蹲苗。第四次浇水应在结球前结合追肥进行，这次水量要充足，可使植株生长加快，内叶结球迅速。此后，在结球中期追肥时要浇1次水，促使结球大而紧实，但应注意结球后最好不直接浇水，因结球生菜叶片多较脆嫩，浇水不当，容易冲散叶片，感染病害，应提倡沟灌渗透为宜，最好采用软管滴灌。采收前5～7天应停止浇水，利于收后贮运。

（3）**中耕蹲苗** 生菜根系大部分在土壤表层，中耕不宜过深，以免损伤根系。缓苗水后的中耕，行间宜深，株间及根际宜浅，勿锄伤新根。以后还要酌情浅中耕1次，以利疏松土壤，促进根系发育。第一次追肥及浇水后的中耕可深些，然后进行蹲苗,可使根系发育健壮,外叶生长肥厚宽大。

(4)**通风与保温** 11月上中旬大棚要扣膜,12月中旬再搭小拱棚,低温来临前小拱棚覆盖草苫保温。在大棚冬季栽培时,应注意保温防寒和通风,控制棚温在15～20℃,夜温不低于5℃为宜。晴天中午棚温高时要通风,阴雨雾雪天气也要在白天揭苫,让植株接受散射光进行光合作用,并进行短时通风,防止湿度过高,引起病虫害发生。

5. 采收 散叶生菜采收标准不严格,可根据市场需要随时收获,但早收产量较低,晚收易抽薹、发病,一般在定植后40天开始上市。结球生菜冬季一般在定植后60～80天,用手触摸球体有一定硬度时即可采收。结球生菜成熟期不很一致,应成熟1个采收1个,迟收容易裂球和腐烂,因此及时收获也是生菜丰产增收的一个重要环节。结球生菜收割时,自地面割下,剥除外部老叶,长途运输时要留3～4个外叶保护,准备贮藏时可多留几片外叶以减少失重。

6. 保鲜 因结球生菜很脆嫩,包装运输时要注意防震减压,以保障产品质量和获得较好的经济效益。最好用厚0.03～0.05毫米聚乙烯薄膜袋单球包装,每袋打孔径0.3厘米的小孔6～8个,装在瓦楞纸箱中,生菜不耐贮藏,要尽早运到市场销售。

刚收获的生菜含水量高、脆嫩,在常温下只可保鲜1～2天,在温度0～3℃、相对湿度90%～95%条件下,可保鲜14天左右。

(五)大棚夏季生菜遮阴防雨栽培

夏季温度偏高,中后期多雨,极易出现叶片徒长、结球松散,甚至不结球、提早抽薹等不良现象,因此必须采取如下措施才能栽培成功。

1. 品种选择 夏生菜栽培应选用耐热、抗病性强、易于种植、不易早期抽薹的品种。长江流域可选用绿湖、大湖、凯撒、都莴苣、奥林匹亚、阿斯特尔、玛莱克、夏用黑生菜、皇帝、意大利耐抽薹等品种。

2. 播种育苗

（1）**浸种催芽** 夏季播种高温会抑制发芽，应进行低温处理促进发芽。先把种子在清水中浸泡 6 小时，将种子搓洗捞出后用湿纱布包好，吊于水井或置于电冰箱冷藏室的最下层 15～18℃的冷凉环境下催芽，待大部分种子萌发后再播种。也可以用植物生长调节剂处理种子，如细胞激动素 100 毫克 / 千克溶液浸种 3 分钟，或用赤霉素 100 毫克 / 千克溶液浸种 2～4 小时，催芽效果良好。

（2）**苗床准备** 旬平均气温高于 10℃时在露地育苗，低于 10℃时在保护地内育苗。夏生菜育苗应采取遮阴、降温、防雨涝等措施。每平方米苗床施腐熟农家肥 10～20 千克、三元复合肥 0.5 千克，苗床土与肥料比例为 3∶1，将肥料与苗床土拌匀打碎过筛，铺成厚 8～10 厘米、宽 1 米、长 10 米的苗床，整平床面。用 25% 甲霜灵可湿性粉剂 9 克、70% 代森锰锌可湿性粉剂 1 克、细干土 4～5 千克混匀（每平方米苗床用量），取 1/3 药土撒入苗床，2/3 药土播种后覆盖在种子上面。

（3）**播种** 播种前将苗床浇足底水，待水渗透后，将已催芽种子播于床面。为使播种均匀，将处理过的种子掺入少量细沙土、混匀，再均匀撒播，覆细土厚 0.5 厘米。夏季播种后覆盖遮阳网或稻草，降温保湿促出苗。每亩大田育苗需种量 20～30 克。

（4）**苗床管理** 生菜苗期适温为 15～18℃。出苗后及时撤去覆盖，架设荫棚或直接在遮阳防雨棚中育苗，以利秧苗生长。2～3 片真叶时要及时间苗，苗距 5～7 厘米，防止挤苗导致胚轴伸长，引起先期抽薹，间苗同时拔净苗床内的杂草，间苗后浇 1 次水。播后每天浇水 1～2 次，保持土壤湿润，降低地温，以利出苗。苗期肥水管理以定植时幼苗不徒长为原则。

3. 定 植

（1）**整地施肥** 应选择前茬为非菊科作物、地势平坦、排灌方便、土壤肥力高、耕作层深厚的壤土或黏壤土地块种植，定植前15天清除杂草，亩施腐熟农家肥2 000～3 000千克、复合肥20～30千克，深翻25～35厘米，筑深沟高畦，畦宽连沟1.2～1.5米。

（2）**适时定植**　幼苗4～5片真叶、苗龄20～30天时及时移栽，防止苗龄过大，胚轴伸长，先期抽薹。移栽前1天浇足水，以利于起苗时秧苗多带土，提高定植成活率。定植时尽量保护幼苗根系，可大大缩短缓苗期，促进秧苗快速生长。定植株行距为散叶生菜10厘米×15厘米，小棵上市；结球生菜20厘米×30厘米，大棵上市。定植后及时浇定根水，栽植深度以埋住土坨为宜，不可埋住心叶。

4. 定植后的管理

（1）**遮阴防雨**　生菜缓苗后温度要保持在18～22℃，结球期时适温白天20～22℃，夜间12～15℃为宜。6月下旬至9月上旬，长江流域栽培生菜，必须是塑料大棚留盖顶膜，再覆盖黑色遮阳网遮阴，并用软管滴灌，以降低田间小气候温度和保持土壤湿润，创造一个比较阴凉且能够避免暴雨袭击的环境。

（2）**水分管理**　生菜定植后到莲座前期水分管理以保持地面见干见湿、促进根系扩展和莲座叶生长为原则。浇透定植水后，中耕保湿促进缓苗；缓苗水后，视土壤墒情和植株生长情况决定浇水次数，春末夏初气温升高，干旱风大，浇水宜勤，水量要大；夏季多雨时少浇或不浇，无雨干热时一般每天浇水1～2次降低土温，在不积水的前提下，经常保持土壤湿润；生长盛期需水量多，浇水要足，经常保持土壤湿润；莲座中后期为使莲座叶保持旺盛不衰和球叶迅速抱合，形成较紧实的叶球，应保持土壤湿润，不断供给水分。注意结球期应供水均匀，否则易引起叶球开裂或球叶开张生长；植株生长后期应避免浇水过多，以免结球生菜发生裂球或感染软腐病；采收前停止浇水，便于采收和贮运。

（3）**肥料管理**　大棚夏季生菜栽培肥水管理是以促为主，不能缺水少肥，也不宜偏施氮肥。为保证生菜正常生长或结球，除整地时施足基肥外，生长期内还需分次追肥。第一次在定植缓苗后，为促进幼苗生长，可施用 1 次速效氮肥，每亩冲施尿素 5 ～ 7 千克；第二次为促进莲座叶生长，注意补充磷钾肥，可每亩追施三元复合肥 20 ～ 25 千克，在植株旁开沟施入、埋土，随即浇水；第三次结球期间为促进植株叶片正常结球，每亩可施三元复合肥 20 ～ 25 千克，促进莲座叶同化养分尽快运送到球叶，促进球叶充实，以防因缺肥而导致先期抽薹。

（4）**中耕除草** 定植缓苗后，为促进根系发育宜进行中耕除草，疏松土壤，增强土壤通透性。封行前可酌情再中耕 1 次。

5. 采收 大棚夏生菜定植后 25 ～ 40 天采收，只要未抽薹尽可能延迟采收，以提高产量。一般每亩产量达 1 000 千克左右。

（六）生菜的无土栽培技术

由于生菜主要以生食为主，无土栽培生菜是今后发展的方向。无土栽培生菜生长速度快，生长期短，定植后 25 ～ 40 天始收，商品性好，高产、优质、无公害，值得大力推广应用。

1. 茬口安排 在长江流域气候条件下，周年茬口安排 9 ～ 10 茬是没有问题的（见表 3–1），年平均每亩可年生产 6 000 千克以上，产值 15 000 元以上。从各茬的栽培季节来看，除了 11 月份至翌年 2 月份的育苗期需 30 ～ 40 天、生长期 50 ～ 60 天外，其余各月份的育苗期和生长期大体上均在 30 天左右。因此，如若要求月月有生菜供应，则应计划每月播种育苗和定植各 1 次分解为每周播种育苗和定植各 1 次，即可实现周年均衡供应。

夏季 7 月份，传统实生苗水培生菜由于出现根系和地上部生长障碍，甚至成片死苗，无法形成生产效益。据南京农业大学研究，夏季利用再生苗栽培，可以在炎夏酷暑生产与供应生菜。具体做法：利用耐热晚抽薹的都莴苣等品种，于 6 月底至 7 月初进行收割，收割时要采取斜切法，并于根茬上保留 2 片老叶，以促进整齐健壮的再生苗萌发与生长。每一根茬能萌发 5 ～

6个新芽，以近切口的上位叶痕处萌发的芽最为健壮，在采后1周内要疏去下部芽，仅保留上部1枚壮芽及残茬上的老叶1～2枚。于根茬萌芽后3～4天喷布10毫克/千克多效唑能有效抑制由于高温所引起的再生苗茎叶的伸长或抽薹。再生苗生长期不超过24天，每亩产量400～500千克。

2. 品种选择 可选用耐热性强又适于四季栽培的都莴苣、夏用黑生菜、绿湖、玻璃生菜、意大利等品种耐抽薹、美国大速生、花叶生菜、香油麦菜、绿翡翠、奥林匹亚、凯撒等品种。

3. 播种育苗 可用聚氨酯农用泡沫或农用岩棉作为生菜营养液栽培的育苗基质，先将泡沫或岩棉切成2厘米²的小块，刻划一播种穴，排列于不透水的育苗盘中（透水育苗盘可铺两层薄膜）。每方块播1粒经催芽的种子。随着苗的生长，在其2叶1心时扩大行株距分苗1次，苗期依季节而异，一般30天（冬季40～50天，夏季20～25天），如用流液法育苗，可缩短育苗期（基质栽培可采取稻谷糠灰、蛭石、草炭、岩棉等育苗）。

4. 定植 幼苗有4～5片真叶时就可以定植。株行距20厘米×25厘米为宜，散叶或结球松散类型可按15厘米×20厘米定植。定植时将幼苗连同育苗块嵌入定植板的穴中即成，注意防止伤根。高温期间定植宜选晴天下午或阴天进行，定植后用遮阳网遮光3～4天，以利缓苗。

5. 管理 无土栽培定植后的管理比较简单，主要是营养液的管理和大棚温、湿、光的常规管理。

每日24小时每行间歇供液，自早上7时至晚上18时（白天），每小时供液20分钟，停液40分钟，晚上18时开始至第二天早晨6时，每2小时供液20分钟，停液100分钟。但7～8月份高温季节，中午12时至下午14时要连续供液而不停液，全部进行自动调控。每天贮液池的减水量均及时补足，电导仪检测当培养液EC值（电导率）从0.9～1.1毫西门子/厘米下降至0.6～0.7毫西门子/厘米时，即以原液按减液量补足至原浓度。一般补液不超过3~4次，此后就要更换新的培养液。培养液pH值以6~7为最适，但在5.5~7.5之间时不调整也不妨碍生长。培养液流量控制在每分钟1~1.5升。冬季液温下降至15℃以下时，培育液用加热器（1千瓦）加温，控温仪自动控温，保持液温不低于15℃。

大棚管理同有土栽培，即高温盛夏只盖棚顶膜，并采取遮阳网覆盖，低温寒冬如棚温降至8℃以下时，要注意保温，大棚内最好有二重幕覆盖。据研究，大棚内的二重幕保温效果明显，棚温一般可提高2~3℃。

6. 采收　水培生菜，根系可带育苗块出售，易于保持新鲜度，也便于让消费者放心生食，同时产品的价值也提高了档次。

五、病虫害防治

大棚莴苣的主要病害有霜霉病、菌核病、灰霉病、叶斑病、病毒病及生菜的顶烧病。虫害主要有蚜虫等，其中，蚜虫的防治方法同芹菜。

（一）病害防治

1. 霜霉病　霜霉病是莴苣大棚栽培的主要病害。

（1）**症状**　幼苗至成株期都可以发病，以成株期受害重。幼苗期可造成死苗、僵苗，生长期使功能叶枯烂，结球松散，影响产量和商品性。主要危害叶片，从基部叶片开始，最初在叶片上产生淡黄色近圆形或多角形角斑，大小为0.5~1.5厘米。潮湿时叶背病斑上长出白色霜霉状物，有时蔓延到叶片正面。后期病斑枯死变为黄褐色，病斑多时可连接成片，致使全叶干枯。

（2）**侵染途径**　病菌以卵孢子随病残体在土壤中或以菌丝体在棚内植株上越冬。孢子借气流、灌溉水、昆虫等传播。

（3）**发病条件**　低温、高湿的条件下易发病。侵染的适温为15~17℃，栽培过密、土壤湿度及大棚相对湿度高，容易发病。

（4）**防治方法** ①选用抗病品种：凡根、茎、叶带紫红色或深绿色的品种较抗病。②加强管理：合理密植，合理浇水，控制大棚温湿度，避免造成低温高湿条件。③发病初期摘除病叶烧毁或深埋，收获时清除病残体等。④与非菊科作物轮作 2～3 年。⑤发病初期开始喷洒 50% 烯酰吗啉可湿性粉剂 1 500 倍液，或 50% 霜脲氰可湿性粉剂 1 500 倍液，或 72% 霜霉威水剂 600 倍液，或 58% 甲霜·锰锌可湿性粉剂 600 倍液，或 64% 噁霜·锰锌可湿性粉剂 500 倍液，或 40% 三乙膦酸铝可湿性粉剂 250～300 倍液，或 75% 百菌清可湿性粉剂 500～600 倍液，或 70% 甲基硫菌灵可湿性粉剂 700 倍液，或 80% 代森锰锌可湿性粉剂 600～800 倍液等交替喷雾，每亩施药液 60 千克，每 7～10 天喷 1 次，连续 2～3 次。

2. 菌核病 莴苣菌核病主要发生在冬春大棚莴苣上，定植初期发生最重，被害后往往根茎腐烂丧失食用价值。

（1）**症状** 主要危害茎基部。病斑起初为褐色水渍状逐渐扩展到整个基部腐烂，在湿度大时，病部普遍产生白色棉絮样丝状物，后期在茎内外产生黑色鼠屎状菌核，病株叶片变黄凋萎，全株枯死。

（2）**侵染途径** 病菌以菌核在土壤中或混杂在种子中度过不良环境，至少可存活 2 年，是病害的初侵染来源。带菌核的种子可远距离传播病害。子囊孢子借气流、灌溉水传播。

（3）**发病条件** 温度 20℃左右、相对湿度在 85% 以上有利于病菌发育，病害重；湿度低于 70%，病害轻。通风不良的大棚病害重。

（4）**防治方法** ①选用无病种子：种子中混有菌核及病株残屑，播种前用 10% 盐水选种，汰除菌核，然后用清水冲洗几次再播种。②合理施肥，避免偏施氮肥，增施磷钾肥。③勤中耕除草，及时清除病残株及下部病叶。④收获后，彻底清除病残体，并深翻 1 次，将菌核埋入土中 6～7 厘米以下，使菌核不能抽出子囊盘。⑤发病初期，选用 70% 甲基硫菌灵可湿性粉剂 700 倍液，或 50% 异菌脲可湿性粉剂 1 000 倍液，或 40% 菌核净可湿性粉剂 1 000 倍液，或 50% 乙烯菌核利可湿性粉剂 1 000 倍液，或 50% 腐霉利可湿性粉剂 1 500 倍液，或 25% 嘧菌酯悬浮剂 1 500 倍液，或 25% 多菌灵可湿性粉剂 400 倍液喷雾，每隔 7～10 天喷施 1 次，连续防治 2～3 次。

3. 灰霉病 莴苣上常见的病害。保护地塑料薄膜覆盖的多湿条件，适宜此病害发生，以叶用莴苣受害重。

（1）**症状** 莴苣的全生育期均能发生危害。苗期发病，幼苗呈水渍状腐烂，并生出灰色霉层，定植后植株多从距地面较近的叶片开始发病，叶片上初呈淡褐色水渍状病斑，一般从叶尖向下蔓延，阴雨天大棚高湿条件下，病部迅速扩大呈褐色，病叶基部呈红褐色，出现灰色霉层，其后病株茎基部出现褐色软腐，引起上部茎节凋萎。茎用莴苣病株茎基部出现褐色软腐后，引起整株倒伏、腐烂。叶用莴苣发病时多从下向上发展，结球莴苣可延伸至内部叶片，引起球内叶片腐烂。留种莴苣在开花期间花器官及花柄受害，出现褐色软腐，使花不能正常开放。茎、叶、花等腐烂部位经常密生灰色霉状物，茎、叶及花柄腐烂后常产生黑色菌核。

（2）**侵染途径** 病害由半知菌亚门葡萄孢属真菌侵染而致病。病菌以菌核或分生孢子随病残体在土壤中越冬，翌年菌核萌发产生菌体，其上着生分生孢子，借气流传播、蔓延。遇叶面有水滴和适宜温度时，孢子萌发从植株伤口或衰弱组织侵入，病部又可产生大量分生孢子，重复感染，后期形成菌核越冬。

（3）**发病条件** 病菌发育最适温度为 20～25℃。一般在温度 20℃、空气相对湿度大于 70% 时容易发病。寄主生长势弱，或受低温侵袭，温湿度适宜时，最易发病。

（4）**防治方法** ①加强保护地田间管理。及时通风降湿，合理施用肥料，增强植株抗性。②清洁田园。清除棚内病残体，集中深埋，及时深翻，减少病菌来源。③发病初期喷洒 50% 腐霉利可湿性粉剂 1 500 倍液，或 50% 多霉威 600 倍液，或 40% 嘧霉胺悬浮剂 800 倍液，或 50% 乙烯菌核利可湿性粉剂 1 000 倍液，或 50% 异菌脲可湿性粉剂 1 000 倍液，或 50% 多菌灵可湿性粉剂 800 倍液，或 50% 甲基硫菌灵可湿性粉剂 600 倍液，每 7～10 天喷 1 次，交替使用，连续防治 2～3 次。

4. 叶斑病　又称黑斑病、轮纹病或叶枯病。

（1）**症状**　该病主要危害叶片。典型症状是在叶片上形成圆形或近圆形褐色斑块，直径 3～15 毫米，具有同心轮纹，潮湿时病斑背面可产生黑色霉状物，开始叶片上发生水渍状斑点，扩大后呈圆形或不规则形病斑，后期病斑布满全叶。初发生在外叶上，继而向内叶蔓延。

（2）**病原菌与发病条件**　病原菌为真菌。在高温和潮湿条件下发病严重。

（3）**防治方法**　①实行轮作。②在无病株上留种。③加强栽培管理，增施磷钾肥。④合理密植，去掉下部老叶、病叶，改善通风透光条件，通风降湿，雨后注意排水。⑤发病初期，可选用下列杀菌剂或配方进行防治：10% 苯醚甲环唑水分散粒剂 1 500 倍液 +75% 百菌清可湿性粉剂 600 倍液，或 25% 腈菌唑乳油 1 000～2 000 倍液 +70% 代森锰锌可湿性粉剂 700 倍液，或 25% 咪鲜胺乳油 800～1 000 倍液 +75% 百菌清可湿性粉剂 600 倍液，或 25% 溴菌腈可湿性粉剂 500～1 000 倍液 +75% 百菌清可湿性粉剂 600 倍液，或 25% 嘧菌酯悬浮剂 1 000～2 000 倍液，或 77% 氢氧化铜可湿性粉剂 800 倍液，或 47% 春雷·王铜可湿性粉剂 600～800 倍液，或 50% 异菌脲悬浮剂 1 000～2 000 倍液等，均匀喷雾，视病情每 7～10 天喷药 1 次，连喷 2～3 次。

5. 病毒病

（1）**症状**　莴苣病毒病有花叶病毒、巨脉病毒、坏死黄化病毒等类型。花叶病毒型患病时，叶片出现明脉，后成为淡绿色至淡黄色的斑驳和花叶，伴有褐色坏死斑点，病叶皱缩、扭曲，有时略内卷，植株生长衰弱，前期感染时严重矮化，不能正常结球。巨脉病毒型患病时，病叶现明脉，以后叶脉显著膨大，失绿变白，后期病叶卷曲皱缩。坏死黄化病毒型患病时，病叶初为淡绿色，后发展为褐色，严重时病叶枯死。

（2）**侵染途径** 主要通过田间管理时人为操作接触及种子带毒；蚜虫是传毒媒介；连作地较严重。

（3）**发病条件** 病毒病在气温20℃时开始发生，25℃时流行，高温、干旱及蚜虫活动猖獗时严重。

（4）**防治方法** ①实行种子检疫，种植无病良种。②推广抗病耐病品种。③幼苗出土时，及时喷药防治蚜虫。主要通过防治蚜虫切断传播途径，同时通过种子消毒进行预防。④病毒病发病初期可用5%菌毒清水剂500倍液，或2%宁南霉素水剂500倍液，或20%吗胍·乙酸铜可湿性粉剂500倍液喷雾。

（二）虫害防治

1. 蚜虫 一般天气干旱时易发生。防治方法：①黄板诱蚜、灭蚜。每亩大棚设置30～40块黄色黏虫板，用木棍均匀插在畦的两侧，纸板高于植株15～20厘米。②烟剂灭蚜。每亩用80%敌敌畏乳油200克拌木屑，傍晚在大棚内均匀设置1个点进行闭棚熏杀。③药剂防治。田间调查，有蚜株率达2%左右时，应立即用药剂防治，可用10%吡虫啉可湿性粉剂2000～3000倍液，或50%抗蚜威可湿性粉剂2000倍液，或0.36%苦参碱乳油500倍液等喷雾防治，每7～10天1次，连续2～3次，安全间隔期7天。

2. 烟粉虱 可用4%阿维·啶虫脒乳油2000倍液，或2.5%联苯菊酯乳油2500倍液，或10%吡虫啉可湿性粉剂2000倍液喷雾，安全间隔期7天。

3. 美洲斑潜蝇 可用10%灭蝇胺悬浮剂或5%顺式氯氰菊酯乳油5000倍液，或1.8%阿维菌素乳油3000倍液喷雾，安全间隔期7天。

4. 黄曲条跳甲 可用52%氯氰·毒死蜱乳油1500倍液，或1%甲氨基阿维菌素苯甲酸盐乳油2000倍液喷雾，安全间隔期7天。

第四章
菠　菜

菠菜为藜科菠菜属，是以绿叶为主要产品器官的 1～2 年生草本植物，又名波斯草、赤根菜、角菜、菠棱菜。由于菠菜抗性强，适应性广，生育期又短，我国南北方春、秋、冬季均可栽培，近年来菠菜种植面积不断扩大，在解决蔬菜"秋淡"和"春淡"供应中的作用越来越大，是主要的绿叶蔬菜之一。

一、品种类型

菠菜依其种子（果实）外形分为有刺和无刺两个类型。

（一）有　刺　种

果实呈棱形，有 2～4 个刺。叶较小而薄，戟形或箭形，先端尖锐，故又称尖叶菠菜。在我国栽培历史悠久，又称中国菠菜。生长较快，但品质较差，产量较低。

有刺种菠菜叶面光滑，叶柄细长，耐寒力强，耐热性弱，对日照反应敏感，在长日照下易抽薹，适合于秋季栽培或越冬栽培，质地柔嫩，涩味少。春播时容易先期抽薹，产量低，夏播生长不良。有刺类型的优良品种如青岛菠菜、合肥小叶菠菜、绍兴菠菜、双城尖叶、铁线梗、大叶乌、沙洋菠菜、华菠一号、菠杂 10 号等。

1. 青岛菠菜 叶簇半直立生长，叶卵圆形，先端钝尖，基部戟形，叶面平滑，浓绿色，叶柄细长，种子有刺。抗寒力强，耐热性较强。生长迅速，品质中等，产量较高。宜晚秋栽培。

2. 合肥小叶菠菜 合肥地方品种。植株矮小，叶片长而尖，箭头形，绿色，基部两侧有一对深裂刻，叶面平滑，种子有刺。味浓、纤维少，品质好，产量低。早熟耐寒，适于秋、冬季栽培。

3. 绍兴尖叶菠菜 株高 25～27 厘米，叶丛生、半直立，开展度 15～23 厘米；叶片呈戟形，有 1 对侧裂叶，叶长 10 厘米、宽 4 厘米；叶质厚，浓绿色，光滑无毛；叶柄长 16 厘米、宽 0.6 厘米，霜冻后变淡紫红色；单株有 16 片叶左右，着生于缩茎上，自 6～7 叶后出现 1 对戟状裂叶；肥水充足，气温较高时能产生多个分蘖；主根发达粗大，圆锥形，可食用，侧根稀小。进入生长期后，菠菜花茎生长，高 70～100 厘米，叶腋着生单性花，或一性为主兼有他性。花黄绿色，雌花簇生 6～20 朵，穗状花序，主茎分枝均能开花结实；雄花花粉旺盛，属风媒花。种子有 2～4 个角刺，似菱形，果皮革质、坚硬，水分、空气渗入缓慢，发芽较难，千粒重 9.5 克。绍兴尖叶菠菜早熟、易抽薹、耐热性强、抗病性较差，适于秋播，开春后易感染霜霉病。8 月底至 9 月初播种，国庆节前后即可上市；冬、春季播种，翌年春天采收鲜菜。

4. 沙洋菠菜 湖北地方品种。尖叶种，适早秋栽培，越冬栽培抽薹较早，湖北地区多选用耐寒力强的圆叶品种作越冬栽培。

5. 广州大乌叶菠菜 广州农家品种。早熟，播种至初收 40 天左右，叶戟形，浅绿色。品质优良，果实有棱刺。耐热，冬性弱，适宜播期 9～12 月份，迟播易抽薹，每亩产量约 1 500 千克。

6. 广州迟乌叶菠菜 广州农家品种。叶戟形，叶比较厚，浓绿色，晚熟，播种至初收 50～60 天，抽薹晚，较耐湿，较耐霜霉病。品质优，果实有棱刺。适宜播期为 10 月份至翌年 1 月份，每亩产量约 1 500 千克。

7. 华菠一号菠菜 华中农业大学园艺系配制的一代杂种。植株半直立，株高 30 厘米。叶箭形，先端钝尖，基部呈戟形，有浅缺刻 1 对；叶面平展，叶色浓厚，叶肉较厚，品质柔嫩，无涩味。耐热性强，早熟，生育期 40～60 天。种子有刺。抗霜霉病和病毒病。

8. 英特菠菜 上海种都种业科技有限公司选育的耐寒菠菜品种。播种后 45 天左右可采收，耐寒、耐抽薹、抗病、商品性好。适合春、秋季越冬栽培。株型半直立，生长速度快，整齐度好，株高 30 厘米左右，开展度约 48.5 厘米。全株叶片数 30 片，叶长 18～21 厘米、宽 12 厘米左右，叶片大而肥厚，叶面微皱，叶戟形，叶色深绿，有光泽，叶柄绿色，叶柄长 18～21 厘米，叶柄宽 0.9 厘米，叶柄厚 0.5～0.6 厘米。单株重 100～140 克，外形美观，纤维少，品质佳。每亩产量 2 000 千克以上。

9. 沪菠 5 号菠菜 植株直立，紧凑，长势旺盛，收获期 40～45 天。叶片长约 36 厘米、宽约 13 厘米，叶数 10 片左右，开展度约 25 厘米；叶片圆尖，平展，叶色墨绿，叶面光泽无褶皱，叶肉厚；硝酸盐含量和草酸含量低；根为浅红色。中熟品种，生长迅速，从播种至采收 40 天左右。每亩产量 1 200 千克以上，耐热、耐抽薹，对霜霉病不敏感。适于保护地和露地栽培。上海地区冬春栽培一般在 11 月份至翌年 1 月份播种，12 月下旬至翌年 3 月份陆续采收；越夏栽培一般在 6～8 月份分期播种，7 月中旬至 10 月上旬陆续采收。上海地区 7～8 月播种时，在播种后覆盖湿润的草苫或稻草，以便降低地温保湿，利于快出苗。梅雨季节宜采用拱棚覆膜避雨栽培。

10. 快速菠菜 株型开展，茎粗，多收，栽培期长，平地及温暖地春秋季、高冷地夏季可长期播种。叶浓绿色，有光泽，肉厚，叶宽，叶顶略尖，略带缺刻。叶柄粗，生长强健，茎不易折。抗霜霉病，叶和叶柄的平衡感好，卷叶、缩叶现象少。

11. 春夏菠菜 进口种子。耐抽薹，适于春、夏播种，5～7

月份播种不抽薹，叶深绿色，有光泽、肉厚，叶幅宽，植株伸展性好，茎稍粗，生长直立，栽培容易，抗霜霉病，高温期缩叶、卷叶发生少，商品性高。

12. 新世纪菠菜 抽薹晚，生长旺盛，半直立。叶稍宽，有光泽，有缺刻，叶肉厚，品质优，叶柄粗，叶数多，抗病，耐热性强，产量高。

13. 绿华菠菜 植株生长势强，整齐度高。株高30～35厘米，株型直立，叶片戟形，较大，淡绿色，叶长15～17厘米，叶宽9～11厘米，叶基较平，叶面平展光滑，有1～2对浅缺刻。叶柄长15～21厘米，浅绿色，断面半圆形，初生的8～9片叶叶柄较短。植株9～10月份生长速度快，10月份后生长速度缓慢，从播种至始收30～50天。单株一般12～15片叶，单株质量55～100克，每亩产量2 000～2 500千克。种子三角形，刺籽，绝大多数为二刺，千粒重10克左右，每亩用种量2.2～2.5千克。较耐寒，冬性较强。福建地区早秋及秋冬栽培，播种期在8月下旬至11月中旬。早秋栽培可在9月下旬至10月初上市，既能避免先期抽薹，又能丰富国庆节市场供应，经济效益较好。

14. 绿秋菠菜 植株生长势强，生长整齐，生长快。株高30～35厘米，尖叶类型，叶片顶端钝尖，叶基戟形，叶片大，淡绿色，叶面平展光滑，有1～2对浅缺刻。叶丛呈直立状，叶长15～17厘米，叶宽7～9厘米，叶柄浅绿色，长15～21厘米。断面半圆形，初生的8～9片叶叶柄较短。根颈粉红色，主根肉质、粉红色，须根发达。单株一般有12～15片叶，平均单株重28～35克，每亩产量2 300千克左右。商品性好，纤维少，鲜嫩爽口，涩味较淡。植株9～10月份生长速度快，10月份后生长速度缓慢，可延续收获7～10天。种子三角形，刺籽，绝大多数为二刺，千粒重10克左右，每亩用种量2.2～2.5千克。

15. 联合一号菠菜 种子有刺，植株半开张，叶箭形，叶片大而肥厚，生长迅速，较耐高温，在高温多雨季节播种，出苗、保苗好。种子休眠期长，新种子在高温下直播发芽率不高。播后30天可收获。

（二）无 刺 种

果实为不规则的圆形，无刺，果皮较薄。我国过去栽培较少，近年来逐渐增多。叶片肥大，多皱褶，椭圆形、卵圆形或不规则形，先端钝圆或稍尖，又称圆叶菠菜。叶基心脏形，叶柄短，耐寒力一般，但耐热力较强。对长日照的感应不如有刺种敏感，春季抽薹迟，产量高，品质好。适合于春夏或早秋栽培。无刺类型的优良品种有广东圆叶菠菜、上海圆叶菠菜、法国菠菜、美国大圆叶、春不老菠菜、南京大叶菠菜、寒绿菠菜王、全能菠菜等。

1. 沪菠1号 植株直立，紧凑，长势较强。叶片长约31厘米，宽约7.6厘米，叶数8片左右，开展度约40厘米；叶片尖圆，叶色深绿，叶面亮丽光滑无皱褶，叶肉较厚；根为浅红色。中熟品种，生长迅速，从播种至采收40天左右。每亩产量1 200千克以上，耐热、耐抽薹，抗霜霉病和病毒病。适合保护地栽培和露地栽培。上海地区冬春栽培一般在11月份至翌年1月份播种，12月下旬至翌年3月份陆续采收；越夏栽培一般6～8月份播种，7月中旬至10月上旬陆续采收。上海地区7～8月份播种时，在播种后覆盖湿润的草苫或稻草，降低地温保湿，利于快出苗。梅雨季节宜采用拱棚覆膜避雨栽培。

2. 蔬菠1号 中国农业科学院蔬菜花卉研究所选育的菠菜品种。适宜早春、秋露地及冬季设施栽培。该品种株型直立，生长势强，生长速度较快，叶面平展，叶片宽大、尖圆形，叶色深绿。耐抽薹能力较强，较耐热。播种后30天左右进入商品采收期，株高18～20厘米，叶长12～14厘米、宽7～9厘米，叶柄长9～10厘米，每亩产量1 500～2 000千克。

3. 蔬菠2号 中国农业科学院蔬菜花卉研究所选育的菠菜

品种。播种后 35 天左右，植株长至商品采收期，株高 15～19 厘米，叶长 11～15 厘米，叶宽 6～9 厘米，叶柄长 8～10 厘米。植株直立，生长势强，生长速度快，叶片大、深绿色、尖圆形，叶面平展。种子圆形、灰褐色，千粒重约 9 克，每亩产量 1 500～2 000 千克。

4. 火车头菠菜　耐热、耐抽薹型大圆叶菠菜进口品种，播后 40～50 天即可上市。叶大而肥厚，浓绿稍皱，根颈粉红，商品性好。适宜晚春、初夏和早秋栽培。

5. 捷雅菠菜　中晚熟品种，株型中等，生长直立。叶片阔三角形，近圆形，叶面平滑，叶片深绿，微锯齿状。早期生长缓慢，不会徒长，生长稳定。抗病性强，抗霜霉病。亚热带温带种植，适于春、夏、秋露地或保护地栽培。

6. 耐冬菠菜　进口种子。叶缺刻美观、肉厚，叶幅宽，叶色绿，有光泽，株型美，商品性高，叶数多，叶尖圆，同其他品种相比根色较红，初期生长旺盛、直立、容易收获。较晚抽薹，播种期长，抗霜霉病。春播一般在 3 月上旬以前播种，宜保护地栽培；秋播一般在 8 月下旬至 9 月中旬。

7. 全能菠菜　耐热、耐寒，适应性广，冬性强，抽薹迟。生长快，在 3～28℃气温下均能快速生长。株型直立，株高 30～35 厘米，叶片 7～9 片，单株重 100 克左右。叶色浓绿，厚而肥大，叶面光滑，叶长 30～35 厘米、宽 10～15 厘米。涩味少，质地柔软。生育期 80～110 天，抗霜霉病、炭疽病、病毒病。

8. 日本法兰草菠菜　早、中、晚均可种植，比一般品种生长快。特抗病、耐寒、耐热、冬性特强、晚抽薹。适应性广，容易种植，叶特大、厚，油绿有光泽，梗特粗，株型高大，红头，可密植，产量特高，3～28℃均能快速生长。

9. 丹麦王 2 号菠菜　早熟品种，抽薹晚，叶圆形至椭圆形，叶片中绿。植株直立，株型中大，叶片厚，优质高产。早期生长缓慢，不会徒长，生长稳定。适应性广，抗病性强，抗霜霉病。

商品性佳，适合鲜食及冷冻工业用。适合春季、秋季及冬季保护地栽培。

10. 华菠 2 号菠菜　株高 8.5～33.5 厘米，较直立，出苗快，生长势强，叶呈长椭圆形，叶色较浓绿，叶味较甜，适于秋、冬及越冬栽培。

11. 胜先锋菠菜　为杂交一代菠菜。耐热抗抽薹，抗霜霉病，叶片宽大深绿。中早熟，春季播种后 38～45 天收获，单株重 55～65 克，株高 30～35 厘米。株型直立，尖圆叶，叶面光滑，叶色光亮，商品性极好。

12. 急先锋菠菜　株型直立、高大，叶柄粗壮，叶片厚，叶色浓绿，生长速度快，适播期长，从 8 月中旬至翌年 1 月下旬均可种植，播后 45～50 天采收，一般亩产 3 000 千克，高产田块可达 4 000～5 000 千克。

13. 荷兰菠菜　该品种早熟，耐寒，耐抽薹，叶片肥大，叶色深绿，平均单株重 600 克，最大单株重可达 750 克，一般亩产 3 000～3 500 千克。纤维少、味甜、无涩味，保护地种植生长期为 30 天，露地种植生长期为 50 天。秋播时间一般在 9 月下旬以前，在元旦至春节期间即可上市，亩产 3 500～4 000 千克。

14. 春秋大叶菠菜　从日本引进，株高 30～36 厘米，半直立状，叶长椭圆形，先端钝圆，平均叶长 26 厘米、宽 15 厘米，肥厚，质嫩，风味好，耐热，抽薹晚，但抗寒性较弱。

15. 安菠大叶　生长整齐，植株半直立，株高 25～30 厘米，叶片先端钝圆，叶基戟形，叶片大而肥厚，深绿色，叶面平滑稍皱缩，有一对浅缺刻。叶长 11～12 厘米、宽 13 厘米左右、厚约 0.7 毫米，叶柄长约 7 厘米，根颈粉红色，主根肉质，粉红色，须根发达。质地柔嫩，涩味极淡，商品性好。耐高温，耐抽薹，植株在 35℃以上仍能正常生长，秋播翌年 5 月初始抽薹，早秋播种不抽薹。耐病毒病及霜霉病。可作春、初夏及早秋季节栽培，也可作为越冬及保护地栽培。种子无刺，圆形，千粒重 10

克左右，每亩用种 1～1.5 千克，仅为常规种的 1/3，而产量则可达 2 600 千克。

二、栽培特性

（一）生长发育

1. 营养生长期 营养生长时期是指从菠菜播种、出苗，到已分化的叶片全部长成为止。菠菜的发芽期从种子播种到 2 片真叶展开为止（春、夏播约需 1 周，秋播约需 2 周），这一阶段的生长进程比较缓慢。最初主要是子叶面积和重量的增加，如果综合条件适宜，在出苗后 1～2 周子叶面积和重量以每周 2～3 倍的速度增长，而真叶的增长量甚微。两片真叶以后，叶数、叶面积、叶重量同时迅速增长。与此同时，苗端分化出花原基，叶原基不再增加。当展开的叶数不再增加时（叶数因播期而异，少者 6～7 片，多者 20 余片），叶面积和叶重继续增加，当二者增长速度减慢时，即将进入生殖生长期。

2. 生殖生长时期 生殖生长时期是指从菠菜花芽分化到抽薹、开花、结实、种子成熟为止。菠菜是典型的长日照作物，在长日照条件下能够进行花芽分化的温度范围很广，夏播菠菜未经历 15℃ 以下的低温仍可分化花芽。花序分化到抽薹的天数，因播期不同而有很大差异，短者 8～9 天，长者 140 多天。这一时期的长短，关系到采收期的长短和产量的高低。

（二）对环境条件的要求

1. 温度 菠菜是绿叶菜类中耐寒力最强的一种。成株在冬季最低气温为 -10℃ 左右的地区，都可以露地安全越冬。耐寒力强的品种具有 4～6 片真叶的植株可耐短期 -30℃ 的低温，甚至在 -40℃ 的低温下根系和幼芽也不受损伤，仅外叶受冻枯黄。具

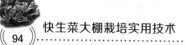
有 1～2 片真叶的小苗和将要抽薹的成株抗寒力较差。

菠菜种子发芽的最低温度为 4℃，最适温度为 15～20℃，在适宜的温度下，4 天就可以发芽，发芽率达 90% 以上。随着温度的升高，发芽率则降低，发芽天数也增加，35℃时发芽率不到 20%。

在营养生长时期，菠菜苗端叶原基分化的速度，在日平均气温 23℃以下时，随温度下降而减慢。叶面积的增长以日平均气温 20～25℃时为最快。如果气温在 25℃以上时，尤其是在干热的条件下，菠菜生长不良，叶片窄薄瘦小，质地粗糙有涩味，品质较差。

2. 光照　菠菜是长日照作物，在 12 小时以上的长日照条件下，随温度提高抽薹日期提早。但温度增高到 28℃以上时，即使具备长日照条件，也不会抽薹开花。如果温度相同，延长了日照时数，就可加速抽薹开花。长时间低温有促进花芽分化的作用。不同品种在花器发育时对光照和温度要求的差异很大，这是各品种抽薹有早有晚的原因。

花芽分化后，花器的发育、抽薹、开花随温度的升高和日照时数的加长而加速，如越冬菠菜经过低温短日照的冬季后转为温度较高、日照较长的春季时，便迅速抽薹。但夏播菠菜未经低温同样可以花芽分化，这说明低温并非是菠菜花芽分化必不可少的条件，能够进行花芽分化的温度范围是比较广泛的。

3. 水分　菠菜在生长过程中需要大量水分。在空气相对湿度 80%～90%、土壤湿度 70%～80% 的环境条件，营养生长旺盛，叶肉厚，品质好，产量高。生长期间缺乏水分时，则生长速度减慢，叶组织老化，纤维增多，品质差。特别是在温度高、日照长的季节，缺水使营养器官发育不良，且会促进花器官发育，加速抽薹。但水分过多也会生长不良，且会降低叶片的含糖量，缺乏滋味。

4. 土壤营养　菠菜是耐酸性较弱的蔬菜，适宜的土壤 pH 值为 5.5～7。每生产 1000 千克菠菜需纯氮（N）2.5 千克、磷

（P_2O_5）0.86 千克、钾（K_2O）5.59 千克。

菠菜以肥沃的保水、保肥力强的沙壤土最适宜。菠菜需要完全肥料，要求施较多的氮肥。氮肥不足，生长缓慢，植株矮小，叶脉硬化，叶色发黄，品质差，容易抽薹。但是，菠菜施肥应根据土壤肥力、肥料种类、栽培季节、日照情况而定，过量的氮肥会增加菠菜硝酸盐和亚硝酸盐的含量，对人体健康不利。

三、栽培茬口

由于菠菜适应性强，尤其是耐寒、耐冻能力强，而且生育期短，易种快收，在春、秋、冬季均可露地栽培，近年随着遮阳网防雨棚的发展，大棚夏菠菜也试栽成功，因此，通过选择不同品种，排开播种，可以实现菠菜的周年栽培，均衡上市。①秋菠菜：一般在 8 月下旬至 9 月上旬播种，播后 30～40 天可分批采收，也可提前于 7 月下旬或延迟于 9 月中下旬播种，供应期 10 月上旬至 12 月份。②越冬菠菜：一般在 10 月下旬至 11 月上旬播种，于翌春抽薹前分批收获，供应期 12 月下旬至翌年 4 月份。③春菠菜：一般在 2～4 月份播种，但以 3 月中旬为播种适期，播种后 30～50 天采收，供应期 4 月份至 6 月上中旬。④夏菠菜：一般在 5 月下旬至 8 月中旬播种，遮阴、防雨棚栽培，6 月下旬至 9 月份收获。

四、栽培技术

（一）菠菜周年栽培技术

菠菜适应性广，生育期短，是耐寒耐热的品种，栽培方式有越冬菠菜、春菠菜、秋菠菜、夏菠菜、保护地菠菜栽培等。选用耐热的早熟品种行早秋播种，于当年收获；选用晚熟和不易抽薹的品种行晚秋播种，于翌春收获。近年随着遮阳网、防雨棚的应用，可选用耐热和不易抽薹的品种，进行春播或夏播。

1. 土壤选择　菠菜对土壤的要求不严格，一般沙质壤土栽培表现早熟，在黏质壤土栽培容易获得丰产。播种前整地深 25～30 厘米，做畦宽 1.3～2.6 米，播前施足基肥。

2. 品种选择　夏菠菜应选择耐热力强，生长迅速，耐抽薹，抗病、产量高和品质好的品种。比较适宜夏季种植的品种有荷兰比久 5 号菠菜 F1、K5、K6，日本北丰，绍兴菠菜，沪菠 1 号等。其次可用广东圆叶菠菜、南京大叶菠菜、华菠 1 号等。这些品种在 30℃ 左右的高温下仍能正常生长，每亩可产 1 500～2 000 千克，管理技术得当时亩产可达 3 000 千克。

春播宜种植高产、优质、抗性强、耐抽薹的无刺品种，如大佛罗菠、维多利亚菠、迟台菠、寒绿菠菜王、M7 菠菜、盛绿、速生大叶、马可菠罗、太阳神、益农 998、圆宝、京菠 3 号、先锋、庆丰 2 号、高盛、冬宝、金富、超越等。

3. 种子处理和播种　在早秋或夏播时，一般要进行种子处理，即将种子浸凉水约 12 小时，放在 4℃ 条件下处理 24 小时，然后在 20～25℃ 条件下催芽。经 3～5 天出芽后播种。种子均采用直播法，以撒播为主，也有条播和穴播的。早秋播种，由于气候炎热、干旱，且时有暴雨，菠菜生长较差，常死苗，播种量宜大。一般撒播每亩播种量 10～15 千克。播前先浇底水，播后用草或遮阳网覆盖，保持土壤湿润，以利出苗。为了防止高温暴雨，还可搭棚遮阴。

在 9 月上旬前后播种，气温逐渐降低，不必进行浸种催芽，每亩播种量为 5 千克左右。10 月份播种或春播，每亩播种量为 3.5～4 千克。播种量除随播种季节而异外，也因播种方法、采收方法不同而有差异。一次采收完毕的，春播的用种量可少些，在高温条件下栽培或进行多次采收的，可适当增加播种量。

疏苗匀苗：出苗后 7～8 天进行第一次疏苗，再过 9～10 天后进行第二次疏苗，再过 10 天后进行第三次疏苗。疏苗时要确保苗距均匀，且要严防损伤被留苗根系。注意第三次疏除的菜苗可供食用，以免浪费。

4. 肥水管理 菠菜播种后用作物秸秆覆盖畦面，降温保湿，防大雨冲刷，保证苗齐苗匀。当出苗 2/3 时，于傍晚或早上揭去覆盖物。出苗后，对出苗过密的地方要及时进行间苗定苗。菠菜发芽期和初期生长缓慢，在早秋或春季苗期应及时除去杂草。生长期土壤干旱，需及时浇水，一般每 5～7 天浇 1 次水，保持土壤湿润。夏、秋季浇水时间要放在清晨或傍晚时进行。

秋菠菜前期气温高，追肥可结合灌溉进行，可用 20% 左右腐熟粪肥追肥；后期气温下降，腐熟粪肥浓度可达 40% 左右。越冬的菠菜应在春暖前施足肥料，以免早期抽薹，在冬季日照减弱时控制无机肥的用量，以免叶片积累过多的硝酸盐。分次采收的，应在采收后追肥。

5. 采收 秋播 30 天左右，株高 20～25 厘米时可以采收。以后每隔 20 天左右采收 1 次，共采收 2～3 次，春播常 1 次采收完毕。早秋播每亩产量 1 250 千克左右，迟播的每亩产量可达 2 000 千克，越冬的每亩产量可达 2 500 千克，春播的每亩约产 1 250 千克。

（二）夏菠菜的防雨棚栽培技术

在容易栽培菠菜的秋、冬季，上市菠菜过分集中而价格低廉，而春、夏季和夏、秋季因缺少晚抽薹、耐热、抗病的菠菜品种，出现了供应上的淡季。如果利用高山地区或高纬度地区栽培，但菠菜不耐运输，难以满足消费需要。因此，此期大棚栽培出的菠菜经济效益、社会效益都很高，可满足消费者对菠菜周年供应的需求。

菠菜是对高温抗性弱的蔬菜，同时又有抗雨弱的特性。在夏播时，收获前若遭雨淋，则上市后极易腐烂，降低商品性，故必须防止雨淋，因此在近郊或交通发达的县、镇可以进行菠菜的防雨棚栽培。遮雨期为6～8月份。进行防雨棚栽培的优点：①由于避雨，所以在多雨的夏季能生产出优质的菠菜；②下雨天气也能进行收获作业；③单位面积产量显著增加，经济效益高。

夏菠菜栽培技术要点如下。

1. 棚型的选择 遮雨栽培分为小拱棚和大拱棚两种，从栽培的温度控制与作业是否方便考虑，最好采用大棚。一般选6～8米宽的大棚作为防雨棚，棚长度依地形条件而定，通常长30～40米，为防大风吹袭，压膜线要拉紧，固定牢靠。

2. 品种的选择 选择夏季高温下耐热、晚抽薹的品种，是夏菠菜稳产多收的关键之一。目前，多选用较耐热的广东圆叶菠菜、台湾清风菠菜、沪波1号、华波1号、春夏菠菜、新世纪菠菜、联合1号等，此外还有国外引进的品种如春秋大叶、全能菠菜、火车头、捷雅、日本法兰草。

3. 防治连作障碍 夏菠菜的土传病害主要是立枯病。因其危害较重，一般在播前要进行土壤消毒。在前作收获后，仔细耕翻，使土壤疏松，播种前15天左右，面施腐熟的土杂肥，并与土壤混匀，混好后用福尔马林（40%甲醛）进行土壤消毒。消毒方法：用福尔马林50～100倍液喷洒土壤，最好边喷洒边翻动，使药液尽快均匀渗透，然后盖上塑料薄膜闷2～3天，再揭去薄膜、翻耕土壤，排除毒气，2周后即可播种。

4. 深耕整地 菠菜的大多数根系虽分布在30厘米土表层，但菠菜根系发达，可伸展到1米深的土层。因此，为了使根系在土中很快地生长，必须进行深耕，必须像栽培萝卜、胡萝卜等根菜类一样，抓住整地这一环节。

菠菜夏季防雨棚栽培应选择灌水排水方便、土传病害少的地块。菠菜忌酸性土壤栽培，土壤酸度过强，对菠菜生育不利，理想的pH值为6.5左右。现代工业废气污染，酸雨区土壤严重酸化，菠菜难以发芽和生长，所以通常在酸性土区要补充石灰，每亩可撒施腐熟有机肥3 000千克、生石灰75～100千克，然后深耕均匀，再在土壤表层撒施三元复合肥100千克、钾肥20千克，做成便于排水的高畦。每棚4个高畦，畦上按15～20厘米行距划小沟，条播。

5. 种子处理和播种 为防止立枯病，可以用50%克菌丹可湿性粉剂拌种、消毒，用药量为种子干重的0.2%。种子消毒后，进行水洗，然后浸种24小时，让种子吸足水分，再进行催芽，催芽时把种子悬挂于井中或放入冰箱冷藏室中，在井中放2～3天，在冰箱中放5～6天，种子破口后即可播种。每米条沟中播种30～40粒种子。播种量太大，则叶肉薄，优质品率低。据研究，条播比撒播叶数、优质品率、叶肉厚度和叶色均要优。

6. 覆土、镇压、管理 菠菜的播种材料系果实，播后要与土壤密切接触，就必须要覆土后稍镇压。在播种前就要提高土壤墒情，务必在土壤湿润条件下播种，播种后又要浇透水，防止土表干燥，使出苗整齐。出苗后原则上不浇水或少浇水。水分过多，容易发生霜霉病。

夏季杂草生长繁茂，影响菠菜的生长和收获作业，要及时中耕除草，也可以采用相应的除草剂如丁草胺等，进行土壤处理，防除杂草。菠菜是速生蔬菜，要求土壤肥力高，宜以基肥为主，并要注意生长期间的水分管理（防雨棚内容易出现土壤水分不足）和浇水方法，才能获得稳产高产。夏菠菜初夏播种时可以不遮阳降温，但盛夏播种应在棚膜上再盖遮阳网降低温度，以利菠菜生长，一般从播前1天覆盖到出齐苗为止。

夏季播种的菠菜栽培，促其生长的关键是生育初期浇足水分，施足肥料和防雨，营造良好的生育环境。

7. 收获 播种后25～35天，株高20～25厘米时即可收获上市。收获时一般用镰刀沿地割起，去根，然后扎把；也有的是连根拔起，然后用菜刀切根的方法。从防治立枯病等土壤病害上考虑，连根拔起，然后集中在一个地方切根处理的方法较好。另

外，也可以连根拔起，且连根250克装入袋中出售。此种方法能较好地保持其新鲜度。夏季防雨棚栽培的菠菜几乎不需用水洗，最多用水冲洗根部即可。扎好把后直接放入筐中，及时上市。

五、病虫害防治

防雨棚栽培夏菠菜主要病害有立枯病、霜霉病、炭疽病和病毒病；虫害主要有蚜虫、菜螟和红蜘蛛等。

（一）病害防治

1. 立 枯 病

（1）**症状**　在发芽到2～4片真叶时发生。该病症状是从接近地表部胚轴呈水渍状，然后褐变，并出现立枯症状造成缺株。

（2）**发病条件**　因连作而多发，属土传性病害，降雨能引起传染。

（3）**防治方法**　①在多发地块应避免连作，实行2～3年轮作。②合理密植，科学灌水，注意田间排水。③清洁田园，及时清除病残体。④夏播采用避雨栽培对减轻危害的效果很突出。⑤要进行土壤消毒，可用福尔马林50～100倍液喷洒土壤，然后盖上塑料薄膜，翻耕土壤，排除毒气，2周后再播种。

2. 霜 霉 病

（1）**症状**　主要是叶片受害。在叶片正面受害部分为淡黄色或苍白色、边缘不明显的病斑，叶背病部初生灰白色，后变为紫灰色的霉层。病叶从植株下部向上发展，潮湿时病叶腐烂，干旱时病叶枯黄。

（2）**侵染途径**　病菌以菌丝在被害植株和种子上或以卵孢子在病叶内越冬，成为翌年的初侵染源，翌年产生的分生孢子借气流、灌水、农具、昆虫等传播。

（3）**发病条件**　高湿是发病的主要条件。

（4）**防治方法**　①夏菠菜防雨栽培，田间雨后及时清沟排水，浇水不宜过多，且不能直接浇泼植株。②清洁田园，及时收获上市，清除病残体。③发病初期喷洒40%三乙膦酸铝可湿性粉剂200～250倍液，或75%百菌清可湿性粉剂600倍液，或25%甲霜灵可湿性粉剂800倍液，或64%噁霜·锰锌可湿性粉剂500倍液，或72%霜脲·锰锌可湿性粉剂600倍液，或70%甲基硫菌灵可湿性粉剂1000倍液，或50%多菌灵可湿性粉剂600倍液，或70%代森锰锌可湿性粉剂500倍液，每7～10天喷1次，连续防治2次。

3. 炭 疽 病

（1）**症状**　主要是叶片受害，初为水渍状圆形小点，发展后成为较大的黄色圆形病斑，后期病斑为不规则形，有时其上出现轮纹。湿度大时，病部腐烂；天气干旱时，病斑变成黄褐色，干枯穿孔。严重时，一片叶上病斑多达数十个，且数个病斑联合成不规则的大型斑块，使叶片枯黄。

（2）**病原与侵染途径**　病原菌为真菌。以菌丝体随病残株在土壤中越冬，种子也可带菌。翌年借风雨和昆虫传播。

（3）**发病条件**　在潮湿多雨、植株茂密、地势低洼、田间积水的情况下发生较重。

（4）**防治方法**　同菠菜霜霉病。

4. 病 毒 病

（1）**症状**　病株最初心叶叶脉褪绿，呈现明脉症，之后症状有不同的变化。有的病株叶片上出现许多黄色斑点，逐渐变成不规则形的深绿和浅绿相间的花叶，叶缘向下卷成波状，病株矮化不明显；有的病株除花叶外，叶片变窄皱缩，有瘤状突起，心叶卷缩成球状，植株严重矮化；也有的病株叶片上有坏死斑，甚至心叶坏死，植株随之枯死。

（2）**侵染途径**　主要是靠蚜虫进行传播。

（3）**发病条件**　干旱高温，植株生长不良，易感染病毒病；

蚜虫发生多，发病严重。

（4）**防治方法** ①发病初期铲除患病植株，清除生产田四周的杂草并保持清洁。②切忌接近茄科与十字花科等受病毒污染的作物。③应从幼苗开始及早消灭蚜虫，减少传染病毒机会，可以选用35%吡虫啉悬浮剂6 000～8 000倍液，或1.8%阿维菌素乳油2 500～3 000倍液，或4.5%高效氯氰菊酯乳油或水乳剂1 500～2 000倍液等药剂喷施防治。

（二）虫害防治

1. 蚜虫 参见菠菜病毒病防治部分。

2. 菜螟 又叫剃心虫、钻心虫。成虫在叶片、心叶上产卵。孵化后，幼虫吐丝结网，将心叶缠成一团，取食心叶。幼苗2～4片叶时最易受害。夏、秋季高温干旱时危害严重。

防雨棚内容易产生土壤干旱、水分供应不足的问题，因此菠菜播种后，要注意灌水；发现幼虫吐丝结网危害心叶时，喷药于心叶上，可用50%辛硫磷乳油1 000倍液，或50%杀螟硫磷1 500倍液，或2.5%溴氰菊酯乳油5 000倍液，或90%晶体敌百虫1 000倍液毒杀。注意各种药剂应交替使用，收获前14天忌用。

3. 红蜘蛛 夏菠菜在防雨大棚内栽培，高温干燥，极有利于红蜘蛛发生，特别在连续干旱，大棚外栽有茄子时，茄子上的红蜘蛛会转移到菠菜上危害，尤其在繁殖快的时期，要特别引起注意。

红蜘蛛又叫短须螨，虫体似针尖大小，深红色或紫红色，肉根只看到红色小点，食性极杂。常由菜田的田边向田中心，由植株下部向上部蔓延，主要依靠风吹、雨水和爬行等蔓延扩散。红蜘蛛多栖于叶片背面，尤以叶脉附近为多，吸食汁液；被害叶面上呈现黄白色针孔大小的斑点，后逐渐扩大，最后干枯脱落。受害轻的植株生长发育受影响；受害重的植株叶片大量脱落。

防治方法同茶黄螨，参考芹菜病虫害防治部分。

第五章

蕹　菜

　　蕹菜又名空心菜、竹叶菜、通菜、藤菜，是旋花科甘薯属以嫩茎叶为产品的1年生或多年生蔬菜。我国自古栽培，现在南方各省栽培较多。

　　蕹菜性喜温暖，耐热耐湿不耐寒，长江流域从4月初至8月底均可露地直播或育苗移栽，分期播种，分批采收，也可一次播种，多次割收，供应期为5月中下旬至10月份。近年利用大棚覆盖早春栽培蕹菜，大大提早了蕹菜的上市供应期，比露地栽培早上市30～70天，且经济效益显著。

一、品种类型

　　蕹菜按能否结籽分为子蕹和藤蕹两种类型。按加水的适应性还可分为旱蕹和水蕹。旱蕹品种适于旱地栽培，味较浓，质地致密，产量较低；水蕹适宜于浅水或深水栽培，也有的品种可在旱地栽培，茎叶比较粗大，味浓，质脆嫩，产量较高。

（一）子　蕹

　　为结籽类型，主要用种子繁殖，也可以扦插繁殖。生长势旺盛，茎较粗，叶片大，叶色浅绿。夏、秋开花结籽，是主要栽培类型。品种有广东、广西的大骨青、白壳，湖南、湖北的白花和紫花蕹菜，江西的吉安大叶蕹菜，浙江的游龙空心菜，泰国空心菜等。

1. 白花空心菜 又名旱蕹菜、死活草。长江流域各地均有分布。植株半匍匐蔓生，生长势强。嫩茎中空，草绿色，叶柄长，绿色。叶长卵形，基部心脏形，叶面平滑，全缘，绿色，花白色。耐热性强，抗寒力弱。叶宽大、茎脆嫩，纤维较少，品质佳，产量高。柄茎炒食，叶片做汤，别具风味。

2. 吉安大叶蕹菜 江西吉安地方品种。植株半直立或蔓生，株高 50 厘米左右，开展度约 35 厘米；茎叶繁茂，叶片大，呈心脏形，长 13～14.5 厘米、宽 12～13.5 厘米，叶色深绿，叶面平滑。茎中空有节而呈黄绿色，近圆形，横径 1～1.5 厘米。白花，呈漏斗状。种子卵形，种皮黑褐色，千粒重 50 克左右。耐高温、高湿，适应性强，在早春低温、盛夏高温期间，能较早上市调剂淡季市场。生长期长，产量高。播种至初收约 50 天，一般每亩产量为 3 000～3 500 千克，高者可达 5 000 千克。

3. 赣蕹一号 株紧凑，茎粗，近圆形，叶大，纤维少，质地脆嫩，风味鲜美，适应性好。抗暴雨，抗病，耐高温，耐酸雨，适于春、夏、秋三季种植。每亩一次性可收获 3 000 千克，分次可采收 6 000 千克。

4. 赣蕹二号 江西省吉安市农科所选育的蕹菜新品种，2008 年 12 月通过江西省农作物品种审定委员会认定。植株半直立，株高 43.3 厘米，开展度约 40 厘米，苗期叶披针形，中后期叶长卵圆形，先端稍尖，基部心形。一般叶长 15 厘米、宽 11.8 厘米，最大叶长 18 厘米、宽 14 厘米，叶绿色，互生，叶面光滑，全缘，叶柄长 18.5 厘米，横径 1.4 厘米，近圆形，淡绿色，中空有节节长 6.1 厘米。花漏斗状，白色，种子深黑褐色，发芽率高，生长期 246 天，采摘供应期 208 天。耐旱，抗寒能力强，抗病，采后再生强。茎叶质厚柔嫩，品质好，尤其适应于早春大棚一次性采拔或早春露地栽培。

5. 鄂蕹菜一号 成株高约 48 厘米，开展度 40～48 厘米，茎淡绿色,较直立,采后侧枝旺发,主茎粗约1.3厘米,叶长卵圆形,前端渐突,基部心脏形,色浅绿,叶面光滑全缘,叶柄长12～15厘米,叶片长18～20厘米、宽15～18厘米。白花,喇叭形,蒴果卵形,单果种子2～4粒。茎色浅绿,外观较好,质地脆嫩,含纤维少。表现较高的丰产性、较好的早熟性和商品性,较强的耐寒性,即使地温在12～14℃也能迅速出芽成苗,棚栽丰产性较好,保护地早熟栽培每亩产量3 000千克左右。

6. 泰国空心菜 从泰国引进。叶片狭长,短披针形,长约12厘米、宽4～5厘米,色青绿,梗为绿色,茎叶质地柔嫩,炒食滑润、可口,比当地空心菜产量高、品质好,而且后期高温季节采收的仍保持其良好品性,分枝和不定根多,生长速度快,适应性强,抗高温、雨涝等自然灾害能力强。

7. 大骨青 广州市地方品种。生长势旺,分枝较少,株高40厘米,开展度30厘米;叶长卵形,长10厘米、宽8厘米,黄绿色;茎稍细,绿色光滑节疏,横径0.9厘米;花白色。抗逆性强,较耐寒、耐涝、耐风雨,适宜水田早熟栽培,茎叶质地柔软。播种至初收一般60～70天,每亩产量5 000～6 000千克。

8. 云霄柳叶白梗蕹菜 当地俗称"白梗",选自福建省云霄当地农家自繁自育的水培蕹菜(空心菜)。株型半直立,株高约30厘米;主蔓扁圆形,黄白色,横径1.1厘米,质地柔嫩,主茎基部有茎刺瘤;叶片浅绿色、条形,长约12.7厘米、宽约1.3厘米。花白色,蒴果白色,成熟时为褐色,单果结籽2～4粒,种子褐色、近圆形,千粒重37.55克。中早熟。播种至采收夏季需18～25天,冬、春季40～50天。耐高温高湿,夏季种植苗期生长势较慢;进入旺盛生长期分枝能力强,植株呈丛状,长势快,产量高,持嫩性佳,每亩一次性采收产量达2 000千克以上;冬、春季40～50天开始采收,可采收5～6次,每亩累计产量可达6 000～7 000千克,口感柔嫩,适口性好,极适合于火锅烫涮用菜,在广东、广西、江苏、上海、浙江等地深受欢迎。

（二）藤　蕹

一般栽培条件下不开花结籽，主要用扦插繁殖。旱生或水生，四川蕹菜，叶片较小，质地柔软，生长期长，产量高；湖南藤蕹茎秆粗壮，质地柔嫩，生长期长；广东细叶通菜和丝蕹两个品种，茎叶细小，旱植为主，较耐寒，品质优良，产量稍低。

1. 丝蕹　广州市地方品种。植株矮小，株高 30 厘米，开展度约 30 厘米；叶片较细，短披针形，长约 15 厘米，宽 1～1.5 厘米，深绿色；茎细小，绿色，横径 0.6 厘米，节间较密；抗逆性强，较耐寒、耐热、耐风雨，质脆味浓，品质甚佳。以旱种为主，也可水生，不开花结实，由分株定植至初收 50～60 天，可延续采收 6 个月以上，采收期长，但产量较低，每亩产量约 2 500 千克。

2. 广西博白小尖叶　博白县地方品种。蔓生，分枝性强，叶片小，披针形，长约 11 厘米、宽约 3.6 厘米，深绿色。品质脆嫩滑润，风味浓，耐热、耐肥，不耐干旱和低温，宜水栽，可以开花，花白色，但很少结籽，多用扦插繁殖，每亩产量约 5 000 千克。

3. 三江水蕹菜　又名藤蕹，为江西南昌县三江镇农家品种。叶细小呈短披针形，茎叶深绿色，品质脆嫩润滑，品质佳。适应性强，较耐寒，怕干旱，适水田栽培，也可旱栽，以老藤和老兜进行无性繁殖，每亩产量约 5 500 千克。

4. 抚州水蕹　江西抚州市临川区农家品种。植株匍匐生长，无性繁殖，分枝力强。叶长卵圆形，叶基心脏形，先端渐尖，绿色，叶面光滑，全缘。花少，绿红色或不开花，即使有种子也不成熟。茎叶柔嫩，品质佳，产量高。

二、对环境条件的要求

蕹菜性喜高温多湿环境。种子萌发需 15℃以上；种藤腋芽萌发初期须保持在 30℃以上，这样出芽才能迅速整齐；蔓叶生长适温为 25～30℃，温度较高，蔓叶生长越旺盛，采摘间隔时间越短。蕹菜能耐 35～40℃高温；15℃以下蔓叶生长缓慢，10℃以下蔓叶生长停止，不耐霜冻，遇霜茎叶即枯死。种藤窖藏温度宜保持在 10～15℃，并需较高的湿度，不然种藤易冻死或干枯。蕹菜喜较高的空气湿度及湿润的土壤，若环境过干则藤蔓纤维增多，粗老不能食用，产量及品质大大降低。

蕹菜喜充足光照，但对密植的适应性也较强。蕹菜是短日照作物，在短日照条件下促进开花结实，在北方长日照条件下不宜开花结实，留种困难。有些品种在长江流域甚至广州都不能开花，或开花不能结实，所以只能采用无性繁殖。

蕹菜的适应性强，对土壤条件要求不严格，黏土、壤土、沙土、水田、旱地均能栽培。但因其喜肥喜水，仍以比较黏重、保水保肥力强的土壤为好。蕹菜的叶梢大量而迅速地生长，需肥量大，耐肥力强，对氮肥的需要量特大。据研究，蕹菜对氮磷钾的吸收量以钾较多，氮其次，磷最少，钙的吸收量比磷和镁多，镁的吸收量最少。吸收量和吸收速度都随着生长而逐步增加。氮、磷、钾的吸收比例因生长期而有所不同，在生长的前 20 天对氮、磷、钾的吸收比例是 3:1:5，在初收期（40 天）则为 4:1:8，即在生长后期需要氮、钾比例比前期增加。

三、栽培茬口

蕹菜性喜温暖，耐热耐湿，不耐寒，长江流域从 4 月初至 8 月底均可露地直播或育苗移栽。分期播种，分批采收；也可一次播种，多次割收。供应期为 5 月中下旬至 10 月份。近年来，各地都利用大棚或塑料小拱棚覆盖早春栽培蕹菜，或育苗供露地早熟栽培，效果很好，大大提早了供应期，且经济效益显著。蕹菜的栽培方式可分为露地栽培、保护地栽培和无土栽培，其中露地栽培可分为旱地栽培、水田栽培和深水栽培。

四、栽培技术

（一）大棚蕹菜栽培

1. 品种选择　宜选用较耐低温、生长势旺盛、适应性强、产量高、品质优的品种。

2. 播种育苗　大棚蕹菜早春栽培，可于2月上中旬温床播种。播种前，预先在大棚内铺好电热线，做好电热温床，并配置好营养土铺于电热线上。播种前苗床浇透底水，并浸种催芽后播种。因蕹菜的种皮厚而硬，春播干籽往往要15天才出芽，湿籽也要10天出芽，而催芽的种子3~4天就可出芽。根据这种情况可采用3种籽混播或分层播，先出苗、长得快的早收，后出苗、长得慢的晚收，这样可延长大棚蕹菜供应时间。催芽的方法是先浸种24小时，然后在30℃条件下催芽3~4天。

播种时，先将苗床整平，浇透底水，播种量每亩约30千克，其中干籽10千克，浸种后的湿籽10千克，催好芽的种子10千克，混匀后一起撒播或分层播种，播后覆土2.5~3厘米厚。播种盖土后畦面覆盖薄膜增温保湿，密闭大棚，夜间加盖小拱棚和草苫，保证棚内温度达到30~35℃。3~4天后催过芽的种子开始出苗，要及时揭去地面覆盖物。

苗高3厘米左右时，加强肥水管理，经常保持土壤呈湿润状态和有充足的养分，白天可适当通风，夜间要保温、增温。播种后30天左右，当苗高13~20厘米时，即可间拔上市或定植。如果幼苗全部用于定植，则可用催芽种子播种，每亩用种15千克，苗床与定植田面积比为1:15~20。

3. 定植　蕹菜性喜有机质丰富、肥沃而潮湿的土壤，它分枝性强，不定根发达，生长迅速，栽培密度大，采收次数多，丰产而耐肥。因此，宜选择肥沃、水源充足的壤土栽培，定植前结合翻地施足基肥，每亩施腐熟堆、厩肥 3 000～5 000 千克。

定植期为 3 月上中旬，抢"冷尾暖头"的晴天上午栽植于大棚中，定植株行距均为 16.5 厘米，每穴 2～5 株，栽后及时浇水。

4. 田间管理

（1）**大棚管理** 定植活棵前，要密闭大棚，以提高地温和气温。缓苗后，晴天中午若棚内温度达 28℃ 以上，则可逐渐进行通风换气，但到夜间外界气温仍较低，应注意保温。4 月中旬以后可以逐渐加强通风。5 月上中旬可揭去棚膜，进行露地栽培。

（2）**肥水管理** 蕹菜对肥水需求量很大，要经常保持土壤湿润状态，除施足基肥外，还要追肥。最好每采摘 1 次追肥 1～2 次，肥料以追施稀薄的人粪尿为主，并兼施少量速效氮肥，但忌浓度过大，以免烧苗。一般每 15 天追肥 1 次，每 5～6 天浇 1 次水。干旱与缺肥会影响产量和品质，勤浇水、勤追肥是夺取高产的关键。

5. 采收 大棚早春蕹菜栽培采收有两种方式，可根据市场行情和大棚茬口灵活运用。

（1）**一次性收获** 在育苗大棚苗高 18～21 厘米时，结合定苗间拔上市。尤其是用干籽、湿籽、催芽籽混播的可分批上市，延长供应期，这样早期产量每亩可达 1 500～2 500 千克，且 3 月上中旬即可上市，比露地栽培提早 50～70 天，此时上市价格每千克为 6～8 元，每亩可收入 1 万～2 万元，经济效益极好。

（2）**定植到大棚后，多次割收上市** 即在苗高 13～20 厘米时定植，当蔓长 33 厘米时开始第一次采收，也可根据市场行情提早采收，在前 1～2 次采收时，基部留 2～3 节，以促进萌发较多的嫩枝而提高产量；采收 3～4 次后，应适当重采，仅留 1～2 节即可，否则发枝过多，生长纤弱缓慢，影响产量和品质。为了保证上市质量，要做到及时采收。这种栽培方式在 4 月上中旬即可开始上市，仍比露地栽培提前 30～40 天，早收 2～3 次，产量比第一种方式有所增加，每亩早期产量 3 000 千克左右，此时的上市价格每千克 2～3 元，每亩收益 6 000～12 000 元，效益也很可观。如果前期茬口倒不过来，先育苗后移栽也是切实可行的。加上后期可进行露地栽培，可连续采收到 10 月份，每亩总产量为 7 500～10 000 千克，总收益可达 1 万～2 万元。

（二）芽苗蕹菜栽培

籽蕹芽苗菜是用蕹菜种子萌发培育出的一种口感清爽多汁的蔬菜，是芽苗菜生产中常用的种类之一，也是消费者非常喜欢的品种之一。籽蕹芽苗菜生产方式不受季节限制，周期短、见效快、经济效益高，市场前景广阔。

1. 生产场地要求 芽苗菜生产场地应具备以下几个条件：①催芽室和栽培室温度保持在 25～28℃；②催芽室和栽培室保持黑暗；③具有自来水、贮水罐或备用水箱等水源装置；④具有通风设施，能进行室内自然通风。

2. 品种选择 选用发芽率高、发芽势强、生长速度快、下胚轴或嫩茎较粗壮的品种。推荐使用品种为泰国空心菜。

3. 生产设备 苗盘选用长 62 厘米、宽 23 厘米、高 3～5 厘米规格的有孔塑料盘。基质选用吸水、保水能力较强，使用后不易产生残留物，可重复利用的白棉布等。喷淋工具要求喷水均匀细致，常用工具有常规喷壶和细孔加密喷头等。

4. 芽苗菜的栽培管理

（1）种子清选与浸种 选择饱满、无虫蛀、无残破、成熟度较高的种子，用自来水漂洗 1～2 次，去掉破残、畸形、瘪粒、已发芽的不合格种子和杂质。将漂洗好的种子在室温条件下用自来水浸泡 20～24 小时，捞出种子后再用自来水清洗 2～3 次。

（2）苗盘与基质的消毒处理 苗盘用 0.2% 漂白粉混悬液浸泡 10～60 分钟（根据苗盘被污染程度酌定），刷洗后用清水冲洗干净。将基质棉布在沸水中煮 10 分钟，沥干冷却后备用。

（3）催芽 将消毒处理过的苗盘放在 25～28℃的催芽室中，

将处理好的棉布平铺在苗盘中，用喷壶均匀喷水，使棉布充分润湿，但不能积水。将65克左右浸泡好的种子均匀铺在棉布上，用干净的塑料薄膜覆盖苗盘保湿，在黑暗环境中催芽2～3天。

（4）**苗期管理**　种子开始出芽时，去除苗盘上的塑料薄膜，将苗盘移至25～28℃的栽培室中，全遮光培养。种子全部出芽后，每天浇水2～3次，以棉布湿润但不积水为宜。当种壳开始脱落时，用喷壶从芽苗顶部进行喷淋，种壳吸水湿润易于脱落。催芽室应定时进行通风换气。

5. 采收　籽蕹芽苗菜从催芽到成熟一般为8～10天。待芽苗高13厘米左右，高度基本整齐一致、子叶完全展开呈嫩黄色时即可采收。每盘可产芽苗菜160克左右。

6. 生产中的注意事项

（1）**烂种**　在水量过多或高温、高湿密闭的条件下极易引发烂种、烂芽，必须控制浇水量和温度。

（2）**芽苗菜沤根和烂茎**　这些现象多是由于生产过程中对卫生、温度、水的管理不当造成的。喷淋不彻底种壳不易脱落，种壳中的杂质附着在茎或胚轴上容易引发烂茎；苗盘中有积水、温度过低均易造成沤根。因此，在籽蕹芽苗菜的生产过程中要根据周围环境条件调整温、湿度，减少病害发生。种植盘和基质每次使用前都要进行清洗消毒。

（3）**芽苗菜高度不整齐**　选用质量好的种子，种子铺平且水平放置苗盘，浇水要均匀，出芽后尽量不再翻动种子。

五、病虫害防治

（一）病害防治

1. 白 锈 病

（1）**症状**　主要危害茎叶。病斑生在叶的两面，都有明显的症状，叶片正面初现淡黄绿色至黄色斑点，后逐渐变为褐色，病斑扩大；同时在叶片的背面对应着生白色的隆起状疱斑，近圆形或椭圆形或不规则形状，有时愈合形成较大的疱斑；后期疱斑表皮破裂，散出白色粉状物，即为病菌孢子囊，叶片受害严重时病斑密集，叶片畸形，枯黄，大量脱落。茎被害后肿胀畸形，直径增粗。

（2）**侵染途径**　病菌以卵孢子随病残体在土壤中或附在种子上越冬，成为翌年的初侵染源，在生产季节，主要是孢子囊通过风雨进行再侵染，在卵孢子和孢子囊同时作用下发病较重。

（3）**发病条件**　病菌发育的最适温度 25～30℃。病害发生与湿度关系密切，一般表面有水膜时才能侵入。在相对低温高湿时、连续降雨，尤其是台风暴雨后，或干旱年份地块连种数茬，或地势低洼、水田及浮水栽培等情况下发病较重。

（4）**防治方法**　①选用无病种子，或用种子重量 0.3% 的 35% 甲霜灵拌种。②与非旋花科植物进行 2～3 年的轮作。③加强田间管理，注意排水与通风。④发病初期用 58% 甲霜·锰锌可湿性粉剂 400～500 倍液，或 53% 精甲霜·锰锌水分散粒剂 500 倍液，或 25% 嘧菌酯悬浮剂 1 200 倍液，或 25% 吡唑醚菌酯乳油 2 000 倍液，或 25% 甲霜灵可湿性粉剂 800 倍液，或 40% 三乙膦酸铝可湿性粉剂 250～300 倍液，或 45% 代森铵水剂 800～1 000 倍液喷雾，每 7～10 天喷 1 次，共喷 2～3 次。注意药剂的轮换使用和安全间隔期。

2. 褐 斑 病

（1）**症状**　主要危害叶片。发病初期叶面上出现淡黄褐色小斑点，后斑点向周围扩展成圆形或椭圆形或不规则形状的深褐色病斑，病变部位明显，严重时多个病斑融合成大病斑，病叶枯黄，甚至植株死亡。

（2）**侵染途径**　病菌以菌丝体在病叶中越冬，翌年产出分生孢子，通过空气进行传播侵染。

（3）**防治方法** ①冬季清除地上部枯叶及病残体，并结合深翻，加速病残体腐烂，消除菌源。②加强肥水管理合理施肥，增施腐熟有机肥，适当喷施叶面肥，促进植株生长，增强抗病力。③提倡采用高畦栽培，雨后及时清沟排水，疏株通风，降低田间湿度，可有效预防和减轻病害发生。④发病初期用50%多菌灵悬浮剂600～800倍液，或60%多菌灵盐酸盐可溶性粉剂600倍液，或50%异菌脲可湿性粉剂1 500倍液，或10%苯醚甲环唑水分散粒剂1 500倍液喷雾防治。每7～10天喷1次，共2～3次。注意药剂的轮换使用和安全间隔期。

3. 轮 斑 病

（1）**症状** 主要危害叶片。发病初期叶片上出现褐色的小斑点，后斑点扩大，呈圆形或椭圆形，有时受大叶脉限制，呈不规则形状。叶片病斑较大，数量较少，红褐色或浅褐色，有时多个病斑会融合成大的斑块，具有很明显的同心轮纹，后期轮纹斑点上会有稀疏的小黑点出现，即为病菌的分生孢子器。

（2）**病原与侵染途径** 轮斑病是由蔬菜叶点霉侵染引起的，属半知菌亚门真菌。病菌在病残体内越冬，翌年通过雨水进行传播，雨水较多的年份发病较重。

（3）**防治方法** ①冬季清除地上部枯叶及病残体，并结合深翻，加速病残体腐烂，减少菌源。②雨后及时清沟排水，降低田间湿度，有效预防、减轻病害发生。③合理施肥，增施腐熟有机肥，适当喷施叶面肥，促进植株生长，增强抗病力。④发病初期可选用78%波尔·锰锌可湿性粉剂500～600倍液，或75%百菌清可湿性粉剂600倍液，或58%甲霜·锰锌可湿性粉剂400～500倍液，或45%代森铵水剂1 000倍液，或53%精甲霜·锰锌水分散粒剂500倍液喷雾，每7～10天喷1次，共2～3次。注意药剂的轮换使用和安全间隔期。

（二）虫害防治

1. 斜纹夜蛾

（1）**形态特征**　斜纹夜蛾又名莲纹夜蛾、莲纹盗夜蛾，属鳞翅目夜蛾科，是一种暴发性的杂食害虫。

成虫体长 12～20 毫米，翅展 35～40 毫米，头、胸、腹均为深褐色，胸部背面有白色丛毛，腹部前数节背面中央具有深褐色丛毛，前翅灰暗灰褐色，斑纹复杂，在环状纹和肾状纹间由前缘向后缘外方有 3 条白色斜纹，故称为斜纹夜蛾。后翅为白色，无斑纹。前后翅常有水红色至紫红色闪光。卵多产于叶片背面，卵扁半球形，初产时黄白色，后变为淡绿色，孵化时卵为紫黑色，卵半球形，直径 0.4～0.5 毫米。卵粒集结成 3～4 层的卵块，卵块外覆黄色疏松绒毛。老熟幼虫体长 35～47 毫米，头部为黑褐色，有多种体色，常为青黄色、土黄色、灰褐色或暗绿色。幼虫胸足近黑色，腹足暗褐色。蛹长 15～20 毫米，赭红色，臀刺短，有 1 对强大弯曲的刺，刺的基部分开。

（2）**危害特点**　主要以幼虫取食叶片来进行危害，将叶片吃成孔洞，同时排出大量粪便，造成污染。成虫昼伏夜出，飞翔力强，具有趋光性，并对糖醋液有趋性。幼虫共 6 龄，初孵幼虫群集于卵株附近取食，2 龄后开始分散；3 龄前仅取食叶肉，残留上表皮及叶脉；4 龄后进入暴食期，严重时可将整畦叶片吃光，仅留茎蔓。幼虫有假死性，多在早、晚进行危害取食。幼虫发育适温较高（29～30℃），因此严重危害时期为 7～10 月份。老熟幼虫在 1～3 厘米表土层内做土室化蛹，以蛹越冬。

（3）**防治措施**

①农业防治　春季 3～4 月份及时清除田间杂草，消灭杂草上的初龄幼虫；采取秋翻冬耕等措施可消灭部分越冬幼虫和蛹，有效降低病虫的发生基数；在田间操作时，结合施肥、采摘等农事活动，人工摘除卵块和病叶，捕捉幼虫。

②物理防治 灯光诱杀：利用夜蛾类成虫具有趋光性的特点，可在田间使用黑光灯、频振式诱虫灯来对成虫进行诱杀；可在田间安装频振式杀虫灯，灯离菜地50～100厘米高，每1～2天收集接虫袋和清理高压杀虫网，每盏灯可控制2～3公顷的范围。

糖醋液诱杀：斜纹夜蛾成虫对糖醋液趋性较强，在成虫发生期可配制糖醋液，加入少量敌百虫来对成虫进行诱杀，可按糖6份、醋3份、酒1份、水10份、90%敌百虫晶体1份，混合、拌匀，盛于钵内，晚上放到田间，钵要超过蔬菜高度10厘米左右，每亩放3钵。

③生物防治 性诱剂诱杀：使用斜纹夜蛾性诱剂配合诱捕器对成虫进行诱杀。诱捕器用废可乐瓶制作，在距瓶底2/3处的4个方位分别剪2厘米×2厘米口径的孔口各1个，内挂1枚斜纹夜蛾诱芯，位置正对孔口，瓶内装适量的洗衣粉水。诱捕器离地50厘米处放置，诱芯30天左右需更换1次。此法对防控斜纹夜蛾危害十分有效。

生物药剂防治：在低龄幼虫盛发期，可用生物药剂苜核·苏云菌悬浮剂（苜蓿银纹夜蛾核型多角体病毒1000万PIB/毫升、苏云金杆菌2000单位/微升）750倍液，在阴天或晴天傍晚施药，对斜纹夜蛾等害虫具有非常好的防效；也可在害虫孵卵—卵盛化期—幼虫长到1龄或2龄时，用含活芽孢100亿或150亿的苏云金杆菌可湿性粉剂加水100～300克进行稀释，每亩大概用稀释700倍左右的液体进行喷洒即可。在阴天或晴天傍晚进行农药喷洒，这种生物药剂对斜纹夜蛾和甘薯麦蛾的防治效果非常好。

④化学防治 在幼虫3龄前或低龄幼虫盛发期，可喷施2.5%多杀霉素悬浮剂1300倍液，或1%甲氨基阿维菌素苯甲酸盐乳油4000倍液，或15%茚虫威悬浮液3500倍液，或50%辛硫磷乳油1000～1500倍液，或10%虫螨腈悬浮剂2500～3000倍液，或10%高效氯氰菊酯乳油3000～4000倍液进行喷雾防治，选择晴天傍晚时施药，喷药时要均匀，害虫喜在叶背危害，植株

根际附近地面也要同时喷透，以防漏治假死滚落地面的幼虫，注意不同农药交替轮换使用。

2. 甜菜夜蛾

（1）**特征习性**　甜菜夜蛾又名贪夜蛾，鳞翅目夜蛾科。成虫体长 10～14 毫米，翅展 25～33 毫米，体灰褐色，头、胸有黑点，前翅外缘有 1 列黑色三角形斑，中央前缘外部有 1 个土红色肾形纹，内部有 1 个环形纹。后翅白色，翅脉及缘线黑褐色。成虫夜间活动，有趋光性。卵圆球形，白色，块状，常产于叶背，外面覆有白色绒毛。蛹长 10 毫米左右，黄褐色，蛹的中胸气门深褐色，臀棘上有 2 根刚毛。老熟幼虫体长约 22 毫米，体色各异，有绿色、暗绿色、黄褐色、褐色、黑褐色。该虫主要以幼虫取食叶片进行危害。幼虫共 5 龄，初孵幼虫群集叶背，吐丝结网，在网内进入叶片取食叶肉，留下表皮，形成透明的小孔；3 龄后取食叶片可造成孔洞或缺刻，严重时仅剩叶脉和叶柄。老熟幼虫入土，吐丝筑室化蛹过冬。

（2）**防治措施**　同斜纹夜蛾。

3. 甘薯麦蛾

（1）**特征习性**　甘薯麦蛾又叫甘薯卷叶蛾，属鳞翅目麦蛾科，除危害蕹菜外，还可危害甘薯等其他旋花科作物。幼虫吐丝将叶片卷折，在卷叶内啃食叶肉，仅留白色皮层，似薄膜状。发生严重时，大部分叶片的叶肉被卷食，出现成片"火焚"现象。成虫有趋光性，卵散产于嫩叶中脉或叶脉间，也产于新芽、嫩茎上。幼虫共 4 龄，很活泼，一触即跳跃落地。老熟幼虫在卷叶内化蛹，以蛹在残叶内越冬。

（2）**防治措施**　同斜纹夜蛾。

第六章
苋　菜

苋菜又名青香苋、红苋菜、红菜、米苋等，为苋科以嫩茎叶供食用的1年生草本植物，原产中国、印度及东南亚等地，我国自古就作为野菜食用。苋菜的抗性强，易生长，耐旱、耐湿、耐高温，加之病虫害很少发生，因此不论是在国内还是国外，都是大众喜爱的主要夏季绿叶蔬菜。

一、类型与品种

苋菜品种很多，依叶型可分为圆叶种和尖叶种。圆叶种叶圆形或卵圆形，叶面常皱缩，生长较慢，较迟熟，产量较高，品质较好，抽薹开花较迟。尖叶种叶披针形或长卵形，先端尖，生长较快，较早熟，产量较低，品质较差，较易抽薹开花。依叶片颜色分为绿苋、红苋和彩色苋。

（一）绿　苋

叶和叶柄绿色或黄绿色，食用时口感较红苋和彩色苋硬，耐热性较强，适于春季和秋季栽培。主要品种有湖北的马蹄苋、圆叶青苋、猪耳朵青苋，南京的木耳苋、秋不老，杭州的尖叶青、白米苋，广州的高脚尖叶、柳叶、矮脚圆叶、犁头苋、大芙蓉叶等。

1. 苏苋 2 号 是由广东白苋农家品种经系统选育而成。株高 20～30 厘米，叶色浅绿，叶脉清晰明显，叶型卵圆，全缘，叶面较平展，心叶微皱，叶色浅绿偏黄，均匀一致，腋芽发生一般，耐湿耐热性较好，叶柄、叶脉以及茎秆均呈淡绿色，质地柔嫩、品质优良，煮后颜色鲜绿。2015 年通过江苏省农作物品种审定委员会认定。经过在苏州、南京、南通和盐城等地试验示范，该品种品质优、口感佳、产量高，在江苏省内保护地种植从早春到深秋均可，露地适宜播期为 4～9 月份。早春播种一般 45 天左右、夏秋高温季节 20 天左右采收。每亩产量 1 000～1 200 千克。

2. 青米苋 上海地方品种。植株高大，生长势强，分枝较多。叶片卵圆形或阔卵圆形，长约 9 厘米、宽约 8 厘米，先端钝圆，绿色，全缘，叶面微皱。分枝多，侧枝生长势强，可分批多次采收。叶肉较厚，质地柔嫩，品质优良，耐热。中熟，生长期 50 天左右。每亩产量 1 500～2 000 千克。

3. 绿尖叶苋 又名绿鸡毛。植株高 27 厘米。分枝力强，叶片柳叶形，正面绿色，背面灰绿色，叶片微皱有折，叶缘波状，叶柄及茎浅绿色。嫩株柔嫩，味鲜微甜，品质优良。耐旱，早熟。各地均有栽培。

4. 青芝麻苋 植株高 20 厘米左右，分枝力中等。叶片长卵形，绿色，叶面皱折，叶缘波状。叶柄及茎浅绿白色，嫩株纤维较多。耐热，耐旱，早熟，易抽薹。各地均有栽培。

5. 荷苞苋 叶片多，卵圆形，绿色，叶面皱缩，全缘。叶柄及茎均为浅绿色。水分少，质脆，品质较好，产量高，抗逆性强，早熟。

6. 白圆叶苋菜 株高约 28 厘米，叶圆阔，叶色白绿，叶柄白绿色。生长期 30～35 天。耐湿热，抗病，纤维少，清甜无渣，口感好，品质为苋菜之冠。每亩产量 2 500 千克左右。

7. 台农 2 号 台湾农试所选育品种，于 2003 年 5 月 13 日由"农委会"复审通过,命名为苋菜"台农2号",商品名为"金丰"。该品种具有生育快、产量高、耐白锈病等特点,较一般白苋更嫩,叶色为黄白色。低温期栽培较一般品种快7～10天,可取代低温期白苋栽培的部分播种面积,肥料与密度不需特别提高,减少了用药成本。

(二)红 苋

叶片和叶柄紫红色,食用时口感较绿苋软糯,耐热性中等,适于春季栽培。主要栽培品种有杭州红圆叶,广州红苋,湖北圆叶红苋菜、猪耳朵红苋菜、四川大红袍等。新育成品种如下。

1. 贵妃红苋 为早春大棚红苋菜专用品种,2013—2015年,在湖北新洲双柳和上海市郊进行早春大棚示范和推广,普遍表现为低温下叶片能变红,且上市商品性好,有市场竞争力。贵妃红苋菜分枝力中等,叶片大、卵圆形或近圆形,基部楔形,先端凹陷;叶片中心鲜红色,边缘绿色有光泽,背面颜色更红;叶肉较厚,纤维少,质地柔嫩,叶柄绿色;茎秆中上部绿色,基部2厘米左右为鲜红色。早熟,耐低温,耐热能力强。在早春大棚低温情况下,正常管理叶片能变红。适宜早春大棚、春小拱棚、春露地、夏秋大棚栽培,特别是早春大棚栽培更能体现出品种固有的特征特性。对短日照较敏感,早春大棚种植管理不当时会出现植株早薹结籽现象。

2. 苏苋1号 由江苏省苏州市农业科学院以广东红苋农家品种为材料,经系统选育而成,2015年通过江苏省农作物品种审定委员会认定。经田间试验结果表明,其硝酸盐含量较低,口感佳,产量较高,适宜在江苏省春夏及初秋种植。苏苋1号早熟,春苋菜于3月下旬至5月下旬在大棚内直播,浇水后用农膜覆盖或遮阳网浮面覆盖畦面;夏苋菜于6月上旬至9月上旬在大棚内盖遮阳网降温播种,露地播种在4～8月份;秋苋菜于9月中下旬在大棚内直播。冬、春低温每亩播种量为3～5千克;夏、秋高温每亩播种量为 1～1.5 千克。高温季节播种 20 天后株高即可达到 20 厘米以上，早春低温播种 45 天左右可采收。叶片近卵圆形、全缘，叶尖渐尖，叶面较平展，心叶微皱；叶片玫红色、有光泽。茎秆浅红色，均匀一致，腋芽较少，口感软糯。耐热，较耐低温，抗病性好。

3. 大柳叶紫色苋 中国农业科学院蔬菜花卉研究所育成。叶为阔柳叶形，全缘，叶背和叶面均为紫红色，叶长约 15 厘米、宽约 7.5 厘米，叶柄长约 3 厘米。腋芽较少。单株重 15～20 克。中熟。植株耐抽薹、耐热。抗枯萎病。

4. 澳洲超级 606 该品种是最新选育的优质苋菜品种。早熟，株高 25 厘米左右，叶长宽约 9 厘米，叶面紫红色，边缘绿色，叶圆颈稍尖，叶柄绿色。生长期 30～45 天，耐寒、耐热、抗湿，抗病适应性广，耐抽薹，容易栽培。叶肉较厚，纤维少，品质柔嫩，味鲜美，品质佳，口感清甜，生长速度快，适合炒食、做汤。

5. 紫叶苋 植株高 20 厘米左右。叶片酱紫色，背面紫红色，呈纺锤形，叶面稍皱，全缘。叶柄紫红色。嫩株熟食味浓，品质中等，耐寒，耐旱，早熟。

6. 红尖叶苋 又名红鸡毛、鸡毛苋。植株高 25 厘米左右。分枝力弱，叶片长椭圆形，中央花红，周边绿色。叶面皱缩，全缘。叶柄及茎紫红色。嫩株柔嫩，味鲜微甜，色泽美观，品质中等。耐热，耐旱、早熟。

7. 红芝麻苋 植株高 24 厘米左右，分枝力中等。叶片长卵形，红色，沿叶脉处暗红色，背面紫红色，沿叶缘绿色，叶面皱缩有折，叶缘波状，叶柄及茎浅绿白色，叶茎纤维较多，品质较差。耐热、耐旱，早熟，易抽薹。

8. 红荷叶苋 叶片卵圆形，叶面皱缩，全缘。全株叶、柄、茎均为紫红色。嫩株味浓，性糯。耐热、耐旱，抗病性强，组织易老，早熟。

9. **红圆叶苋菜** 株高25厘米左右，叶面紫红色，边缘绿色，叶圆，颈稍尖，叶柄绿色。生长期30～40天，耐热抗湿、抗病，适应性广，耐抽薹，容易栽培。叶肉较厚，品质柔嫩，适合炒食。每亩产量2000千克左右。

10. **全红叶苋菜** 最新育成品种，叶、柄、茎均为红色。叶圆形。耐热、耐湿、耐寒，抗病。生长快速，播种至收获约30天。该品种品质优良，纤维少，口味好，适合炒食，是喜食红色苋菜地区的优选品种。早春大棚栽培时更能发挥其全红的优点。

11. **上海红圆叶苋菜** 最新育成品种，叶面红色，叶圆形，叶柄、茎绿色。耐热、耐湿，抗病。生长快速，播种至收获约30天。该品种品质优良，纤维少，口味好，适合炒食，是喜食红苋菜地区的优选品种。早春大棚栽培更能发挥其红色的优点。其对日照敏感，早春种植应防止早抽薹。

（三）彩 色 苋

叶边缘绿色，叶脉附近紫红色，质地较绿苋为软糯。早熟，耐寒性较强，适于早春栽培。主要品种有上海、杭州一带的一点珠、尖叶红米苋，四川的蝴蝶苋、剪刀苋，广州的尖叶花红、中间叶红、圆叶花红等。

1. **武苋圆叶** 南阳市农业科学院蔬菜科学研究所选育。植株整齐一致，商品性好，株型直立，叶片卵圆形，叶面微皱，叶边绿色，中间红色，光泽度好，全缘，株高约23.6厘米，开展度约24.3厘米；叶片数平均8.2片；抗病性好，高抗茎腐病、软腐病、病毒病。播种后28～35天采收，产量高，适应性广。一般每亩产量可达3500千克。

2. **蝴蝶苋** 中国农业科学院蔬菜花卉研究所育成。叶片心脏形，全缘，叶片红绿掺半，似彩蝶。叶长约10厘米、宽约8厘米，叶柄长4～5厘米。早中熟。植株较耐抽薹、耐热、耐旱。每亩产量1000～2000千克。

3. 大柳叶彩苋 中国农业科学院蔬菜花卉研究所育成。叶为阔柳叶形，全缘，叶背和叶面均为紫红色。叶长约15厘米、宽约7.5厘米，叶柄长约3厘米，腋芽较少。中熟。植株耐抽薹、耐热。抗枯萎病。

4. 花叶苋菜 中国农业科学院蔬菜花卉研究所育成。叶卵状椭圆形，全缘，心叶叶脉紫红色，喜温较耐热，不耐寒。

5. 武汉鸳鸯红苋菜 武汉市农家品种。因叶片下红上绿，色彩艳丽而得名。植株长势中等，叶簇半直立，开展度约25厘米，叶圆形，下半部红色，上半部青绿，叶面直径约4.5厘米，全缘叶，叶面稍皱，叶柄浅红，茎绿色泛红，纤维少，柔嫩多汁，生长期40天左右。4～7月份均可露地播种，武汉地区大棚栽培可提早到3月初，每亩用种量约500克。本品种耐热、播期长、商品性好、不易老，可分批采收，以外形美、色泽艳、品味佳而深受消费者青睐。其侧枝萌发力强，播种较稀时则可多次采收侧枝。一般每亩产量2000千克左右。

二、对环境条件的要求

苋菜喜温暖，较耐热，温暖湿润的气候条件对苋菜的生长发育最为有利。种子在10～12℃时缓慢发芽，14～16℃发芽较快，22～24℃发芽最快，但超过36℃时发芽和出苗均受阻。温度低于10℃或高于38℃时生长极慢或停止。苋菜不耐寒，生长中遇0℃就受冻害，并很快死亡。

苋菜要求土壤湿润，但不耐涝，对空气湿度要求不严。直播的苋菜，直根深入土层，具有一定的抗旱能力，但土壤水分充足时叶片柔嫩，品质较好。苋菜耐涝性较差，过度潮湿或地面积水，都会影响其生长以致死亡。多枝的大株丛遇多雨多风天气，容易倒伏。

苋菜属高温短日照蔬菜，在高温短日照条件下易抽薹开花，食用价值降低。不同品种抽薹开花也有早有晚，如广州高脚尖叶抽薹较早，而南京秋不老抽薹开花较晚。在气温适宜，日照较长的春季栽培，抽薹迟，品质柔嫩，产量高；夏秋播较易抽薹开花，产品较粗老。

苋菜不择土壤，肥沃的沙壤土或黏壤土均可栽培，苋菜为喜肥作物，通常以土层深厚、连年施肥的改良的土壤为适宜，最好是多肥的菜园地。贫瘠的沙地、结构不良的黏土地、冷浆低湿地等都不适宜。苋菜对土壤适应性较好，酸性土壤和碱性土壤上都能生长，但以 pH 值 5.8～7.5 最为适宜。

三、栽培茬口

苋菜生长期为 30～60 天，在全国各地无霜期内，可分期播种，陆续收获。在长江流域一般 3 月下旬至 8 月上旬均可露地播种，供应期为 5 月中旬至 10 月下旬。近年来，利用塑料大中棚栽培的苋菜或茄果类、瓜类、豆类等蔬菜的早熟栽培间套作的苋菜，已成为早春棚栽蔬菜上市最早的品种之一，深受市场欢迎。

四、栽培技术

（一）周年生产技术

1. 整地　栽培苋菜通常以地势平坦、排灌方便、土层深厚、有机质多、杂草少的沙壤土或黏壤土地块为最好。苋菜种子细小，根部发达，要求精细整地。整地质量不良是苋菜缺苗断垄、降低产量的重要原因之一。种苋菜的地块必须适时秋翻，翻地的深度应在 20 厘米以上。翻后及时耙地、做畦。结合整地，每亩施优质农家肥 2 500～3 000 千克作基肥，翻地前均匀施入。

2. 播种　以采收幼苗供食者，一般都用直播法，各地多套种在瓜架、豆架或茄子下，也常与其他绿叶蔬菜混播，分批采收。由于苋菜种子细小，生长期短，整地应细碎平整，并施用足够的粪肥为基肥，适期播种，每亩播种量为 0.5 千克左右，在不良的播种条件下或增加采收次数应加大播种量。播后覆以细沙或草木灰或浓厚的粪肥，有的地区不覆土而是适当镇压。以采收嫩茎为主者，可育苗移栽，株行距 30 厘米左右。

3. 田间管理　早春播种者 10 天左右出土，夏秋播只需要 3～5 天。出苗后应及时追肥、浇水、间苗及除草，追施腐熟稀薄的粪肥或其他氮肥。在夏秋栽培苋菜尤宜加强肥水管理，否则急速开花结实，影响品质和产量。株高 15～20 厘米时可间拔采收，采后追肥。播种后 40～45 天，苗高 10～12 厘米，具 5～6 片叶时可陆续间拔采收。早春播和秋播的早熟品种每亩产量约 750千克，春、夏播每亩产量 1 000～1 500 千克，育苗移栽以茎供食用每亩产量 2 000～2 500 千克。

4. 采种　苋菜种子产量高而易收获，一般不单设采种田。可从普通田圃中选优良品种性状的单株留种，不收割，不掐头。植株高大型单株要架上支柱，以防倒伏。当留种株变黄、籽粒变硬时割下种株，晒干脱粒。

春、秋播种的苋菜都可以留种，但春播留种的占地时间较长，5 月份播种的要到 8 月份才能收种，每亩可收种子 100 千克左右；一般在 7 月份播种，10 月份收种，每亩可收种子 75 千克左右。留种植株以 25 厘米×30 厘米的株行距为宜。

（二）大棚苋菜早春栽培

近年来，温室、大棚除了广泛用于茄果类、瓜类和豆类等蔬菜的早熟栽培，不少地方利用这些保护地栽培设施，间套作苋菜，甚至有大棚栽培苋菜的报道。大棚苋菜 3 月份播，4 月份收，5 月份就结束，总共 60～70 天的时间，平均产量每亩达 1 200～1 500 千克，而且上市正逢"春淡"，是早春播棚栽蔬菜上市最早的品种之一，经济效益高，产值每亩达 12 000～15 000 元，比棚栽其他蔬菜还划算。近年来，随着苋菜的高营养价值逐渐被人们认识，因此，棚栽苋菜深受欢迎，社会效益也极其显著。

1. 整地与播种 栽培苋菜要选择地势平坦、排灌方便、土层深厚、有机质多、杂草少的地块，如苋菜田间杂草较多，除草和采收极为不便。播前将土地耕翻，每亩施入腐熟的优质土杂肥 3 000 千克，再耙平做畦，畦面要细碎平整。选择适宜大中棚春早熟栽培的苋菜品种，要求具有产量高、抗逆性强、耐寒等特点，双柳地区主栽品种为经过改良复壮的红圆叶。

于 3 月上中旬抢冷尾暖头播种，多层覆盖的大棚可提早到 2 月上中旬播种，武汉市新洲区双柳街甚至在 12 月份或 1 月份就开始播种，2 月中下旬至 6 月持续采收。因早春气温较低，出苗较差，播种量宜加大，每亩用种量 3～4 千克。苋菜种子细小，多在种子中掺些细沙撒播，播后用脚踏实镇压畦面，或在播种后覆以细沙或草木灰，有些地方习惯用浓厚的粪肥盖子也可以，播后地膜覆盖并将大棚密闭。

武汉市的做法是播种前 1 天浇足底水，一般采用撒播的方法，播后立即覆盖地膜，加盖小拱棚。一般每 15～20 天采收 1 次，每采收 1 次播种 1 次，共播种 3～4 次。第一次每亩播种量 1.5～2 千克，第二次每亩播种量 1～1.5 千克，第三次以后每亩播种量 1.5～2 千克，一般每亩平均播种量为 4～6 千克。同时，还可以根据市场供求变动以及当地具体的气候和苋菜的生长状况，灵活改变每次的播种量，以减少风险，增加经济效益。

2. 大田管理

（1）大棚光温管理 苋菜喜温暖气候，耐热性强，不耐寒冷，20℃以下即生长缓慢，因此早春栽培保温措施至关重要。从播种到采收，棚内温度一般要保持在 20～25℃，播种后覆盖地膜，闭棚增温，促进出苗，一般播种后 15 天左右即可出苗，此时可揭去地膜，使幼苗充分见光，如天气特别寒冷时还需在小拱棚上再加盖 1 层薄膜或草苫等覆盖物。苋菜生长前期以保温增温为主，后期则应避免温度过高，棚内温度高于 30℃时应适当通风降温。在晴天的中午，先将大棚两头打开，小拱棚关闭，后揭开小拱棚膜，关闭大棚，两种方法交替使用，每次通风 2 小时左右。同时，在保证苋菜不受冻的情况下多见光，促使其色泽鲜艳。当大棚内温度稳定在 20～25℃时，可撤去小拱棚，并同时打开大棚的两头通风降温。夏、秋播种后则需在大棚上加盖遮阳网降温，做好大棚通风降温工作。

（2）**浇水与追肥** 播种时浇足底水，出苗前一般不再浇水。出苗后如遇低温切忌浇水，以免引起死苗；播种后 5～7 天即可出苗，子叶出土后，即揭去地膜，及时除杂草，立即扣小棚，真叶展开 2 片时，抢晴天，揭小棚，除草，间苗，施清水粪。如遇天气晴好，结合追肥进行浇水，具体方法：将三元复合肥或尿素均匀撒入畦面，用瓢将水泼浇在肥料上。幼苗 3 片真叶时追第一次肥，以后则在采收后 1～2 天进行追肥，结合浇水每次每亩追施三元复合肥 10～15 千克、尿素 15 千克。

（3）**中耕与采收** 苋菜的播种量较大，出苗较密，在采收前杂草不易生长；采收后，苗距已稀，杂草容易生长，因此每次采收都要根据田间杂草情况进行除草。当苋菜株高 15 厘米左右、8～9 片叶时可间拔采收，每 2 天左右挑选大株间拔 1 次，每次采收要掌握收大留小，并注意均匀留苗，及时采收有利于后批苋菜的生长，从而提高总产量。每间拔 1 次，施 1 次清水粪，收获 3～4 次后罢园换茬。

五、病虫害防治

（一）病害防治

1. 猝倒病 其防治方法：①做好床土消毒，每平方米苗床撒施 50% 多菌灵可湿性粉剂 8 克，或 54.5% 噁霉·福美锌可湿性粉剂 1 500 倍液，或 95% 噁菌灵可湿性粉剂 3 000 倍液喷洒床土。②药剂防治时可用 72.2% 霜霉威水剂 800～1 000 倍液，或 53% 金甲霜·锰锌水分散粒剂 500 倍液，或 25% 甲霜灵可湿性粉剂 1 000 倍液，或 98% 噁霉灵可湿性粉剂 1 000 倍液喷雾。

2. 白锈病　白锈病在高温、湿润气候下蔓延迅速。苋菜叶片被害后，叶面呈黄色病斑，叶背群生白色圆形隆起的孢子堆，菜农称为"白点"。白锈病虽然对苋菜产量的影响不太严重，但会使其品质大大降低。防治方法可参照蕹菜白锈病。发病初期可用 50% 琥铜·甲霜灵可湿性粉剂 600～700 倍液，或 50% 多菌灵可湿性粉剂 600～800 倍液，或 50% 代森锰锌可湿性粉剂 800 倍液，或 64% 噁霜灵可湿性粉剂 500 倍液，或 58% 甲霜·锰锌可湿性粉剂 500 倍液，或 40% 三唑酮可湿性粉剂 500 倍液喷雾防治，每 7～10 天喷 1 次，连续防治 2 次，效果较好。

（二）虫害防治

1. 小地老虎　可用 90% 敌百虫晶体 1 000 倍液，或 50% 辛硫磷乳油 1 000 倍液喷土防治。

2. 蚜虫　防治方法同芹菜。可用 10% 的吡虫啉可湿性粉剂 3 000 倍液，或 50% 抗蚜威可湿性粉剂 3 000 倍液，或 40% 氰戊菊酯乳油 6 000 倍液喷雾防治。

第七章
落 葵

　　落葵，又名木耳菜、软浆叶、藤菜、胭脂菜、豆腐菜等，属落葵科1年生的蔓性蔬菜。原产中国和印度，非洲、美洲也有栽培。以幼苗或采摘叶片供食用，是夏季供应的绿叶蔬菜之一。

一、品种类型

　　落葵有红花落葵、白花落葵及黑花落葵等，菜用栽培的主要是前两种。

（一）红花落葵

　　茎淡紫色至粉红色或绿色，叶片较大，叶长与宽近乎相等，侧枝基部的几片叶较窄长，叶基部心脏形，开红花。常用的栽培品种如下。

　　1. 红梗落葵　又称红叶落葵、赤色落葵，简称红落葵。原产于印度、缅甸及美洲等地。植株缠绕蔓生，蔓长3米以上，茎圆形，肉质，淡紫色至粉红色，分枝力强。叶片卵圆形至近圆形，顶端钝或微有凹缺。叶型较小，长12厘米左右、宽10厘米左右，叶面光滑，叶片深绿色转淡紫红色，腹沟明显，叶背面及叶脉的颜色较深，为紫红色。穗状花序的花梗长3～4.5厘米。

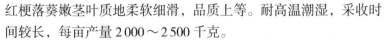

红梗落葵嫩茎叶质地柔软细滑，品质上等。耐高温潮湿，采收时间较长，每亩产量2 000～2 500千克。

2. 青梗落葵 又称青梗木耳菜，为赤色落葵的一个变种，在我国栽培历史悠久，也较普遍。植株缠绕蔓生，蔓长3～5米，茎蔓圆形，肉质绿色。叶片阔卵圆形，叶片长约16厘米、宽约14厘米，叶肉厚，绿色或深绿色，叶面平滑有光泽。花朵小，白色或淡紫色。果实初期为绿色，老熟后呈紫红色。青梗落葵茎叶柔嫩，品质好，耐热、耐湿，每亩产量1 500～2 000千克。

3. 广叶落葵 又称大叶落葵、阔叶落葵。原产于亚洲热带及我国的海南、广东等地。植株较高，茎蔓长2米以上，横径3厘米以上，叶片深绿色，顶端急尖，有较明显的凹缺。叶片心脏形，基部急凹入，下延至叶柄，叶柄有深而明显的凹槽。叶形较阔大，叶片长10～19厘米、宽10～16.5厘米，平均单叶重19.2克。广叶落葵耐热性强，35℃高温下只要水分充足就能正常生长，采收时间长，产量较高。该类落葵品种较多，如贵阳大叶落葵、江口大叶落葵等。

（二）白花落葵

又叫白落葵、细叶落葵。原产于亚洲热带地区等地。茎淡绿色，叶绿色，叶片卵圆形至长卵圆披针形，基部圆或渐尖，顶端尖或微钝尖，边缘稍作波浪状。其叶最小，长2.5～3厘米、宽1.5～2厘米。以采收嫩梢食用为主。穗状花序有较长的花梗，花白色，疏生。

二、对环境条件的要求

落葵起源于热带地区，性喜温暖，耐热，不耐寒，高温多雨季节生长良好。种子发芽要求温度在15℃以上，发芽期最适温度为 25～28℃。茎叶生长的适宜温度为 25～30℃，也可更高一些，温度保持在 35℃以上，只要不缺水仍能正常长叶、开花、结籽。在高温多雨季节生长良好（但忌长期积水伤根），可露地安全越夏。10℃以下生长停止，遇霜枯死。落葵喜欢湿润的环境，土壤水分充足，空气湿度较大，茎叶生长旺盛。

落葵为 1 年生短日照植物，长日照条件有利于其营养生长，短日照条件有利于促进其花芽分化、开花结籽。

落葵对土壤条件要求不严格，适应性强，但要获得高产，应选择土质疏松、有机质丰富、pH 值为 4.7～7 的沙壤土为好。落葵主要采收嫩茎叶，生长期吸收氮肥最多，其次是磷钾肥。落葵是可多次采收的蔬菜，生长期长，需肥较多，在栽培管理上，除重施基肥外，还应多次追施速效氮肥。

三、栽培季节

落葵是喜温、耐热蔬菜，春、夏、秋三季均可栽培。长江流域春季 4 月份至秋季 8 月份均可陆续播种，但以春播为主。播后 30～40 天就可间拔幼苗采收，以后可陆续采收嫩梢、嫩芽和嫩叶至降霜之前，供应期为 5 月中下旬至 10 月份。

近年来，各地还利用塑料大棚进行早春落葵的育苗和栽培，使落葵的上市期大大提前，深受消费者欢迎，经济效益也十分显著。落葵是以嫩茎叶供食用的蔬菜，根据食用的要求不同，有 3 种栽培方式：一是以采收幼苗为主，一般采用直播，当幼苗长有 5～6 片叶时开始陆续间拔幼苗食用；二是以采收嫩梢为主，一般采用穴播或直播，当幼苗长至约 33 厘米高时，采摘主茎嫩梢，促进侧芽稍生长，再陆续采收侧芽嫩梢；三是以采收肥大嫩叶为主，一般采用育苗移栽，当苗高 33 厘米左右时，插架引蔓，促进嫩叶生长，生长期陆续采收肥大嫩叶供食用。

四、栽培技术

（一）播种育苗

用塑料棚栽培的落葵，长江流域可于2月上中旬播种在塑料大棚内的电热温床或酿热温床上。播种前，预先在塑料大棚内做好电热温床。若采用酿热温床要准备酿热物，温床必须保证有足够的温度和水分。苗床的营养土要疏松、肥沃，富含有机质。

因落葵的种子壳厚而且坚硬，春播干种往往要10多天才发芽，因此大棚早春栽培育苗前要做好浸种催芽工作，一般可浸种1～2天并用手搓去黏附在种皮上的果肉，以利发芽。浸种后在30℃温度下催芽。播种时，将苗床整平，按6厘米左右的行距条播，播完后轻轻覆土，再薄薄地铺上一层稻草等物，然后将苗床淋透水分，最后再用聚乙烯地膜或薄膜盖住，以增温保湿。每亩用种量8千克左右。

幼苗出土前，要密闭塑料大棚，夜间增加小拱棚及草苫覆盖保温，防止幼苗受冻。幼苗出土后要及时揭除苗床薄膜，以利幼苗健壮生长。4～5片真叶时定植或根据行情间苗上市。

（二）整地施肥

落葵是分期分批采收嫩叶和嫩茎上市的蔬菜，生长期长，需肥量大，应施足基肥。一般每亩施用腐熟有机肥2 000～2 500千克、优质三元复合肥25～30千克作基肥。长江流域夏季雨水较多，应采取深沟高畦的栽培方式，畦宽连沟一般1.2～1.5米。

（三）定　植

栽培落葵的塑料大棚，要提前10天扣棚，以确保有足够的地温。长江流域一般在3月上中旬前后定植，苗龄30天左右。

定植期以 5 厘米地温稳定在 15℃为准。采收嫩梢为主的，栽植密度为 20 厘米 × 20 厘米；采收嫩叶为主的，定植株行距为 20 厘米 × 20 厘米，3～5 株 / 穴。

（四）田间管理

1. 大棚管理　定植活棵前，要密闭大棚，以提高地温和气温。缓苗后，晴天中午若棚内温度过高，可逐渐通风换气，但夜间外界气温仍较低，应注意保温。4 月中旬可以逐渐加强通风，至 5 月上旬可揭棚膜，行露地栽培。

2. 植株管理　调整植株（主食幼苗除外）有两种方式：一是主食嫩梢的，在苗高约 33 厘米时，留 3～4 叶收割头梢，选留 2 个强壮侧芽成梢，其余抹去；收割 2 道梢后，选留 2～4 个强壮侧芽成梢，其余抹去。在生长旺盛期，可选留 5～8 个强壮侧芽成梢，收割中后期时应随时抹去花茎幼蕾。到了收割末期，植株生长势逐渐减弱，可进行整枝，留 1～2 个强壮的侧芽成梢，这样有利于叶片肥大，梢肥茎壮，品质好，收获次数多，产量高。二是主食肥厚柔嫩叶片的，其整枝方式：选留的主干蔓除主蔓外，一般均应选留植株基部的强壮侧芽成蔓。骨干蔓上，一般不再保留侧芽成蔓，骨干蔓长达架顶时摘心。摘心后再从骨干蔓基部选留 1 个强壮侧芽成蔓，逐渐代替原骨干蔓成为新的骨干蔓。原骨干蔓的叶片采收完毕后，从紧贴新骨干蔓处，剪掉下架。在收获末期，可根据植株生长势的强弱减少骨干蔓数。同时也要尽早抹去花茎幼蕾。这样，采收的叶片肥厚柔嫩，植株平均单叶数少，但单叶重量大，品质好，商品价值高，总产量也很高。

3. 栽培管理　缓苗后，上架时及每次采收后，进行 1 次中耕除草及培土，追施速效氮肥。吃嫩叶而留种的，苗株高 30 厘米时搭棚栏架。落葵是一种长势旺盛的作物，具有较强的耐高温、干旱和病虫害能力，春季提早栽培，只要温度保证，栽培就比较容易。但落葵怕湿，忌大水漫灌，否则会引起烂根。由于落葵生长期、采收期均较长，若到中后期土壤肥力不支，植株生长不良时，可结合浇水进行根外追肥。

4. 采收 主食嫩叶的，一般前期每15～20天、中期每10～15天、后期每7～10天采收1次；主食嫩梢的，一般用刀割或用剪刀剪，以13～20厘米为宜，一般收割头梢后，每7～10天采收1次。

大棚早春落葵栽培，生长快，品质好，可比露地提早30～60天上市，而且兼具露地栽培供应期长、产量高等特点。

五、病虫害防治

落葵的病虫害较少。主要病害是蛇眼病、灰霉病、花叶病；虫害很少，主要为蚜虫。

（一）病害防治

1. 蛇眼病

（1）**症状** 又称鱼眼病、红点病、褐斑病等。从幼苗到收获结束均可危害，主要危害叶片。被害叶初有紫红色水渍状小圆点，凹陷，直径0.05～0.1厘米，后逐渐扩大，中央褪为灰白色至褐色，边缘稍深（紫褐色），较薄，有的易成穿孔；严重时病斑密布，不能食用。

（2）**防治方法** ①与非藜科、非落葵科作物轮作。②深耕，采用直立栅栏架等栽培。③用40%甲醛100倍液处理种子0.5～1小时，消除种子带菌。④适当密植，避免浇水过量及偏施氮肥。⑤在发病初期用1∶3∶200～300波尔多液喷雾保护，也可用65%代森锌可湿性粉剂600倍液，或45%代森铵水剂800倍液，或50%腐霉利可湿性粉剂2 000倍液，每7～10天喷1次，连续防治2～3次。

2. 灰 霉 病

（1）**症状**　生长中期开始发病，病菌侵染叶及叶柄，初呈水渍状斑，在适宜温湿度条件下，迅速蔓延到叶萎蔫腐烂；茎和花序染病时会在茎上引起褪绿水渍状不规则斑，以后茎易折断或腐烂。病部可见灰色霉层。

（2）**防治方法**　①加强肥水管理，合理密植，清沟排渍，改善田间通透性，增施磷钾肥。②发病初期开始喷洒 75% 百菌清可湿性粉剂 800 倍液，或 36% 甲基硫菌灵悬浮液 500 倍液，或 50% 苯菌灵可湿性粉剂 1 500 倍液，每 7～10 天喷 1 次，连续防治 2～3 次。

3. 花 叶 病

（1）**症状**　全株发病，病株叶片变小、皱缩，叶面呈泡状突起，叶背面叶脉也明显突起，有的甚至变弯曲，早发病的植株明显矮化，产量大减。

（2）**防治方法**　①拔除病株，清洁田园。②施足有机肥，增施磷钾肥，增强植株抗病力。③及时防治蚜虫。

（二）虫害防治

主要害虫为蚜虫，防治方法同芹菜。

第八章
芫 荽

芫荽，又名香菜、胡荽、香荽、原荽、园荽、芫茜等，属伞形花科的 1～2 年生蔬菜。以其鲜嫩的茎叶供食，具有特殊的香味，生、熟食均可，主要用作配料调味，是汤饮中的作料，多用于做凉拌菜佐料，或汤料、面类菜中提味用。由于其生长期短、栽培容易，在我国南北各地都有栽培。

芫荽营养丰富，风味独特，胡萝卜素含量在蔬菜中居首位，维生素 C、钙和铁的含量也很高。据测定，每 100 克可食部分含水分 88.3 克，蛋白质 2 克，脂肪 0.3 克，碳水化合物 6.9 克，膳食纤维 1.2 克，钙 170 毫克，磷 49 毫克，铁 5.6 毫克，胡萝卜素 3.77 毫克，硫胺素 0.14 毫克，核黄素 0.15 毫克，烟酸 1 毫克，抗坏血酸（维生素 C）41 毫克，维生素 E 0.8 毫克。现代研究发现，香菜之所以香，获得香菜的美名，主要是因为它含有挥发油和挥发性香味物质。其挥发油含有甘露醇、正葵醛、壬醛和芳樟醇等，可开胃醒脾。

一、品种类型

长江流域栽培的芫荽主要有两个地方品种。一是白花芫荽。地方品种，分布于各地。植株高约 30 厘米，开展度约 20 厘米。叶片近圆形，绿色，叶缘锯齿状并有 1～2 对深裂片，叶柄、茎均绿白色，花小，白色。耐寒性强，较耐旱，叶质薄嫩，香味较淡，纤维较少，产量较高。适播期11月份至翌年3月份，播种至初收60～85天。二是紫花芫荽。地方品种，分布于全国各地。植株高约21厘米，开展度约16厘米。叶片近圆形，绿色，叶缘为锯齿状并有1～2对深裂片；叶柄、茎均为紫色，花小，淡紫色。耐寒性强，耐旱，香味较浓，纤维稍多，产量稍低。适播期为9～11月份，播种至初收50～70天。

目前，生产上冬、春季栽培多选用适应性广、冬性强、抽薹迟、品质好的新优引进品种，如韩国大棵香菜、意大利四季耐抽薹芫荽、欧洲耐热耐寒芫荽、哈研油叶香菜；夏、秋季则选用耐热性好、抗病、抗逆性强的香菜品种，如泰国耐热大粒香菜、泰国翠绿中粒香菜、意大利四季耐抽薹芫荽、欧洲耐热耐寒芫荽、安香1号等。

（一）冬、春适栽品种

1. 韩国大棵香菜 别名长梗芫荽，棵大，产量高，香味浓。植株半直立，生长势强，株高40～50厘米，适应性强，冬性强，抽薹迟，品质好，产量高，商品株5棵重量可达500克。叶和嫩枝均可食用。每亩产量达6 000～8 000千克。

2. 泰国香菜 株高20～27厘米，开展度15～20厘米，叶绿色，叶圆形边缘浅裂，叶柄白绿色，单株重15～20克，纤维少，香味浓，品质极优，抗病虫害，适应高温季节栽培，是反季节种植最理想的品种。在春、秋季节温度在18℃以上种植不易抽薹，四季可播。最好选择沙壤土，撒播或条播均可，播种前需压碎种子以便发芽，低温催芽后播种。高温季节必须遮阴。

3. 意大利四季耐抽薹芫荽 最新育成芫荽品种。株高20～30厘米，株形美观，叶色翠绿，叶柄玉白，叶片近圆形，边缘浅裂。抗热，耐寒，耐抽薹，香味浓，纤维少，品质佳。抗病避虫，四季可播，发芽快，栽培容易，是反季节种植的理想品种。播种前需压碎种子，以便发芽快，撒播或条播均可。高温季节播种注意遮阳。

4. 哈研油叶香菜　从美国的油叶香菜品种"美国大油叶"中分离而来，利用系统育种的方法选育获得。2009 年 12 月通过黑龙江省农作物品种审定委员会审定，并定名为"哈研油叶"香菜。该品种早熟、高产、耐热、耐寒性好，株高 25～30 厘米，开展度 15～20 厘米，单株重 20～50 克。叶色青绿肥大，叶面平滑油亮，叶柄青绿色有光泽，梗粗，根壮，纤维少，香味浓，适应性好，正常条件下出苗 35 天左右即可采收，而且耐运输，商品性好，适合四季栽培。

（二）夏、秋适栽品种

1. 泰国耐热大粒香菜　从泰国引进的最新改良品种。特耐热，夏季种植出苗整齐，生长速度快，产量高。叶色翠绿，香味较浓，纤维少，品质特优，商品性好，是夏季高效栽培的最理想品种。

2. 泰国翠绿中粒香菜　从泰国引进的最新改良品种。该品种抗热性强，特耐抽薹。株高 20～30 厘米，开展度 15～20 厘米，单株重 20 克左右，叶片绿色，叶缘波状浅裂，叶柄浅绿色。生长速度快，香味浓，纤维少，品质佳，抗病力强，适应性广，产量高，是理想的反季节栽培品种。

3. 欧洲耐热耐寒芫荽　最新育成的四季抗热、耐寒芫荽品种。株高 20～28 厘米，株型美观，叶近圆形，边缘浅裂，叶色绿，叶柄白绿色。香味浓，纤维少，品质上乘，速生快长，抗病避虫，发芽和栽培容易，在高温下仍能发芽生长。

4. 安香 1 号　安阳市蔬菜科学研究所利用系统选育方法从泰国引进品种中选育出的香菜新品种，产量高，特耐热，耐抽薹，抗病性强，生长速度快，香味浓厚，纤维少，口感好。直根系，主根粗大、白色，侧根较发达，主要分布在浅土层。单株重15～20克，低温、高温耐受性强，10～40℃均可栽培，春、秋季温度在18℃以上时不抽薹，特别适合高温季节栽培。全国大部分地区均可栽培，每亩产量2 500千克左右。

二、对环境条件的要求

芫荽喜冷凉，忌炎热。生长适温15～18℃，超过20℃生长缓慢，30℃以上则停止生长。耐寒性很强，能耐–12℃～–1℃的低温，在长江流域成株可露地越冬。芫荽属长日照作物，12小时以上的长日照能促进发育。芫荽对土壤要求不严格，但在保水性强、有机质含量高的土壤中生长良好。

三、栽培季节

芫荽是喜欢冷凉的蔬菜，具有一定的耐寒力，但不耐热，在长江流域各地可露地安全越冬，但炎热夏季无法露地栽培。多在春、秋两季播种，以秋播为主。春播2月下旬至4月份进行，4～6月份分批上市；秋播9～11月份均可陆续播种，出苗后30天左右即可开始采收上市；冬季利用大株露地越冬，可陆续采收到翌年3月份。

四、栽培技术

芫荽生产露地可安排在秋、冬、春季进行，在高温多雨的夏季，运用合理的技术措施和设施设备，也可取得成功。夏芫荽又叫伏芫荽。长江流域夏季正值高温强日多暴雨之时，露地芫荽无法生长。直到遮阳防雨棚技术普及后，夏芫荽才有栽培，近年在上海、广州、武汉等地夏芫荽的上市价格每千克都在

20～30元，甚至更高，效益极其可观。大棚夏芫荽遮阳防雨栽培技术要点如下。

1. 地块选择 尽可能选择土壤肥沃、疏松透气、有机质高、保水保肥、排灌方便且通风阴凉的地块，以利降温，创造适宜芫荽生长的小环境。

2. 整地施肥 种植地要精细耕作，至少两梨两耙。结合整地，施足有机肥作基肥，每亩施入3 000千克左右优质腐熟有机肥，或用腐熟的沼液沼渣2 000千克作基肥，将肥料与土壤混匀，并整碎整平做深沟高畦，畦宽连沟1.2～1.5米，长度不限，畦高15～20厘米。

3. 精细播种 大棚夏芫荽为直播栽培。芫荽果实内含2粒种子，播种前必须碾碎果皮，搓开种子，使种子分离，以利于出苗均匀。搓开种子后可干直播，也可催芽后播，催芽播种可提早5～10天出苗。但催芽技术要求较高，所以在操作时应特别注意。具体方法：将搓开的种子用清水浸泡12～24小时，浸后捞出，控净水，果皮半干不湿时装入纱布袋，放在20～25℃处催芽。每天翻动1～2次，每3～4天投洗1次，8～10天便可出齐芽。种子发芽后香味消失，故可以此判断发芽进程。

播种方法有条播或撒播，每亩播种量为2～2.5千克。播种之前，细致耧平畦面，充分灌水，待水渗透后，畦面撒一层薄土，然后再播种覆土，覆土厚1厘米左右。也可将锯末均匀地撒在畦面上，覆盖厚度为0.5～0.8厘米。覆盖后轻淋水，将锯末完全淋湿淋透，切勿将畦面上的锯末冲乱，覆盖锯末可保湿防土壤板结，利于出芽。

大棚夏芫荽遮阳网栽培一般6月上旬至8月下旬分期播种，7～9月份分批供应。

4. 播种后的管理

（1）遮阳网的选用和管理 栽培夏芫荽应选用黑色网，降温效果好。由于芫荽属耐弱光的品种，可采用全生长期覆盖的方法栽培。据试验，采用遮阳网全生长期覆盖的方法栽培，每亩产量500～600千克，而前期覆盖后期揭网的，揭网后植株易早衰死亡，产量不到200千克，没有盖网的则根本就不能出苗。

（2）**其他田间管理**　芫荽种子出土缓慢，幼苗初期生长也缓慢，播后要保持土壤湿润，不板结，出苗才会整齐。7～8天幼苗可出土。芫荽因生长期短，追肥要及时，苗高2厘米左右时便可开始追肥，但这时因苗小、娇嫩，如施人粪尿容易烧心，可随水施速效性氮素化肥或撒施土粪或饼肥后再浇水。苗高3～4厘米时及时中耕除草及疏苗，保持株行距5～8厘米，幼苗期浇水不宜过多，当苗高约10厘米时，进入生长旺期后宜勤浇水，保持土壤表层湿润，并结合浇水追施速效性氮肥1～2次，雨后还要注意及时排水。

（3）**喷施植物生长调节剂**　收获前7～10天用20毫克/千克的赤霉素喷施，可使叶片伸长，分枝增多，产量提高。

5. 采收　出苗后30～40天，苗高20厘米左右时，即可间拔采收，每采收1次可追肥1次。

6. 气调保鲜　选棵大、壮、颜色鲜绿无病虫害的香菜植株，收获时应留根15～20毫米，收获后除去带有病、伤、黄叶的香菜，捆成0.5千克左右的小把，上架预冷，在库温0℃条件下预冷12～24小时，当香菜温度达到0℃时可袋装。将加工预冷后的香菜装入长100厘米、宽85厘米、厚0.08毫米的聚乙烯塑料袋，每袋装8千克。为便于调节袋内气体成分，可采用松扎袋口的办法，扎袋时将直径2厘米的木棒插入袋口，扎紧后再抽出木棒，将袋口边缘卷起。贮藏期间不用开袋通风，袋内二氧化碳平均值为7.8%左右，氧气为10.3%左右，商品率和保鲜指数均在90%以上，损耗在7%～8%。松扎袋口贮藏香菜的库温最好恒定在−1.5～1.0℃，不能过低。采用这种贮藏方式，可将香菜贮藏至翌年5月份，效果很好。

五、病虫害防治

香菜因其本身具有特殊气味，病虫害相对较少。主要虫害有蚜虫、白粉虱、美洲斑潜蝇、地老虎等，病害有立枯病、叶枯病、斑枯病、菌核病、根腐病、白粉病、病毒病等。大棚芫荽栽培中，宜优先采用农业、物理及生物措施防治，适时进行药剂防治。

发病地应实行轮作，设施栽培在整个生长期要加强通风，降低湿度以减轻病害发生；尽量避免在低洼地上种植，湿度不能长期过大；使用充分腐熟的有机肥；发现病株及时挖除，集中深埋或烧毁；采收后及时清除病残体，减少越冬菌源；配制糖醋诱杀剂诱杀地老虎成虫，还可利用黑光灯诱杀或人工捕捉幼虫；采用银灰色遮阳网覆盖栽培避蚜等。

（一）病害防治

1. 株腐病

（1）**症状** 又称死苗或死秧，常见于苗期和采种株。苗期染病，主要危害幼苗嫩茎或根茎部，刚出土幼苗即见发病，初茎部或茎基部呈浅褐色水渍状，后发生株腐或猝倒，严重的一片片枯死。采种株染病引致全株枯死，在枯死病株一侧可见粉红色霉层。

（2）**防治方法** 种子用40%甲醛200倍液浸30分钟，然后冲净晾干播种。也可用种子重量0.3%的50%福美双粉剂＋0.2%的50%多菌灵可湿性粉剂拌种。发病初期，可选用20%噻菌铜悬浮剂500～600倍液，或36%甲基硫菌灵悬浮剂400倍液，或10%混合氨基酸铜水剂250倍液，或4%嘧啶核苷类抗菌素水剂150～300倍液灌根，每株灌根500毫升，也可用10%治萎灵水剂300～400倍液，每株灌200毫升，10天左右1次，连灌 2～3 次。

2. 叶 枯 病

（1）**症状** 又称早疫病、斑枯病，主要危害叶片，叶片染病后变黄褐色，湿度大时病部腐烂，严重的沿叶脉向下侵染嫩茎到心叶，造成严重减产。保护地栽培发病较重。

（2）**防治方法** 应以种子消毒为主，用 50% 多菌灵可湿性粉剂 500 倍液浸种 10～15 分钟，冲洗干净后播种。发病初期，可选用 50% 多菌灵可湿性粉剂 600～800 倍液，或 70% 代森锰锌可湿性粉剂 600 倍液，或 70% 甲基硫菌灵可湿性粉剂 800～1000 倍液，或 75% 百菌清可湿性粉剂 500 倍液等喷雾防治，两种以上药液混合使用效果更佳。

3. 根 腐 病

（1）**症状** 多发生于低洼、潮湿的地块。根系发病后，主根呈黄褐色或棕褐色、软腐，没有或几乎没有须根，植株根系极易断裂，地上部表现植株矮小、叶片枯黄，失去商品价值。

（2）**防治方法** 药剂防治以土壤处理为主，可用 50% 多菌灵可湿性粉剂 1 千克拌土 50 千克，播前撒在播种沟内。在易发病地块可结合浇水灌入重茬剂 300 倍液。发病初期可选用 72.2% 霜霉威水剂 500 倍液，或 50% 多菌灵可湿性粉剂 600 倍液等灌根。

4. 白 粉 病

（1）**症状** 植株地上部均可染病，但主要危害叶片、茎和花轴。先在近地面处叶片上发病，初现白色霉点，后在霉点上扩展为白色粉斑，生于叶片两面。茎染病多发生在节部，条件适宜时白粉状物迅速布满花器和果实，多由植株下部向上扩展，后期菌丝由白色转为淡褐色，病部产生许多黑色小粒点。

（2）**防治方法** 发病初期可选用 30% 氟菌唑可湿性粉剂 1500～2000 倍液，或 50% 硫黄悬浮剂 200～300 倍液，或 2% 嘧啶核苷类抗菌素水剂 150 倍液，或 15% 三唑酮可湿性粉剂 1500 倍液，或25%丙环唑乳油3000倍液，或10%苯醚甲环唑水分散粒剂3000倍液，或40%氟硅唑乳油9000倍液等喷雾防治，每7～21天防治1次，连防2～3次。

5. 病毒病

（1）**症状**　植株生长期间现黄色花叶或花叶，一般心叶发生多，多表现为轻型花叶，有时心叶现皱缩花叶，向后翻卷，严重的植株矮化。

（2）**防治方法**　及时防治蚜虫。发病初期，可选用5%菌毒清可湿性粉剂500倍液，或0.5%菇类蛋白多糖水剂300倍液，或20%吗胍·乙酸铜可湿性粉剂500倍液等喷雾防治，每10天左右1次，连续防治2～3次。

6. 细菌性疫病

（1）**症状**　初期在叶片上出现很少斑点，发展严重时，细菌侵入叶脉后扩展到叶柄。

（2）**防治方法**　发病初期，可选用30%氧氯化铜悬浮剂800倍液，或90%新植霉素可溶性粉剂4000～5000倍液，或72%硫酸链霉素可溶性粉剂4000倍液，或77%氢氧化铜可湿性微粒剂500倍液，或1∶1∶200波尔多液等喷雾防治，每7～10天防治1次，连续防治2～3次。

7. 灰霉病

（1）**症状**　主要是保护地发生，一般局部发病，开始多从植株有结露的心叶或下部有伤口的叶片、叶柄或枯黄衰弱外叶先发病，初为水渍状，后病部软化、腐烂或萎蔫，病部长出灰色霉层，长期高湿易导致整株腐烂。

（2）**防治方法**　发病初期，可选用50%腐霉利可湿性粉剂1000～1500倍液，或54.5%噻菌灵悬浮剂3000～4000倍液，或50%异菌脲可湿性粉剂1500倍液，或60%多菌灵盐酸盐超微粉剂600倍液，或2%武夷菌素水剂150倍液等喷雾防治，每7～10天防治1次，连续3～4次。

8. 菌 核 病

（1）**症状**　侵染茎基部或茎分枝处，病斑扩展环绕一圈后向上向下发展。潮湿时病部表面长有白色菌丝，随后皮层腐烂，内现黑色菌核。

（2）**防治方法**　发病初期，可选用 65% 甲霉灵可湿性粉剂 600 倍液，或 50% 多霉灵可湿性粉剂 700 倍液，或 40% 菌核净可湿性粉剂 1 200 倍液，或 40% 嘧霉胺悬浮剂 800～1 000 倍液，或 45% 噻菌灵悬浮剂 1 200 倍液等喷雾防治，每 7～10 天防治 1 次，连续防治 2～3 次。

（二）虫害防治

主要害虫为蚜虫，可选用 10% 吡虫啉可湿性粉剂 1 500 倍液，或 50% 抗蚜威可湿性粉剂 2 000～3 000 倍液，或 2.5% 溴氰菊酯乳油 2 000～3 000 倍液等喷雾防治，每 6～7 天喷 1 次，连续防治 2～3 次。

第九章
茼 蒿

茼蒿又叫蓬蒿、菊花菜、蒿菜、蒿子秆等，为菊科菊属1～2年生草本植物。欧洲将茼蒿用作花坛花卉。

茼蒿生长期较短，适应性广，耐寒性强，田间管理简单，一般播种后40～50天即可收获，温度低时生长期延长至60～70天。在温度适合的条件下，周年均可播种，一年四季均可栽培。

一、品种类型

茼蒿依其叶片大小、缺刻深浅不同，可分为大叶种和小叶种两大类型。

（一）大叶茼蒿

又称板叶茼蒿或圆叶茼蒿。叶片大而肥厚，缺刻少而浅，呈匙形，绿色，有蜡粉；茎短，节密而粗，淡绿色，质地柔嫩，纤维少，品质好；较耐热，但耐寒性差，生长慢，成熟略晚；适宜夏季栽培，如杭州木耳茼蒿、上海圆叶茼蒿等。主要栽培品种如下。

1. 大叶茼蒿 从日本和我国台湾引进，又称宽叶茼蒿或板叶茼蒿。株高21厘米左右，叶簇半直立。叶缺刻少而浅，叶肉厚，香味浓，品质好，产量高，抗寒力差，比较耐热，成熟期略迟，主要用于春、夏栽培。每亩产量1 000～1 500千克。

2. 香菊三号　由日本引进，中叶品种。叶片略大，叶色深绿有光泽，茎秆空心少、柔软。植株直立，节间短，分枝力强，产量高，耐霜霉病。

3. 金赏御多福　由日本引进，为大叶品种。根浅生、须根多。株高20～30厘米。叶色深绿，叶宽大而肥厚、呈板叶形，叶缘有浅缺刻。纤维少，香味浓，生长速度快，抽薹晚，可周年生产。

4. 上海圆叶茼蒿　上海地方品种，大叶品种。叶缘缺刻浅，以食叶为主，分枝力强，产量高，耐寒性不如小叶品种。

（二）小叶茼蒿

又称花叶茼蒿、细叶茼蒿。其叶狭小，缺刻多而深，呈羽状，绿色，叶肉较薄，香味浓；茎枝较细，生长快；抗寒性较强，但不太耐热，成熟较早；适宜大棚栽培，如上海鸡脚茼蒿、北京蒿子秆等。

1. 花叶茼蒿　又称光秆茼蒿、细叶茼蒿或小叶茼蒿。叶片狭长，为羽状深裂、叶色淡绿、叶肉较薄、分枝较多，香味浓、品质好，嫩茎及叶片均可食用，抗寒性强、生长期短。成熟早，生长期30～50天，产量较高，适于大棚种植。

2. 小叶茼蒿　又称花叶茼蒿或细叶茼蒿。株高18厘米左右，叶片长椭圆形、叶小、缺刻深，分枝多、叶色深，叶肉薄，产量低，成熟早，较耐寒，适于冬季栽培。每亩产量在1 000千克左右。

3. 蒿子秆　北京农家品种。茎秆较细，主茎发达、直立。叶片狭长，倒卵圆形至长椭圆形，叶缘为羽状深裂，叶面有不明显的细茸毛。耐寒力较强，产量较高。

4. 台湾裂叶茼蒿　叶片浓绿，叶缘缺刻深，早生耐热性强。

二、对环境条件的要求

茼蒿属于半耐寒性蔬菜，喜温和冷凉的气候，既不耐高温，也不耐低温，生长适温为17～22℃，12℃以下时生长缓慢，6℃以下枯萎，30℃以上则生长不良，易出现生理病害。种子10℃时即能发芽，发芽适温为15～20℃。

茼蒿对光照要求不严，一般以较弱光照为好。在长日照及高温条件下，容易产生叶面灼伤，植株生长得不到充分发展，很快转入生殖生长，易开花结籽。

对土壤条件要求不严格，但以湿润的沙壤土、pH值5.5～6.8最为适宜。茼蒿不可重茬种植3次以上，重茬过多容易造成产量减少及加剧根腐病发生。肥水条件要求不严，但以不积水为佳。

三、栽培季节

长江流域露地茼蒿主要在春、秋两季栽培，春季一般在3月下旬至4月中旬、日平均气温高于10℃时开始播种，4月中旬至5月下旬采收。秋季种植，于7月中旬至9月下旬播种，8月下旬至12月上旬采收。

近年利用大棚种植茼蒿，可基本实现周年生产和供应。在冷凉温和、土壤相对含水量70%～80%的环境下，有利于其生长。在温度适合的条件下，周年均可播种。大棚栽培可设计成7～10天1个播期，周年生产和供应。10月份至翌年3月份要注意防寒保温，7～9月份要采取措施遮阴防雨。高温长日照可引起抽薹开花，因此春茼蒿栽培应加强肥水管理，及时浇水、追肥，以促进茎叶迅速生长。夏季的高温、雨水是导致茼蒿越夏种植失败的主要原因，因此防高温、雨水是茼蒿越夏栽培成功的关键技术措施。遮阳防雨棚是解决高温、雨水的简便设施，同时还有防冰雹的作用。

四、栽培技术

（一）品种选用

冬、春季栽培应选择高产优质、粗细均匀、纤维少、香味浓、生长快、耐寒、成熟早的优良品种，长江流域以小叶茼蒿、花叶茼蒿为主。夏季栽培则宜选择叶肉厚、香味浓、品质好、产量高、耐热、成熟期略迟的大叶茼蒿品种。

（二）整地施肥

茼蒿对土质要求不严，但土壤肥沃有利于获得高产优质的茼蒿，应选择土层深厚、土质疏松、富含有机质、排水良好的地块。前茬收获后，田块翻耕 12～15 厘米深，整平、耙细。结合翻耕每亩施三元复合肥 50 千克，或 52% 专用配方肥（$N:P_2O_5:K_2O = 25:9:18$）20～25 千克作基肥，然后做成宽 1.2～1.5 米（连沟）的深沟高畦。

（三）播　种

播种前 3～5 天，将种子进行晾晒和精选，可提高种子发芽率和发芽势。播种时可干籽直播，也可催芽后播种。催芽播种有利于早出苗、出齐苗。

大棚冬、春季生产为了出苗整齐和早出苗，宜在播前进行浸种催芽。在播种前 3～4 天，将种子用 50～55℃热水浸种 15 分钟后，用常温水浸泡 12～24 小时，捞出用清水冲洗后稍晾，待种皮稍干后拌入相当于种子重量 0.1% 的 75% 百菌清可湿性粉剂，放在 15～20℃条件下催芽 3～5 天，每天用清水淘洗 1 遍，大多数种子露白时播种。若是新种子，则要提前置于 0～5℃的低温处理，7 天左右打破休眠。

播种时须用细沙拌种，使种子撒得开、播得匀。浇足底水，将种子均匀撒播于畦面，用 1 厘米左右厚的细干土盖籽。每天浇水，保持土壤湿润。夏秋气温高，播种后应用遮阳网等覆盖物覆盖，保持土壤湿润。冬、春季选晴天播种，播种后畦面覆盖薄膜以保温、保湿，促齐苗，出苗后及时去除畦面上的薄膜。一般播种后 6～7 天可出齐苗。

用种量可根据品种和气候而定，小叶品种宜密植，用种量大，一般每亩用种量为 1.8～2 千克；大叶品种侧枝多，开展度大，用种量小，一般每亩用种量 0.8～1 千克。播量过少，不但生长缓慢，而且下部叶片多，难以达到理想的高度和产量。播量过大，幼茎细弱，下部叶片易发黄或烂秧。

（四）苗期管理

播种至发芽出苗，一般需 5～7 天。在发芽期间要注意保湿，防止土壤干燥。当苗高 2～3 厘米、1～2 片真叶时进行间苗和田间拔苗，使株距保持 1～2 厘米。待幼苗在 3～4 片真叶期时定苗或定植，定植的外界或棚内温度要稳定通过 10℃。育苗苗龄以 20～30 天为宜，3～4 片真叶为定植适期。定苗或定植株距要在（4～6）厘米×（4～6）厘米。

（五）田间管理

1. 温度管理 茼蒿生长的最佳温度为 15～22℃，最高温度为 30℃、最低温度为 5℃。采用保护地种植时，棚内超过 25℃要打开通风口通风。出苗前一般应密闭大棚，不需通风或少通风，以增温、保湿为主，白天最高温度控制在 25～30℃，齐苗后白天要及时通风，前期将温度控制在 20～25℃，超过 30℃时就要揭开大棚膜通风降温。苗高 10 厘米、当夜间最低气温低于 10℃时，夜间要及时关闭棚膜,以防茼蒿受到冷害。长江中下游地区冬季寒流侵袭频繁,茼蒿极易发生冻害,如何防止冻害也就成了冬季茼蒿栽培的关键。一般5℃以下的低温就会产生冷害,常见症状为心叶和上部嫩叶叶缘呈水渍状,2～3天后转变为黄色枯死斑,茎秆受冻表皮易剥离,内部渐变红褐色,冻害严重的茼蒿会成片死亡。

预防措施:日常管理中要让苗多通风、多照阳光,促苗健壮,增强抗性,遇有霜冻天气,要盖严棚膜保温防寒。冬季如遇连续阴雨天气,大棚膜可不揭,以蓄热保温防冻。最低温度控制在12℃以上,低于此温度要注意防寒,增加防寒设施,采用多层覆盖,以免受冻害。夏季则应注意防高温,温度超过28℃通风,温度超过30℃对生长不利,光合作用降低或停止,生长受到影响,叶片瘦小、纤维增多,品质不好,大棚要加盖遮阳网降温。

2. 间苗、定苗 当幼苗长出1～2片真叶时,应及时间苗,5片真叶定苗。撒播的定苗留苗距离为4厘米×4厘米,条播的株距保持3～4厘米。结合间苗除掉杂草。育苗移栽时,当苗龄达30天左右即可定植,密度以16厘米×10厘米为宜。

3. 移栽 移栽苗比直播苗长得快,植株大,大概在1个月左右就能采收。移栽株行距为(4～6)厘米×(4～6)厘米,然后浇1次透水。移栽后15～20天施1次氮肥。

4. 肥水管理 出苗后根据季节、温度,每天喷水1～2次,保持土壤湿润。视植株长势适当追肥1～3次,每次每亩施尿素2.5～5千克、水溶肥20-20-20-TE 3千克。

(六)采 收

一般播后30～40天、茼蒿苗高20～25厘米时采收为宜。采收过早,苗虽嫩,但生长量不足,产量偏低;采收过迟,苗高超过30厘米后,下部茎易老化空心,底部叶黄化,品质降低,商品性状变差。为保持产品鲜嫩,收获宜在早晨进行。采收不及时,气温高,会导致茎叶老化,品质低劣,或节间伸长,抽薹开花。春茬茼蒿若收获过晚，则茎叶硬化、品质下降。

采收前 2 天不宜浇水，早春棚内湿度大，最好上午边揭棚边放小风，在下午无露珠时收割。茼蒿采收分为一次性采收和分期采收。一次性采收是在播后 40～50 天，当植株长到 15～20 厘米左右，距地面 2～3 厘米时割收，捆成小把上市。分期采收有 2 种方法：一是疏苗采收，当苗高 15 厘米左右时，选大株分期分批采收，先摘大苗、密生苗间收，待小苗长大后再次采收；二是苗高约 25 厘米时，在茎基部保留 1～2 个侧芽割收。收后侧芽萌发，长成 2 个嫩枝，嫩枝长大后若田间植株不太郁闭，可将其从基部留 1～2 叶摘收，使再生侧枝继续生长。也可将植株全部采收。每次采收后，及时浇水追肥，以促进侧芽的萌发和生长，20～30 天后，可再收割 1 次，每次每亩的采收产量为 1 000～1 500 千克。采前 7～10 天用 20～50 毫克/千克赤霉素液喷洒，可显著促进生长，增产可达 10%～30%。

（七）贮藏保鲜

茼蒿最适贮藏温度为 0℃，可贮存 10～14 天，常温下贮藏 1 天，叶片即见萎蔫。相对湿度最好为 98%～100%，但不能有凝结水聚于叶上，否则易腐烂，采收后立即预冷很重要。

（八）采 种

茼蒿的采种多在春播田中选留具该品种特性的健壮种株，苗长大后剔除杂苗、病苗、弱苗。株行距 30 厘米×30 厘米，4～5 月份开花，6 月上旬果实成熟。采收分 2～3 次，先收主茎再收侧枝。收后晒干，压碎果球，簸净。一般每亩可收种子 80～100 千克。

五、病虫害防治

茼蒿整个植株具有特殊的清香气味，对病虫有独特的驱避作用。茼蒿生长期短，病虫害少，一般不用防治。

在栽培管理中，要防治茼蒿病虫害应做到合理施肥浇水，避免忽干、忽湿；温度管理不要忽高、忽低。与瓜类、茄果类、十字花科类、豆类蔬菜实行 2 年以上轮作（可有效降低叶斑病的发生）；选择排水良好的地块条播种植，保证植株合理密度，以利通风；重施基肥，以有机肥为主，提倡施用充分腐熟的有机肥，增施磷钾肥，增强植株抗病性和生长势；晴天在膜下浇水，防止大水漫灌，有条件的可采用滴灌，浇灌后要及时通风排湿，降低湿度，可控制病害的发生；加强温室通风透光，降低温室湿度，雾霾阴雨天气及时短时间通风降湿；晴天封闭温室，提高室温；收获后和种植前，彻底清除田间病残落叶，平时管理中发现病叶及时摘除，并带出温室外销毁处理。

防治茼蒿病虫害主要从农业防治入手，上述农业防治对病虫害防治均有效，下面主要介绍病虫害的药剂防治。

（一）病害防治

1. 立枯病

（1）**症状** 多发生在育苗的中后期。主要危害幼苗茎基部或地下根部，初为椭圆形或不规则暗褐色病斑，病苗早期白天萎蔫，夜间恢复，病部逐渐凹陷、缢缩，有的渐变为黑褐色，当病斑扩大绕茎一周时，最后干枯死亡，但不倒伏。轻病株仅见褐色凹陷病斑而不枯死。苗床湿度大时，病部可见不很明显的淡褐色蛛丝状霉。

（2）**防治方法** 发病初期可喷洒 38% 噁霜·嘧菌酯水剂 800 倍液，或 41% 聚砹·嘧霉胺水乳剂 600 倍液，或 20% 甲基立枯磷乳油 1200 倍液，或 72.2% 霜霉威水剂 800 倍液，每 7～10 天喷 1 次。

2. 叶斑病

（1）**症状** 该病为真菌性病害，主要危害叶片。被害叶片病斑呈圆形至椭圆形或不规则形，深褐色，微具轮纹，边缘紫褐色，外围具变色而未死的寄主组织，后期在病斑上产生黑色小粒点，即病原菌分生孢子器。

（2）**发病规律** 主要以菌丝体和分生孢子器随病残体遗落土中越冬。翌年以分生孢子进行初侵染和再侵染，靠雨水传播蔓延。温暖多湿天气有利于其发生与蔓延。大棚内昼夜温差大、结露时间长、反复重茬栽培、通风透光不良，易发病。种植过密、浇水过多、偏施氮肥，发病重。

（3）**防治方法** 发病初期，每亩喷施 6.5% 甲霉灵粉尘剂 1千克，每 7 天喷 1 次，连喷 2～3 次，对叶斑病的防治效果好。也可在发病初期，用 75% 百菌清可湿性粉剂 1 000 倍液，或 50%异菌脲可湿性粉剂 1 500 倍液，或 64% 噁霜·锰锌可湿性粉剂500 倍液，或 70% 丙森锌可湿性粉剂 1 000 倍液，或 50% 苯菌灵可湿性粉剂 1 000 倍液，或 40% 硫黄·多菌灵悬浮液 600 倍液喷雾防治，每 5～7 天防治 1 次，防治 1～2 次。以上药剂应交替使用，每种药剂只能使用 1 次。采收前 14 天停止用药。

3. 霜 霉 病

（1）**症状** 该病为真菌性病害，主要危害茼蒿叶片。病害发生初期，先在植株下部老叶上产生淡黄色近圆形或多角形病斑，逐渐向中上部蔓延，后期病斑变为黄褐色，病重时多数病斑连成一片，叶片发黄枯死。空气湿度大时，病斑背面产生白色霜状霉层，即病原菌的孢子梗及孢子囊。

（2）**发病规律** 病菌以菌丝体在种子内，或秋播越冬菊科蔬菜及菊科杂草上潜伏越冬，或以卵孢子随病残体在土壤中越冬。翌春，病菌产生孢子囊，借风、雨、昆虫等侵染叶片。该病发生与温湿度关系密切，温度在 15℃ 左右、湿度在 85% 以上，发病重；温差大，结露时间长或雾霾阴雨天气长，易发病；种植密度大、氮肥施用过量、植株生长过旺、通风透光不良、田间湿度大，发病重。

（3）**防治方法** 发病初期，每亩可选用 5% 百菌清粉尘剂 1 千克或 45% 百菌清烟剂 0.5 千克熏烟防治，对霜霉病的防治效果好。也可在发病初期用 72.2% 霜霉威水剂 600～800 倍液，或 72% 霜脲·锰锌可湿性粉剂 800 倍液，或 69% 烯酰·锰锌可湿性粉剂 1000 倍液，或 66.8% 丙森·缬霉威可湿性粉剂 1000 倍液，或 64% 噁霜·锰锌可湿性粉剂 500 倍液，或 75% 百菌清可湿性粉剂 500 倍液喷雾防治，每 5～7 天防治 1 次，连续防治 1～2 次。以上药剂交替使用，每种药剂只能使用 1 次。采收前 14 天停止用药。

4. 炭疽病

（1）**症状** 炭疽病主要危害茼蒿叶片和茎。发病初期，叶片上出现黄白色或黄褐色小斑点，后扩展为不定形或近圆形褐色病斑，边缘稍隆起，直径为 2～5 毫米；茎发病时，出现纵裂、稍凹陷，呈椭圆形或长条形的褐色病斑，湿度大时，病部溢出红褐色物质。

（2）**发病规律** 病原菌在病残体上越冬，以分生孢子进行初侵染和再侵染。病菌借雨水、灌溉水、棚室内的滴水及昆虫活动传播蔓延。室内温度在 20℃左右、空气相对湿度 85% 以上，发病重；空气相对湿度低于 80%，发病轻。温室温差大，叶片上露水多或遇雾霾阴雨天气、重茬、种植密度大、偏施氮肥、磷钾肥施用不足，易发病；温室通风不良，发病重。

（3）**防治方法** 发病初期，每亩可用 5% 百菌清粉尘剂 1 千克或 6.5% 硫菌霉威粉尘剂 1 千克喷粉防治；也可用 50% 甲嘧醇可湿性粉剂 600 倍液，或 50% 利得可湿性粉剂 600 倍液，或 36% 甲基硫菌灵悬浮剂 500 倍液喷雾防治，每 7～10 天喷 1 次，连喷 2～3 次。以上药剂交替使用，采收前 14 天停止用药。

5. 褐斑病

（1）**症状** 褐斑病主要危害茼蒿叶片，病斑圆形或椭圆形，病斑中央灰白色，边缘黄褐色或褐色，有的病斑颜色由外向内深浅交替，略显宽轮纹状。湿度大时，病斑产生灰褐色霉状物，后期病斑相互连接成片，叶片枯死。发病重时，在较短时期内病株枯死。

（2）**发病规律** 病原菌随病残体越冬，条件适宜产生分生孢子，通过气流或田间作业传播，可进行多次侵染发病。棚室湿度大、植株生长茂密，容易发病；雾霾阴雨天气、棚室温差大、结露重，发病较重。

（3）**防治方法** 发病初期，选用粉尘剂或烟剂防治，每亩可用5%百菌清粉尘剂1千克，或6.5%甲霜灵粉尘剂1千克喷粉防治。也可选用50%乙烯菌核利可湿性粉剂1000倍液，或80%代森锰锌可湿性粉剂800倍液，或78%波尔·锰锌可湿性粉剂500倍液喷雾。一般每7～10天喷1次，连喷2～3次。

6. 灰霉病

（1）**症状** 该病会在苗期发病，引起茼蒿死苗、烂棵，在病苗上产生许多灰霉。成株期多从下部老叶开始发病，形成水渍状不规则腐烂，病情发展迅速，短期内即可使成片植株发病坏死，病斑表面产生灰色霉状物。

（2）**发病规律** 病原菌随病残体在土壤中越冬，条件适宜时产生分生孢子，通过气流传播，进行初侵染和再侵染。温室温度低、昼夜温差大、湿度高，发病普遍且迅速；管理粗放、植株密度大、浇水过多、偏施氮肥、枝叶过密、通风透光不良，植株生长弱，发病重。

（3）**防治方法** 发病初期，傍晚每亩用10%腐霉利烟剂0.25千克，点燃后密闭，翌日早晨通风，对灰霉病的防治效果较好，或每亩用2.5%灭可粉尘剂或6.5%甲霉灵粉尘剂1千克喷粉防治。也可用65%甲霉灵可湿性粉剂600倍液，或40%嘧霉胺悬浮剂800倍液，或50%腐霉利可湿性粉剂1000倍液喷雾防治，每7～10天喷1次，连喷2～3次。

7. 菌核病

（1）**症状**　主要危害茎蔓、叶片和果实。茎基部染病，初生水渍状斑，后扩展成淡褐色，造成茎基软腐或纵裂，病部表面生出白色棉絮状菌丝体。叶片染病，叶面上出现灰色至灰褐色湿腐状大斑，病斑边缘与健部分界不明显，湿度大时斑面上出现絮状白霉，最终导致叶片腐烂。果实染病，初现水渍状斑，扩大后呈湿腐状，其表现密生白色棉絮状菌丝体，发病后期病部表面现数量不等的黑色鼠粪状菌核。

（2）**防治方法**　发病中前期，病害防治用20%硅唑咪鲜胺水乳剂30毫升+38%噁霜·嘧菌酯水剂25毫升，加水15升，每5～7天用药1次，连用2～3次。

（二）虫害防治

1. 蚜虫　其危害特点与发病规律参考芹菜相关内容。防治方法如下。

（1）**物理防治**　用黄板诱杀有翅蚜，黄板规格为25～40厘米，每亩悬挂30～40块，悬挂高度为植株上部30～40厘米。

（2）**药剂防治**　用10%吡虫啉可湿性粉剂2 000倍液，或5%顺式氰戊菊酯乳油3 000～4 000倍液喷雾防治，每5～7天防治1次，连续防治1～2次。以上药剂交替使用，每种药剂只能使用1次。采收前20天停止用药。

2. 潜叶蝇

（1）**危害特点**　以幼虫潜入寄主叶片表皮下，曲折穿行，取食绿色组织，造成不规则灰白色线状隧道。危害严重时，叶片组织几乎全部受害，叶片上布满蛀道，尤以植株基部叶片受害最重，甚至枯萎死亡。成虫还可吸食植物汁液，使被吸处形成小白点。

（2）**发病规律**　1年发生3～4代，以蛹在土壤中越冬。翌年春天羽化为成虫，在寄主叶片背面产卵，幼虫孵化后立即潜入叶肉，老熟后一部分在叶内化蛹，一部分从叶中脱出入土化蛹，越冬代则全部入土化蛹。以春季第一代发生量最大。

3. 防治方法　用 2.5% 溴氰菊酯乳油 2 000 倍液，或 5% 天然除虫菊素乳油 1 500 倍液喷雾防治，每 5～7 天 1 次，连续防治 1～2 次。以上药剂交替使用，每种药剂只能使用 1 次。采收前 20 天停止用药。

物理防治参考本章蚜虫。

第十章
苦苣

苦苣又叫栽培菊苣、花苣、苦菜、明目菜、苦细叶生菜、花叶生菜，是菊科菊苣属 1～2 年生草本植物，以嫩叶供食，营养丰富，叶有苦味，适于生食、煮食或做汤。

苦苣味略苦，颜色碧绿，是清热去火和解暑的美食佳品。苦苣的营养价值很高，市场需求量也越来越大，已成为目前人们喜食和大棚栽培的主要快生菜之一。

一、品种类型

苦苣可分为花叶类型和板叶类型两类。

（一）花叶类型

叶簇半直立，叶片长椭圆形或长倒卵形，深裂，叶绿锯齿状，叶面多皱褶，呈鸡冠状。叶片长约 50 厘米、宽约 10 厘米，叶数多。株高 35 厘米左右，开展度约 30 厘米，呈盘状。单株重 0.5～0.8 千克。该类型略有苦味，较耐热，品质较好。生育期 70～80 天。目前国内栽培品种多属此类。

1. 花叶苦苣 叶簇半直立，株高约 25 厘米，开展度 30 厘米左右。叶片呈碎细叶，叶缘刻深，外叶绿色，心叶浅绿，渐直，黄白色中肋浅绿，基部白色，单株重 500 克左右，品质好，略有苦味，适应性强，耐热，病虫害少，生长期 70～80 天。可熟食，也可凉拌。

2. 碎叶苦苣 叶片细长、深裂，叶缘锯齿状。外叶绿色，心叶浅绿色。口感略带苦味，品质较好，适宜生食、涮食。生长适温 15～20℃，耐热及耐寒性均较强。

3. 香脆苦苣 叶片长椭圆形、浅裂，叶基部宽，叶缘锯齿状、多皱褶。开展度较小，外叶绿色，心叶浅绿色，可叠抱成球状，品质佳。口感略带苦味，适宜生食、涮食。生长适温 15～20℃，耐热及耐寒性均较强，病虫害少，生长期 70～80 天。

4. 金花苦苣 叶簇半直立，株高约 25 厘米，叶片长形，叶缘缺刻深，并上下曲折呈鸡冠状，外缘绿色，心叶黄白色，渐直，单株重 500 克左右。品质较好，略有苦味，生长期 70～80 天。

5. 丽娜苦苣 该品种叶簇半直立，株高约 26 厘米，开展度约 30 厘米，叶片长羽状，叶缘深锯齿状，叶片鲜绿色，心叶蛋黄色。单株重约 500 克，品质好，有苦味，适应性强，病虫害少。喜冷凉、湿润，耐寒，耐热，生长适温 18～30℃。气温达 5℃时能缓慢生长，冬季遇到 -10℃的短期低温，苗株仍能保持青绿。

6. 鸟巢细叶苦苣 植株生长势中等，开展度 20～22 厘米，株高 25 厘米左右，叶片羽状深裂叶，呈细碎状，叶簇半直立似鸟巢形，外叶绿色，心叶浅绿，渐变为黄白色。株型美观，单株重一般 400～500 克，品质好，有苦味，性喜温暖和凉爽的气候环境，具有适应性强、病虫害少、易栽培的特点。一般每亩产量 2 000～2 500 千克，生长期 80 天左右。

（二）板叶类型

叶簇半直立，叶片长卵圆形，全缘稍具刺，叶肋黄绿色，基部黄白色，叶面平，外叶绿色，心叶黄绿色，叶柄淡绿，个别品种基部内侧为淡紫红色。叶片长 30 厘米左右、宽 9 厘米左右，株高约 20 厘米，开展度约 36 厘米，呈盘状。稍具苦味，生育期

60～80 天，单株重 0.5～1 千克。

二、栽培特性

（一）生长发育过程

1. 发芽期 浸种后，温度 25℃左右迅速发芽，至子叶平展需 5～7 天。

2. 幼苗期 自第一片真叶显现至第六片真叶开展，一般需 25～35 天。温度较高时生长迅速。

3. 叶簇生长期 自第六片真叶开展至初生薹抽出，一般需 35～50 天。这个时期叶片迅速分化和生长，形成出叶高峰。生长速度受温湿度影响较大，当温湿度适宜时，每 1～2 天长出 1 片叶。花叶类型品种，基部短缩茎上腋芽陆续生长，植株呈丛生状，根颈迅速增粗，根系发达，吸收能力相应增强。

4. 开花结实期 自花薹抽出至种子成熟，一般需 50～70 天。抽薹后，主薹粗壮、中空，每节上可生长 3～5 个一、二、三级分枝。头状花序形成于主、侧枝叶腋及顶端。抽薹需较高的温度和适度干旱。

（二）对环境条件的要求

苦苣喜冷凉湿润气候，种子在 4℃时开始缓慢发芽，发芽适温为 15～20℃，经 3～4 天出芽，30℃以上高温时发芽受抑制，红光能促进种子发芽。幼苗生长适宜温度 10～25℃，叶簇生长最适温度 15～18℃。

苦苣属长日照作物，在长日照下发育速度随温度的升高而加快，喜日照充足环境。

苦苣对土壤要求不严格，但在有机质含量丰富、土层透气性良好、保水保肥力强的黏壤土或壤土中栽培能获得优质高产。

苦苣较耐干旱，但叶部生长盛期如缺水，则叶小且苦味重。苦苣生长期较短，叶片柔嫩，含水量高，生长期间应肥水供应充足，否则影响产量和品质。

三、栽培季节

采用大棚、喷滴灌及遮阴降温等设施，一年四季根据市场需求安排种植可达到周年供应，满足居民消费。

苦苣生长期间对环境条件的要求与生菜相似，但苦苣的适应性、抗热和耐寒能力均比生菜强。在长江流域4～10月份均能进行苦苣的露地生产，在7～8月份正值高温多雨季节，应做好遮阴降温、防雨驱蚜工作。在11月份至翌年3月份可利用大棚进行保护地栽培。

四、栽培技术

（一）春季大棚提早栽培

1. 播种育苗

（1）**品种选择**　选用巴西苦苣等皱叶、花叶类或平叶类品种，每亩用种30克左右。1月中下旬在大棚中播种育苗。

（2）**育苗准备**　每亩大田需苗床8～10米^2，播种前苗床要培肥，每10米^{2}的苗床施入商品有机肥20～30千克，翻匀整平后浇足底水。

（3）**育苗**　喷水湿润苗床，种子用草木灰或细沙拌匀后撒播，播后覆盖厚约0.2厘米的细土并覆盖薄膜，以达到保温和保湿的目的，待50%出苗后及时揭膜。大棚内白天保持在20℃左右，夜间温度不低于8℃，夜温低于8℃时要加盖小棚膜。出苗后，间苗1～2次，苗间距4～5厘米，苗龄35天左右，5～6

片真叶时定植。

2. 简易喷灌管安装

（1）**基础工程** 种植前实施水源、首部枢纽、输配水管网等工程，以便安装喷灌。就近选择清洁水源；首部枢纽核心是泵房，简易一点的水泵加过滤器也可；通过输配水管网将主管、支管接到畦头。主管、支管上均安装阀门控制流量。

（2）**喷灌管安装** 畦头支管上转接管径 40 毫米的聚乙烯（PE）管，并平铺畦头，PE 管上垂直接管径 32 毫米的喷灌管（水幕带），即灌水器，其上布孔，孔径约 0.6 毫米、孔距约 20 厘米，出水向上四周分开，覆盖 3～5 米，每畦 1 管或轮流使用。

3. 定植 2 月底可将苗定植到大棚。定植地土壤冬耕晒垡，每亩施商品有机肥 1 500～2 000 千克，定植前 5 天整地，6～8 米跨度的大棚每棚做 4～6 条畦，做成连沟 1.2～1.5 米宽深沟高畦。按行距 30 厘米、株距 20 厘米挖穴栽苗，栽后浇水。

4. 定植后管理 缓苗后，结合浇水每亩追施尿素 5～7 千克；栽后 30 天，结合浇水每亩再追施尿素 10～15 千克。苦苣抗性强，一般不需要防治病虫害，也不受农药污染。

5. 采收 定植后 45 天左右，即 4 月上中旬，单株直径达 12 厘米开始采收上市，可采收至 5 月中旬。苦苣播后 90～100 天或定植后 30～40 天、叶片长 30～50 厘米、宽 8～10 厘米时即可采收，一般在叶簇旺长期适时采收。宜在早晨采收，或采后将苦苣捆扎，放入清水中假植 4～5 小时，可增加产品鲜嫩度，或用保鲜膜包装，防止叶片失水萎蔫。每亩产量 2 000～2 500 千克。

6. 包装贮藏及运输

（1）**包装** 包装物采用整洁、无毒、无害、无污染、无异味的包装物。标签标识。包装外标识标明品名、产地、生产者、规格、毛重、净重、采收日期等。

（2）**贮藏** 预冷遮光贮藏，贮藏库保证气流流通，温度均匀，温度 3～4℃，空气相对湿度 90%～95%，不得与有毒有害物质混放。

（3）**运输** 运输过程中注意防冻、防晒、防雨淋、避免伤热。

（二）春、夏季遮阴防雨栽培

1. 直播 选择抗逆性强、品质优、株型好的苦苣品种；3月下旬开始，旬平均温度高于10℃可露地直播，每亩用种量300～400克。播前浸种，28℃下催芽后播种，齐苗效果更好。直播田块要求土壤疏松肥沃，每亩施商品有机肥1 000～1 500千克和三元复合肥30～40千克，耕翻并耙平，做成连沟1.2～1.5米宽的深沟高畦，按行距25厘米开浅沟条播或满畦撒播。播种后覆盖遮阳网，浇水，出苗前如土表干燥需轻浇水1次，出苗后揭网。

2. 管理 2片真叶时进行间苗，苗距3～5厘米；4～5片真叶时定苗，苗距15～20厘米，间下的小苗扎把上市。初夏温度超过30℃，应搭拱棚覆盖遮阳网降温，或大棚顶保留顶膜再加盖遮阳网降温防雨，拱棚要根据天气情况灵活揭盖。由于植株叶片柔嫩，加上生长期短，根系浅，须根发达，因此，整个生育期须保证充足的肥水供给。定苗后及定苗后3周，结合浇水每亩追施尿素7～10千克。

3. 采收 5月底至7月上中旬采收，可间小棵采收上市，以增加早期产量。

（三）早秋大棚直播栽培

1. 稀直播 8月上旬，在无棚膜的大棚内，按1份苦苣种子拌3份沙子均匀稀直播，每亩用种量100～150克。播前，每亩施商品有机肥1 500～2 000千克，深耕并耙平。6～8米跨度的大棚每棚做4～6条畦，做成连沟1.2～1.5米宽的深沟高畦。播种时在畦面上撒播，用耙子轻耙1遍。然后覆盖60%遮光率的遮阳网，再喷水，以保持畦面湿润。出苗后揭网，将所揭遮阳网盖在棚顶。若播种时土壤墒情不足，则要先浇水造墒，等墒情合适时再播种。

2. 管理 一般不需要间苗或在较密地块间苗 1 次即可定苗，适宜的株行距为 15 厘米×15 厘米。定苗后结合浇水每亩施用尿素 7～10 千克。温度超过 30℃，早、晚喷水。9 月下旬平均气温下降到 20℃左右时，茎叶生长速度加快，每亩可再追施尿素 10～15 千克并灌水，以保持土壤湿润。

3. 采收 播种后 60 天左右，即国庆节前后可间棵采收，收获至 11 月上旬结束。

（四）越冬大棚高效栽培

1. 育 苗

（1）**出苗前管理** 9 月中旬露地育苗，选高燥、通风处建苗床，每 10 米² 苗床施商品有机肥 20～25 千克，翻耕耙平后撒播种子，用钉耙细耙 1 遍，覆盖遮阳网后浇水。9 月中下旬的温度正是苦苣发芽的适宜温度，一般播后 4～5 天出苗。

（2）**出苗后管理** 出苗后揭去遮阳网，间苗 1～2 次，使苗距达到 4～5 厘米。苗期适当控制浇水，避免苗子徒长。徒长苗耐寒力降低，不利于定植后缓苗和活棵后安全越冬。

2. 定 植

（1）**整地** 定植前，大棚内土壤深翻，每亩施商品有机肥 1000～1500 千克及三元复合肥 50 千克。翻匀耙平后做连沟 1.2～1.5 米宽的深沟高畦。

（2）**定植** 10 月中下旬，当秧苗有 6～7 片真叶时，在大棚内定植。按行距 25 厘米、株距 20 厘米挖穴栽苗，栽后喷灌浇透水。待缓苗后再灌水 1 次。

3. 管理 越冬期间重视保温防冻，且通风透光，光照充足有利于植株生长。定植后，保持白天气温在 20～25℃，保持夜间温度在 10～15℃，以促进缓苗和生长。田间湿度适宜时，轻中耕松土、除草、保墒，以促进根系发育和叶片生长；小雪（11月下旬）以后，白天温度保持在15～20℃，夜间温度保持在8～10℃，植株仍可继续生长。晴天当外界气温升高时，通过通风换气来调节温度。立春后（2月上旬）白天温度保持在15～20℃，夜间温度保持在10℃左右。缓苗后结合灌水，每亩追施尿素7～10千克；1～2月份间拔上市后，可每亩再追施尿素10～15千克。

4. 采收 元旦至春节期间可隔株间拔小棵，扎成把上市，留下的苗继续生长，待翌年3～4月份收获完毕。

（五）苦苣大棚水培技术

1. 品种选择 水培苦苣要注意选择抗逆性强、适应性广、产量高、品质优、株型好的优良品种，生产中表现较好的有美国大苦苣、细叶苦苣、宽叶苦苣、花叶苦苣等。

2. 培育壮苗 采用育苗盘育苗，选蛭石作为育苗基质。先将蛭石装入育苗盘，用手轻压并摊平基质，然后浇透水，将苦苣种子均匀撒播于蛭石表面，上面再覆盖一层蛭石，覆盖厚度为1～1.5厘米，最后用地膜覆盖以保湿。一般经过2～3天即可出苗。

3. 分苗与定植 幼苗2叶1心时分苗，选生长健壮、无病虫危害的植株，洗净根部残留基质，插入定植杯里，定植杯中需塞一些水海草或陶粒等以固定植株。此后，再放入分苗栽培板的定植孔中。分苗定植板可由栽培定植板通过增加定植孔的密度而制成；也可用自制栽培床分苗，床体由泡沫板制成，床体长100厘米、宽66厘米、高17厘米，里面铺一层厚0.15毫米、宽1.45米的塑料薄膜，分苗定植板定植孔的密度为5厘米×5厘米。分苗时所用营养液采用1/4剂量的标准配方营养液（见营养液配制部分），杯底要浸入营养液中。幼苗4片真叶时定植，定植时营养液采用标准配方营养液。每个定植杯定植1株。

4. 营养液配制　水培用的营养液配方：每 1 000 升水中加入四水硝酸钙 $[(Ca(NO_3)_2 \cdot 4H_2O)]$ 236 克、硝酸钾（KNO_3）404克、磷酸二氢铵（$NH_4H_2SO_4$）57 克、七水硫酸镁（$MgSO_4 \cdot 7H_2O$）123 克、七水硫酸亚铁（$FeSO_4 \cdot 7H_2O$）13.9 克、乙二胺四乙酸二钠 18.6 克、硼酸 2.86 克、四水硫酸锰（$MnSO_4 \cdot 4H_2O$）2.13 克、七水硫酸锌（$ZnSO_4 \cdot 7H_2O$）0.22 克、五水硫酸铜（$CuSO_4 \cdot 5H_2O$）0.06 克、钼酸铵 0.02 克。

5. 温度管理　苦苣喜冷凉条件，生长期适宜温度范围为 10～25℃，最适宜生长温度为 15～18℃。管理上，夏、秋季节应注意降温，冬季加强保温。保护地采用透光性好的功能膜。冬季保持膜面清洁，白天揭开保温覆盖物，尽量增加光照强度和时间。夏、秋季节要适当遮阴降温。

五、病虫害防治

苦苣生产过程中病虫害发生较轻，虫害主要有蚜虫，病害主要是霜霉病、病毒病、软腐病。

蚜虫防治时，可每 10 米^2 放置 1 块黄色防蚜板，有效诱杀蚜虫。蚜虫危害较重时，可选用 10% 吡虫啉可湿性粉剂 2 000 倍液喷雾防治。霜霉病发病初期，尽早选用 72% 霜脲·锰锌可湿性粉剂 700 倍液，或 72.2% 霜霉威水剂 800 倍液喷雾。防治病毒病时要先杀灭蚜虫以减少传毒机会，药剂防治可使用 20% 吗胍·乙酸铜可湿性粉剂或 1.5% 烷醇·硫酸铜乳剂 1 000 倍液喷雾。软腐病可用 72% 硫酸链霉素可溶性粉剂 4 000 倍液，或 3% 克菌丹可湿性粉剂 500 倍液喷防。

使用药剂防治病虫害时要注意用药的连续性，一般每 5～7天喷 1 次，连喷 2～3 次；注意轮换用药，每种药在一个生长期内使用 1 次。

第十一章

韭 菜

　　韭菜，别名山韭、扁菜、草钟乳、起阳草、常生韭等，原产我国。抗热耐寒，适应性强，我国南北各地均有栽培，是我国栽培范围最广的蔬菜之一。韭菜于公元9世纪传入日本，后逐渐传入东亚各国，北至库页岛、朝鲜，南至越南、泰国、柬埔寨，东至美国的夏威夷等地均有栽培，欧洲等国栽培较少。

一、品种类型

　　韭菜常以耐寒性的强弱，叶子的形状、长短、颜色及分蘖习性等作为分类的依据。

　　按照叶的宽窄，可分为宽叶种（或称大叶种）及窄叶种（或称小叶种）。宽叶韭，叶片宽厚，色浅，柔嫩，产量高，但香味略淡，易倒伏；窄叶韭，叶片窄长，色深，纤维多，香味浓，直立性强，不易倒伏，耐寒。

　　也可以根据食用的部位而分为叶用种、花薹用种、叶与花薹兼用种及根用种。韭菜食用假茎、叶、花薹、肉质根。因此，可按食用器官，将韭菜分为根韭、叶韭、花韭、叶花兼用韭。叶韭叶宽而柔嫩，分蘖性弱，抽薹少，以食用叶为主；花韭的叶片短小，质地粗硬，分蘖性强，抽薹较多，以采食花薹为主；根韭的食用部分是肥大的肉质根，根韭叶片生长繁茂，生殖器官不发达，很少形成种子，进行分株繁殖，其根的食用方法多是腌渍，在云南昆明有食用肥嫩须根的品种；叶花兼用韭叶与花薹发育良好，均可食用，多数韭菜属于此类。

全国各地的主要栽培品种有霉韭、雪韭（又名冬韭）、马鞭韭、寒育、791韭菜、汉中冬韭、平韭2号、寒青韭、大麦韭、马商韭、犀浦韭、二流子、黄格子、大叶韭、细叶韭（软尾）和安顺大叶韭等。近来还育成了一些杂交品种，正在生产上推广，如平科2号、平科11号、791雪韭王、平韭1号、平韭2号、平韭4号、平韭6号、平龙1号、平龙10号、富韭1号、富韭10号、寒松雪韭、棚冠雪韭、雪韭4号、雪韭8号、红美韭菜、嘉兴韭5号、寒绿王、傲冬2号、寒青韭霸等优良品种。

寒青韭：南京地方品种。株高50厘米左右，叶宽0.7厘米以上。叶片厚而较长，叶鞘较长，基部略带红色。叶色浓绿，香味浓郁，柔嫩多汁，品质极佳。耐寒性强，在-7℃气温下仍能缓慢生长。耐贮运，每亩产量可达3000～4000千克，适宜于春季早熟及秋季软化栽培。

杭州雪韭：浙江杭州、嘉兴、湖州一带的农家品种，又称嘉兴白根、湖州韭菜。株高50厘米左右，叶宽0.8～1厘米，叶短而宽。假茎粗0.5～0.5厘米，茎长7厘米左右，茎挺直，叶上举，直立性好，长势旺，分株力强。该品种耐寒性强，地上部分可耐受-5℃低温，在南方地区可安全越冬。生长速度快，播后60天可分株，90天成株达到收获标准。尤其是在阴雨弱光条件下，它比其他品种生长快。割后再长出的叶为尖头，不像其他品种有一部分叶尖平齐，留有割过的痕迹，因而有利于提高商品的外观品质。杭州雪韭适于北纬40°以南地区露地或保护地栽培，每年可收获3～5次，春季收青韭2次，夏季收韭薹，冬季软化栽培生产韭黄，也可以春、秋、冬季收2～3次越冬，还可春季只收1次青韭即开始养苗，秋、冬季进行软化栽培。该品种叶色浅绿，辛辣味稍淡，长成成株后最下部一片叶子下披，须在生产

中注意克服。

犀浦韭菜：四川成都附近大邑县地方品种。叶丛直立，株高45～50厘米，分蘖较多。叶深绿色，叶面宽，肉厚，假茎粗0.8厘米左右，长8～10厘米。该品种产量高、品质好，耐寒、耐湿，绿叶可耐受－5℃的低温，地上部的假茎在－10.8℃的低温条件下仍不受冻害，其根茎比杭州雪韭耐低温能力差些。该品种属于整株休眠方式，休眠时间短，茎叶保持鲜绿，故可用于秋冬延晚生产。适于当年播种当年收割的露地和软化栽培，缺点是抗倒伏能力差。

大叶韭：又名硬尾，广州地方品种。株高40厘米，叶较宽大，叶长30厘米、宽1厘米，深绿色。叶鞘粗大，直径0.6～0.8厘米，断面扁圆或近圆形。花薹长20～22厘米，直径0.1～0.2厘米。生长势强，分蘖能力中等，抽薹迟，8～9月份可采收韭菜花。抗逆性强，耐热耐寒耐雨，抗病虫害，尤其在夏季生长快，质地柔软细嫩。喜肥，产量高，适于露地和保护地青韭栽培和软化栽培。

小香韭：又名细叶韭，植株矮小，株高25～35厘米，较开展。叶片扁平，叶尖尖锐，长20～29厘米、宽约0.3厘米、厚约0.14厘米。单株叶片4～5片，叶色绿，叶鞘绿白色，扁圆形，长约8厘米。花薹深绿色，长约49厘米。耐寒耐热能力强，分蘖力强，质地柔软，香味浓郁，以食用青韭为主，全年可收获6茬以上。

红根韭菜：株高45厘米以上，株丛直立，叶色深绿，叶肉丰腴。叶长35～50厘米，呈淡紫色。辛香味浓，品质优良。生长势强，抗病、抗寒、耐热、优质、高产，适应性强。夏季无干尖现象。年亩产鲜韭12000千克左右，适宜全国各地栽培，保护地宜冬春茬栽培。适时早播，当日平均气温稳定在15℃时即可播种。育苗移栽，每亩用种量1.5千克左右，保护地栽培亩播种量4～5千克，保护地栽培可在春节前后上市青韭。

寒青韭霸：该品种是利用在高寒气候条件下的韭菜雄性不育

系和优良自交系杂交而成的，为高抗寒、超高产、高抗病的韭菜杂交一代种（当月平均气温 4℃、最低气温 –7℃时，日平均生长速度 1 厘米以上），是目前全国各地温室、塑料大棚、小棚等保护地及露地栽培的最新韭菜品种。该品种株高 50 厘米左右，株丛直立，叶片浓绿色，肥厚宽大，株型整齐，生长势强而迅速，20 天左右收割一茬。本品种最大叶宽 2.2 厘米，最大单株重 60 克，纤维含量细而少，口感辛香鲜嫩，高抗病、抗老化、分蘖力强，1 年生单株分蘖 9 个左右，3 年生单株分蘖约 45 个，3 年后单株分蘖可达 80 个以上。露地年收割青韭 7～8 刀，每刀鲜韭的产量在 2 500 千克以上，每亩年产鲜韭最高可达 22 000 千克。

雪韭四号：株高 50 厘米以上，植株直立且生长迅速，强壮，叶鞘粗而长，叶绿色宽厚肥嫩，最大叶宽 2 厘米，最大单株重 45 克，分蘖力强，抗病、耐寒、耐热、质优、高产，年收割 6～7 刀，每亩可年产鲜韭 12 000 千克，长江流域露地栽培，冬季基本不休眠，12 月上旬仍可收获鲜韭。本品因抗寒性强适应性广，所以在全国各地均可露地或保护地生产栽培。3～4 月份为最佳播种期，播种时育苗移栽或直播均可，株行距 15 厘米×25 厘米，每穴 5～8 株，生长期间注意喷药与灌根防治地下韭蛆。重施有机肥料。每亩用种量 1.5 千克。

雪韭六号：该品种极抗寒，早发高产，优质抗病，比平韭四号增产 30% 以上，是保护地栽培的理想品种。株型直立，株高 60 厘米左右，叶片肥厚鲜嫩，宽约 1 厘米，叶鞘长 10 厘米以上，鞘粗 0.8 厘米，分蘖力强，生长旺盛，年收割 7～8 刀，每亩年产鲜韭 12 000 千克左右。抗灰霉病、疫病及生理病害，夏季一般不出现干尖现象；抗寒性极强，冬季不休眠，非常适合拱棚、温室等保护地生产。该品种对土壤要求不严，一般的土质均可栽培。适时早播，当日平均气温在 11℃时即可播种，播种时株行距 15～25 厘米，每穴 8 株左右，直播时每亩用种约 2 千克，育苗移栽时每亩用种量约 1 千克。在长江流域地区 3～4 月份为最佳播期，本品种适合全国各地露地、保护地种植。

791雪韭王：该品种是在地方抗寒性较强的优良品种的基础上选育并提纯的新一代韭菜新秀，其株高50厘米以上，植株直立且生长迅速强壮，叶鞘粗而长，叶绿色宽厚肥嫩，最大叶宽2厘米，最大单株重45克；分蘖力强，抗病、耐寒、耐热、质优、高产，年收割6～7刀，每亩可年产鲜韭11 000千克，长江流域露地栽培，冬季基本不休眠，12月上旬仍可收获鲜韭。该品种因抗寒性强、适应性广，所以在全国各地均可露地或保护地生产栽培。3～4月份为长江流域最佳播种期，播种时育苗移栽或直播均可，株行距15厘米×25厘米，每穴5～8株，生长期间注意喷药与灌根，防治地下韭蛆。重施有机肥料。每亩用种量约1.5千克。

多抗富韭六号：是利用新品种平韭六号韭菜为原种进行种内杂交，通过杂交混合选择培育而成的最新多抗品种，经大面积种植表明，多抗富韭六号是保护地种植韭菜中的理想品种。该品种叶色深绿，鲜嫩，辛辣味浓，单株重50克左右，品质好，耐热，较耐干旱，尤其抗韭菜潜叶蝇、韭螟蛾，对灰霉病、疫病抗性强，无干尖、病斑现象。该品种抗寒性极强，冬季不休眠，每年可收割7～8刀，每亩年产鲜韭14 000千克左右。该品种上市以来，由于其良好的抗寒、抗病性和优质高产的特性，深受广大韭农的喜爱，现已成为全国露地、保护地种植更新换代的理想新品种。

富韭8号：抗寒性特强，耐热、抗病、抗逆性强，能抗重茬。株高55厘米左右，株丛直立，叶片浓绿色，肥厚，叶鞘较长，叶宽0.8～1.1厘米，单株重15克左右，最大单株重45克以上。粗纤维含量少，辛香鲜嫩，商品性状极佳，冬季气温在5.5～10℃时生长很好，-3～5℃时新生叶片仍能生长，冬季不休眠，适合温室、大棚及各种保护地生产，露地种植高产性更强，年收割7～8刀，每亩年产鲜韭12 000千克左右，适合全国各地种植。

富韭9号：该品种是在平韭六号的特性上又新育成的韭菜

新品种，抗寒性特强，耐热抗病，抗逆性强，能抗重茬。株高50～60厘米，株丛直立，叶片浓绿色，肥厚，叶鞘较长，叶宽0.8～1.1厘米，单株重25克左右，最大单株重50克，粗纤维含量少，辛香鲜嫩，商品性极佳。冬季气温在5.5～10℃时生长很好，–3～5℃时新生叶片仍能生长，冬季不休眠，适合温室、大棚及各种保护地生产，露地种植高产性能更强，年收割7～8刀，每亩年产鲜韭13 000千克左右，比平韭四号高产20%左右，适合全国各地种植。

多抗富韭11：该品种是利用平韭五号的韭菜雄性不育系与良种自交系组合而成的杂交一代新多抗品种。直立性好，抗倒伏；叶色深绿，辛辣味浓，粗纤维含量少，商品性极佳；茎秆粗壮，叶片肥厚，产量高，比平韭五号高产30%左右；抗病、抗逆性特强，耐高温、低温，多抗性能极强，适合全国各地露地栽培，保护地种植极佳，是不休眠类型品种中的新一代杂交种。

太空棚绿：该品种是扶沟县蔬菜研究所利用韭菜雄性不育系与良种三交系，通过搭载"神舟六号"升入太空，经过微量粒子强辐射的作用，基因发生变化，使种子的形状、性状、品质、抗性等发生变异，经过全国多点试验示范，证明该品种：抗逆性特强，耐热、耐寒性超强；直立性好，抗倒伏；叶片宽大肥厚，叶色浓绿，味香辣，叶鞘特长，叶宽2.6厘米左右，最大单株重68克，抗老化，无干尖现象，高抗韭菜灰霉病、疫病及生理病害，冬季无休眠。一般每亩年产鲜韭26 000千克左右，高产的可达28 000千克，是目前韭菜保护地种植品种中产量最高、综合性最好的首选品种。比一般品种早上市10天左右，高肥水管理条件下年收割10刀左右。

平韭2号：株高50厘米左右，株型较披展，叶色深绿，叶片宽大肥厚，叶肉丰腴，叶背脊较明显，叶长38厘米以上，叶宽约0.8厘米，单株叶片数6～7个。叶梢绿白色，鞘粗0.68厘米。呈扁圆形，单株重8克左右，最大单株重40克，分蘖力强，

1 年生单株分蘖 7 个以上，2 年生单株分蘖 50 个左右。抽薹整齐，花期短。花序大，产种量高，千粒重 5 克左右。与 "791"、嘉兴白根、汉中冬韭、津引一号相比，综合性状好，深受消费者喜爱。

平韭 4 号：该品种是河南省平顶山市农科所继 791 之后培育的又一个抗寒性极强的韭菜优良品种，株高 50 厘米左右，株丛直立，长势旺盛，叶片绿色，宽大肥厚，平均叶宽 1 厘米，每株叶片数 6～7 个。单株重 40 克以上。粗纤维含量少，口感辛香鲜嫩，品质上等，外观商品性极佳。分蘖力强，抗衰老，持续产量高，1 年生单株分蘖 30 个以上，年收割 5～6 刀，每亩年产鲜韭 11 000 千克左右。

平科 11 号：株高 60 厘米左右，株丛直立，株型紧凑，叶深绿色，宽大肥厚，叶鞘较长，坚实挺拔，分蘖力强，生长极为旺盛。抗寒力极强，冬季不休眠，抗病性强。露地种植，早春可比普通韭菜品种早上市 8～10 天，秋延迟可比普通韭菜品种延后十几天收获，保护地栽培效果更好。其超出同类品种的超强抗寒性、抗病性、快速生长性，将给广大种植户带来显著的经济效益。

二、栽培特性

（一）生长发育过程

韭菜的生长发育过程分为营养生长时期和生殖生长两大时期。1 年生韭菜一般只进行营养生长；2 年生以上的韭菜，营养生长和生殖生长交替进行。

1. 营养生长时期 营养生长时期又分为发芽期、幼苗期、营养生长盛期和休眠期。

（1）发芽期 从种子萌发到第一片真叶长出，一般需历时 10～20 天。韭菜幼芽为钩状弓形出土，全部出土后子叶伸直，因此，造成韭菜出土能力弱。

（2）幼苗期　从第一片真叶显露到开始分蘖前为幼苗期，一般需要 60～80 天，可长出 5～6 片叶，苗高 18～20 厘米，伸出 10～15 条根。育苗移栽定植时期应以幼苗充分长大但尚未分蘖为宜。

（3）营养生长盛期　韭菜植株从分蘖开始到休眠前为营养生长盛期。随气温逐渐凉爽，植株进入迅速生长时期，春播韭菜，植株长到 5～6 片叶时便开始分蘖，植株生长点由 1 个变成 2 个或 3 个即开始分蘖。以后逐年进行分蘖，1 年生以上的韭菜，从 4 月下旬到 9 月下旬均可进行，而以春、夏季为主，春季多在 4 月份，夏季多在 7 月份。1 株可分生为 10 余个单株。

（4）休眠期　入冬以后，当最低气温降到 -7～-6℃时，地上部叶片枯萎，营养储存于鳞茎和须根之中，植株进入休眠期。翌春气温回升，韭菜返青，根量和叶数增多，为生殖生长奠定了物质基础。

2. 生殖生长时期　在营养生长的基础上，韭菜进入生殖生长阶段。韭菜的生殖生长阶段又可以分为抽薹期、开花期和种子成熟期。

（1）抽薹期　从花芽分化到花薹长成，花序总苞破裂之前是抽薹期。韭菜于 5 月份开始花芽分化。7 月下旬至 8 月上旬抽薹，8 月上旬至 8 月下旬开花，9 月下旬种子成熟。韭菜抽薹开花要求低温和长日照，而且植株须长到一定程度才能感受低温抽薹开花。4 月下旬以后播种的韭菜当年很少开花。韭菜开始抽薹后，营养集中到花薹生长上，植株暂停分蘖。生长不良的瘦弱植株不能抽薹。大棚栽培的韭菜，要及早掐去花薹，减少养分消耗，以利于集中养分养好根，保证冬季大棚生产有充足的养分供给。

（2）开花期　从总苞破裂到整个花序开花结束，单个花序一般为 7～10 天，整个田间花期可持续 15～20 天。由于花期不一致，种子成熟有先有后，需要分期采收。

（3）**种子成熟期** 从开花结束到全花序种子成熟为种子成熟期。种子成熟表明韭菜一个生育周期的结束。从开花至种子成熟需要30天左右，种子采收期一般为8月下旬到9月下旬。种子采收后韭菜植株又可以进入分蘖生长。

（二）对环境条件的要求

1. 温度 韭菜属于耐寒性叶菜，一般不耐高温。发芽适温15～18℃，最低温为2℃。叶片可耐受-5～-4℃的低温，气温降至-7～-6℃低温下，叶片开始枯死，地下部开始休眠。地下根茎能耐受-40℃低温。生长期适温范围12～24℃。25℃以上生长逐渐缓慢，品质下降。大棚栽培韭菜，由于光照较弱、湿度大，所以白天温度达28℃时，叶片仍柔嫩，但一般要求夜间棚内温度不低于7℃。

2. 光照 韭菜要求中等光照强度，但具有耐弱光的能力，适宜的光照强度为2万～4万勒。光照过强，生长受到抑制，导致叶片纤维相对增多，品质下降。

3. 水分 韭菜喜湿不耐旱，也不耐涝。生长要求较低的空气相对湿度（60%～70%）和较高的土壤相对含水量（80%～95%）。韭菜比较适合大棚的高湿度环境栽培，但湿度过高，植株易腐烂，必须注意调节。

4. 土壤及营养 韭菜对土壤的适应性强，各种土壤均可栽培，但以壤土为好，适宜土壤pH值为5.6～6.5。生长期间要求以氮肥为主，配施磷钾肥。氮肥充足，叶片肥大柔嫩，色深绿，产量高。多年生的韭菜田每年施用1次硫、镁、硼、铜等微量元素肥料可促进植株生长健旺，分蘖增加，延长采收年限。

5. 气体 棚室加温燃煤燃烧产生的二氧化硫有害气体能使叶片脱水，叶尖干枯白化；施肥不当释放的氨气可使韭叶呈黄白色，降低品质；大棚栽培应注意及时通风换气，排出湿气及不良气体，换入新鲜空气，补充氧气和二氧化碳气体。

（三）与生产有关的生长特性

1. 分蘖　分蘖是韭菜的一个重要生物学特性。在生长过程中，老的分蘖相继枯萎，新的分蘖相继增生，使整个株丛不断更新。长江流域一般在清明前后（4月上旬）播种的，到当年夏季生有5～6片叶时就会开始分蘖，以后每年分蘖2～3次或更多。分蘖的时间以春季及秋季为主。韭菜的分蘖数目也往往呈倍数增加。分蘖的芽先是与原来的植株在同一个"假茎"中，后因新分蘖芽的生长增粗，涨破叶鞘而成为一个独立的分蘖，原来的叶鞘基部则干枯成为鳞片状。

韭菜的分蘖与品种、栽植密度、管理水平密切相关。一般叶片稍窄的品种分蘖能力强，宽叶韭菜则分蘖力稍差，一般1年分蘖2～3次。春、夏季播种的韭菜，当长有5～6片叶时，即开始发生分蘖（株）。每年分蘖次数1～3次，但大多为1～2次。以春季（4月份）和夏季（7月份）为多。水分和营养充足时，1年可分蘖4～5次。大棚栽培在定植后2～4年是分蘖的盛期，产量也较高，以后则逐渐衰退，地下根茎也逐渐衰老甚至枯死。

2. 跳根　韭菜的跳根是由不断分蘖所致。因为分蘖是靠近生长点的上位的叶腋，所以形成的分株必然位于原来植株的上方，新形成的须根一定出现在原有根系的上方，随着分蘖层上移，新的根系逐渐接近地面，这种随着植株分蘖，韭菜生根的位置和根系在根茎上逐年上移的现象，俗称"跳根现象"。

韭菜跳根的高度与每年分蘖次数、收割次数密切相关。大棚栽培一般每年收割6～8刀时，每年跳根2～3厘米。韭菜跳根对当年播种育苗、当年移栽养根、当年扣棚生产、当年毁根罢园的韭菜一般不发生影响，但对一次播种多年生产的有影响。注意根部压土盖肥防止根茎裸露。收割的次数越多，跳根的距离越大。因而韭菜生长的年数越多，新根在土壤表层分布越多。每年要对根部进行培土。

3. 生长发育特点

（1）开花结实 韭菜属绿体春化型，只有植株达到一定的大小，积累一定量的营养物质后，才能感受低温完成春化，分化花芽，然后在长日照条件下抽薹、开花，进入生殖生长阶段。播种当年的韭菜一般不抽薹开花，2年生以上的韭菜营养生长与生殖生长交替进行，每年秋季（7～8月份）抽薹开花。韭菜抽薹、开花、结实消耗养分多，会影响植株生长和养分积累，大棚栽培应及早摘除或收割。

（2）休眠 由于韭菜品种起源地不同，具有不同的休眠方式，可分为深休眠韭菜和浅休眠韭菜两类。

①深休眠韭菜 起源于长江流域以北的北方地区的韭菜多为深休眠韭菜，代表品种有寿光独根红、北京宽叶弯韭、山西环韭和山海关铁丝苗、平韭2号、富韭10号等。当温度降到-7～-5℃时，地上茎叶干枯，进入休眠状态。而后打破休眠才能恢复生长，又称回青休眠。休眠前或休眠过程中，即使给予适宜的温度、湿度，韭菜也不能正常生长。如果韭菜没有渡过休眠期而早扣棚，虽然可生长，但不久仍进入休眠，新长出的茎叶会烂掉。故这种韭菜只能在进入深休眠之后再打破休眠才可以恢复正常生长，其扣棚生产时间就要明显偏晚。

②浅休眠韭菜 起源于长江流域及以南的南方地区的韭菜品种，一般在当地露地条件下也可以四季常青。这类韭菜休眠要求温度高，休眠时间短，休眠时养分基本不向地下部运转。有的是将养分运转到假茎里，称假茎休眠，如杭州雪韭（嘉兴白根），在休眠时，只有少数叶片出现干尖情况。另一类是休眠时养分不发生转移，而且存留在各自原来的器官里，称整株休眠，如河南791、平韭4号等。这一类韭菜在休眠时，植株地上部基本保持鲜绿色。凡属浅休眠的韭菜一般都可连秋生产，即在秋末韭菜停止生长前（日平均气温10～12℃），将地上部分收割，而后转入扣棚生产。由于扣棚早，所以韭菜可在晚秋到初冬供应上市。又

因腾茬较早，所以可为下茬韭菜早定植、早上市打下基础。但这类韭菜必须是在没有进入休眠前，或地上部干枯休眠后才能扣棚生产。而温度在7～10℃时，韭菜已进入休眠，此时若扣棚生产也是要出问题的。

三、栽培季节

在长江流域，传统的露地栽培韭菜可以在4～11月份不断采收供应，夏季有间歇生长缓慢或抽薹，冬季一般生长缓慢或停止生长，以宿根越冬。近年来，塑料大棚在蔬菜生产上使用广泛，棚栽蔬菜的种类也十分丰富，韭菜大棚栽培基本可以做到均衡上市周年供应。大棚生产的韭菜可在元旦、春节期间上市，经济效益显著，已成为各地农民增收、农业增效的主要产业之一。

四、栽培技术

（一）地块选择

选择3～4年内未种过葱蒜类，地势平坦、排灌方便、土层深厚、保水保肥的壤土或沙壤地种植。场地周围要求无高大建筑物或树木遮阴，前茬收获后深翻30厘米，播种或定植前每亩施充分腐熟有机肥3 000～5 000千克，反复耙耢，使土壤和肥料充分混合，土表疏松绵软，做深沟高畦。

（二）大棚建造

种植韭菜的大棚宜采用圆拱形镀锌钢管塑料大棚，跨度6～8米，长度30～60米，拱杆间距0.7～0.8米，顶高2.8～3.2米。大棚布局时，棚间距1.5～2米。大棚覆盖薄膜全部采用优质0.15毫米发泡聚苯乙烯（PEP）膜，防滴露和紫外线，经久耐用；夏季覆盖耐热防老化遮阳网；门头及卷帘通风处覆盖防虫网。

（三）品种选择

长江流域大棚栽培韭菜宜选用叶片肥厚、直立性好、生长速度快、分蘖力强、休眠期短、耐高温和低温、抗逆性强、风味浓郁的阔叶型品种。如平科 11 号、791 雪韭王、平韭 4 号、平韭 6 号、富韭 6 号、富韭 8 号、富韭 9 号、南京寒青、杭州雪韭、嘉兴韭 5 号等优良品种。

（四）播种育苗

1. 苗床整理 韭菜种子种皮较厚，幼苗出土能力较弱，播种前要精细整地，促进齐苗、全苗。韭菜喜肥好湿，育苗地块苗床必须是排水良好、肥沃疏松、保水透气、有机质含量高的土壤。整地时结合施肥，耕深 30 厘米，耙细做畦。每亩施优质腐熟的有机肥 2 000 千克、尿素 15 千克、硫酸钾复合肥 20 千克、磷肥 50 千克，土、肥混匀后造墒播种。

2. 种子准备 播种时要选择色泽鲜亮、籽粒饱满的新种子播种。一定要选择新种子，以保证发芽率。种子质量符合 GB 8079 中的二级以上良种要求，种子纯度 ≥92%，净度 ≥97%，发芽率 ≥85%，含水量 ≥10%。直播每亩用种量一般为 2.5～3.0 千克；育苗移栽每亩用种量 10～15 千克，可移栽 10 亩大田。

3. 种子处理 韭菜播种一般以干籽播种为主，也可以催芽后播种，一般用清水浸种 8～10 小时，期间每 4 小时换水 1 次。去除杂质和瘪籽，将种子上的黏液搓洗干净后用湿纱布包好，置于 15～20℃环境中催芽。催芽期间每天用清水冲洗 1～2 次，一般经 2～4 天，大部分（50%～70%）种子露白即可播种。

4. 播种时间 春播一般在 3 月中下旬至 5 月上旬；秋播一般在 8 月中下旬，宜早不宜迟。播种时春播多采用干籽撒播，夏播、秋播采用催芽后播种。

5. 播种方法

（1）**春播**　多采用干籽撒播法，即采用没有催芽的干种子直播于苗床。在整理好的苗床上按行距10厘米，开成宽10厘米、深1.6厘米左右的小浅沟，为了苗齐、苗壮、苗匀，撒播时可将种子与种子重量2～3倍的沙子混匀，然后均匀撒在沟内，撒播完毕再覆1.5～2厘米厚的过筛干细土，然后用扫帚轻轻地将沟扫平、压实，随即浇1次水，2～3天后再浇1次水。在种子出土前后，要一直保持土壤处于湿润状态。

（2）**夏秋播**　播种前，先将畦面表土起出一部分（过筛，以备播种后覆土用），然后浅锄耧平，先浇1次底水，约3厘米深，待水渗下后再浇3厘米左右深的水，待水渗下后将种子均匀撒下，然后覆土厚1.5～2厘米，翌日再用扫帚轻轻扫平，保持表土疏松、湿润，以利种子发芽出土。播后可采用地膜或稻草覆盖保墒，待有30%～50%的种子出苗后，及时撤去地面覆盖物。

6. 苗期管理　韭菜出苗前2～3天浇水1次，保持土表湿润，出苗时要轻浇1次水，地表露白后再浇1次水。随着幼苗的生长，逐渐延长浇水间隔天数并加大每次的浇水量。从苗齐到苗高15厘米，一般每7天左右浇1次水，同时结合灌水每亩随水冲施尿素3～5千克。雨季应清好"三沟"，及时排除积水，防止沤根烂秧。立秋后，结合浇水追肥2次，每次每亩追施氮肥3～5千克。韭菜幼苗生长缓慢，易致杂草滋生，应及时除去杂草。可在播种后出苗前，每亩用33%二甲戊灵乳油100毫升加水50升喷雾畦面，有效期可达40～50天。当除草剂有效期过后，杂草又大量发生时，应先人工拔除大草，3～4叶期杂草每亩用20%稀禾定乳油65～100克，加水50升，对杂草茎叶喷雾。一般苗龄80～90天、苗高15～20厘米时就可定植。

（五）定　植

1. 适时定植　一般在韭菜长到5～7片叶、株高20厘米、苗龄 70～80 天时即可进行移栽。要求叶色浓绿、无病虫斑、根系发达、根坨成形。定植时间以 6 月上旬至 7 月上旬为宜，一般不晚于 7 月上旬，或 8～9 月份酷暑过后定植。在定植过程中应该避开高温、多雨季节，定植过程中如果温度过高，则会严重导致叶片干枯，缓苗较慢，幼苗的成活率不高，韭菜新根的发生和伤口的愈合很慢。而如果定植时期过晚，则冬季前的韭菜生长缓慢，鳞茎瘦小，根数少，营养物质积累较少，产量过低。

2. 定植密度 定植当天将韭菜起苗，选择根茎粗壮的幼苗，剪短须根（留 2～3 厘米）和叶尖（留 10 厘米），保持根系吸收和叶面蒸发平衡，整理成丛之后开穴定植。对于窄叶品种的韭菜，每丛应该保证 8～10 株韭菜，按行距 15～20 厘米、穴距 8～10 厘米，每亩定植 3 万～3.5 万株。而对于宽叶品种每丛应该保证在 30～40 株，按行距 20 厘米左右、穴距 15～18 厘米定植。密度应该保持在每亩 2.5 万～3 万株。栽植深度以将叶鞘埋入土中为宜，过深生长不旺，过浅"跳根"过快。同时，要尽量保持根系舒展，做到栽齐、栽平、栽实。

3. 喷洒除草剂 杂草危害是韭菜生产中必须着力解决的主要难题。人工除草劳动强度大，效率低，成本高；科学合理使用化学除草剂，省工、省时，且效果好。栽植前畦面喷洒 33% 二甲戊灵乳油 100～150 毫升，加水 30～45 升，均匀喷洒畦面；也可以在生长期间用 12.5% 吡氟氯禾灵乳油 50 毫升，加水 30 升，叶面喷雾，防除禾本科杂草；用 50% 扑草净可湿性粉剂 80～100 克，加水 30～45 升，叶面喷雾，防治阔叶杂草。

（六）定植后的管理

1. 肥水管理 定植后及时浇定根水促进活棵，4～5 天后待新根扎稳、新叶发出、表土发干时浇第二次水，以促进缓苗。定植 1 周后，新叶长出再浇 1 次缓苗水，促进发根长叶。多雨季节，要做好清沟排水工作。入秋后要加强肥水管理，一般每 5～

7 天浇 1 次水，每 10～15 天追 1 次肥，连续 2～3 次。每次每亩追尿素 10～15 千克或腐熟有机肥 1 000～1 500 千克。从 7 月底至 8 月上旬开始，可收割第一刀青韭，以后每 30～40 天收割 1 次，至春节前可收获 3～5 次。每次收割后 3～5 天在伤口愈合、新叶快出时，结合培土开始浇水施肥，结合浇水每亩追施 1 次三元复合肥 25～30 千克，以后每 7～10 天浇水 1 次直到收割前 3～5 天停止浇水，始终保持土壤湿润。

2. 扣棚及温湿度管理 韭菜生长期适温范围 12～24℃，25℃以上生长逐渐缓慢，品质下降，浅休眠品种 10～12℃停止生长，7～10℃时即进入休眠。长江流域大棚栽培韭菜一般在 10 月中下旬（各地初霜前 5～7 天）扣棚覆膜保温。扣棚初期当气温达到 25℃以上时要注意通风排湿，控制空气相对湿度 60%～70%，夜间温度 10～12℃，最低温度不能低于 7℃。晴天时每天中午前后还要进行适时通风，降低大棚内空气湿度，防止病害发生。外界气温降至 5～7℃时，棚内覆盖二层膜或小拱棚保温。白天揭去小棚膜，大棚扒小缝通风，棚内空气温度调节到 20～22℃为宜。夜间大、小棚密闭保温，棚内气温保持在 15℃左右。立春后（2 月上中旬）根据天气情况，可慢慢去掉棚内二层膜或小拱棚，但务必使夜间棚温保持在 7℃以上。每次浇水后，应适当通风降温。每次收割前可适当降低温度，收割后要适当提升棚内温度。土壤湿度大时，可在畦面撒干草木灰吸湿，以防病害流行。

3. 开春后的后继管理 大棚韭菜可一次播种多年栽培（3～4 年），每个生产周期结束撤除棚膜后，每亩开沟混合施入腐熟有机肥 2 000～3 000 千克，或腐熟饼肥 200 千克、过磷酸钙 40～50 千克、硫酸钾 15～20 千克，或畦面撒施 3 000～5 000 千克充分腐熟的有机肥，以促进植株生长发育，为下一个生产周期打下丰产基础。从第二个生长周期起，养根期要适当控制植株长势，防止徒长，并注意培土壅根。开春后（2 月上中旬）随着外界气温的升高，应逐渐加大大棚的通风量，并逐渐撤除薄膜，最后改为露地生长，或保留顶膜进行避雨栽培，夏季高温季节棚顶可覆盖遮阳网降低温度。2年生以上的韭菜每年7～8月份应及时掐去花薹及韭菜花，并将韭菜割除，不要让其开花结籽，以减少营养消耗。干旱时及时补喷水分，生长期保持水分均匀供应，保持田间湿润，切忌大水漫灌。2年生以上的韭菜，每年春季培土1次，厚2～3厘米，防止韭菜跳根。一般3～4年挖除韭根更新换茬，不然产量会逐渐下降。大棚韭菜栽培应优先采用肥水一体化、膜下暗灌和滴灌技术。土壤经常保持湿润，土壤湿度80%～90%，空气相对湿度60%～70%。冬季棚内浇水时间以晴天上午9～10时为宜，土壤过湿时不浇水，冬季一次性浇水不可过大。肥料管理上，每割一茬待新叶长出后，结合浇水追肥。一般每生产1000千克韭菜需从土壤中吸收氮5～6千克、磷2～2.4千克、钾6～8千克。

（七）及时收割

当韭菜的高度长到20～25厘米的时候，就可以收获。连续收获的韭菜两刀之间以相隔25～30天为宜。收割一般选择晴天早晨，刀距地面一般以3～4厘米为宜，以割口呈黄色为宜。若刀口呈白色，则证明割的太深；若刀口呈绿白色，则证明割的太浅了。收割时选择清洁、卫生无污染的工具。韭菜贮藏保鲜的适宜温度为0～5℃。

一般每年可割6～8刀。每亩总产量3000～5000千克，高产的可达8000千克。按2016年批发市场每千克售价4元的均价计算，每亩总产值在1.2万～2万元，高的可达3.2万元。

五、病虫害防治

大棚韭菜病害主要以灰霉病、疫病等为主，虫害主要以韭蛆为主。

（一）病害防治

1. 灰 霉 病

（1）**症状** 表现为叶片由叶尖向下逐渐产生淡灰褐色至白色小斑点，上下两端都有，扩大后呈椭圆形或梭形病斑，并相互融合成大片枯死斑。空气潮湿时病处有雾层，刀口向下呈倒三角形腐烂。

（2）**防治方法** ①选用耐抗品种。如多抗富韭6号、超级雪韭8号、韩国雪韭、平韭6号等。②培育无病壮苗。③高温闷棚。在棚内病虫害大发生时，于中午保持棚内高温（60℃以上）高湿（相对湿度90%以上）2小时，然后突然通风降温排湿，达到防治韭菜灰霉病等病害的目的。④加强田间管理。加强田间检查，初期发现病株、病叶及时除去，消灭发病中心；及时摘除植株下部衰老叶片，以利于通风透光；蔬菜收获后，及时将病虫残枝、病叶、杂草清理干净，进行无害化处理，保持田园清洁。⑤药剂防治。发病初期用50%腐霉利可湿性粉剂1000倍液，或50%多菌灵可湿性粉剂500倍液，或70%代森锰锌可湿性粉剂400倍液喷施，每隔1周喷施1次，连续喷施2～3次。同时，也可以使用10%腐霉利烟剂分散点燃熏蒸12小时（一整晚）防治。有机韭菜栽培时只能用木霉300～600倍液喷施，也可有效防治。

2. 疫 病

（1）**症状** 叶片感病后表现为由下部向上部发展，出现暗褐色水渍状病斑，病部湿水后缢缩，空气潮湿时出现白色霉状物，叶鞘容易脱落，根部呈褐色腐烂，根毛很少。

（2）**防治方法** ①合理轮作。实行严格的轮作制度，提倡水旱轮作，可与非葱科的作物轮作。②种子处理。严格进行种子消毒，防止种传病害的发生。③药剂防治。发生初期可使用64%噁霜·锰锌可湿性粉剂500倍液，或72%霜霉威水剂600～800倍液，或50%异菌脲可湿性粉剂1000倍液，或25%百菌清可湿性粉剂600倍液，或50%琥铜·甲霜灵可湿性粉剂600倍液，在韭菜收割完成之后进行喷雾防治，每隔1周防治1次，交替使用，连续喷雾2～3次。有机栽培时可用波尔多液防治。

（二）虫害防治

韭菜的主要虫害为韭蛆。

1. 危害特点 韭蛆是危害韭菜最严重的虫害，一年四季都可对韭菜造成极大的损失。主要症状是其幼虫聚于韭菜根处蛀食鳞茎，造成植株长势弱，直至枯萎死亡。

2. 防治方法 ①生物防治。人工引进、释放天敌。保护、引进、释放天敌防治虫害，如人工释放线虫控制韭蛆。②物理防治。棚室放置黏虫板，大棚出入口、通风口覆盖40～60目的防虫网，田间安装杀虫灯；韭蛆成虫发生期，每亩韭菜地放1～3盆糖醋液盆子，糖∶醋∶酒∶水∶90%敌百虫晶体＝3∶3∶1∶10∶0.6比例配成糖醋酒液，诱杀韭蛆成虫；利用臭氧的强氧化作用，破坏韭蛆体内的物质代谢和生长过程；同时，使其细胞壁发生通透性畸变，致韭蛆死亡。通过臭氧水生成装置，使用臭氧水2次，14天后对韭蛆防治效果可达79.01%，且无残留，对韭菜无药害，真正实现绿色环保，符合可持续发展原则，并且省时省力。③化学防治。坚持使用腐熟的有机肥，并及时采取化学防治措施，春、秋季（每年4～5月份及8～9月份）可用2.5%三氟氯氰菊酯2 000倍液喷雾防治韭蛆成虫，每亩可选用50%辛硫磷乳油1 000倍液，或1.1%苦参碱粉剂500倍液灌根防治韭蛆幼虫。发现韭蛆后可用90%敌百虫晶体800倍液灌根以杀死韭蛆。韭蛆成虫羽化期（4月下旬），叶面喷施2.5%溴氰菊酯或20%氰戊菊酯乳油3 000倍液进行防治。有机韭菜栽培时应合理保护利用天敌，使用生物农药。可在早春和秋季韭蛆幼虫发生时，每茬韭菜割完后用沼液，或1%苦参碱可溶性液剂2 000倍液，或苏云金杆菌乳剂250倍液灌根，也能有效防虫。

第十二章
紫背天葵

　　紫背天葵，又名血皮菜、观音苋、红背菜、紫背菜、两色三七草、玉枇杷、叶下红等。为菊科三七草属多年生宿根常绿草本植物。原产于我国，在广东、海南、福建、江西、四川、台湾等地均有分布。近年来，紫背天葵已经在我国及日本许多地区作为一种半驯化野菜进行人工栽培。

　　紫背天葵营养丰富，品质柔嫩，风味独特，近年来紫背天葵消费量在逐年增加，市场前景很好，并且其适应性强，栽培简单容易，病虫害少，可免受农药污染，是一种很值得推广的经济效益好的高档保健蔬菜。

一、品种类型

　　紫背天葵主要是以鲜嫩茎上市为种植目的，因此要选择耐热、耐寒、分枝力强、抗逆性强、商品性较好的品种。按照植株特点，紫背天葵又分为两大类，即红叶种和紫茎绿叶种。

　　红叶种：红叶种的天葵叶背和茎均为紫红色，新芽叶片为紫红色，随着茎的成熟，渐变成绿色。按照叶片大小，红叶种天葵可分为小叶种天葵和大叶种天葵。小叶种天葵的叶片较少，黏液较少，茎呈紫红色，节间较长，且较耐低温，适于冬季较冷的区域栽培。大叶种天葵的叶大而细长，先端尖，黏液多，叶背和茎均为紫红色，茎节间较长。

紫茎绿叶种：紫茎绿叶种的天葵茎基呈淡紫色，节间较短，分枝性能较差，叶小、椭圆形、先端渐尖，叶色浓绿，分布有短茸毛，分泌黏液较少，质地较差。但该品种耐热、耐湿性较强。

近年来，白背天葵也逐步在生产中发展，其营养价值、栽培技术、消费特点与紫背天葵相似。白背天葵又称富贵菜、白（百）子菜、菊三七、玉枇杷、鸡菜、长命菜等，中药名为白背三七（或白三七草），为菊科三七草属多年生宿根草本植物。

二、栽培特性

（一）形态特征

紫背天葵为多年生宿根草本，全株肉质，株高 30～60 厘米（野生种高的可达 90～100 厘米），分枝性强。直根系，较发达，侧根多，再生能力较强。茎直立，近圆形，基部稍带木质，绿色，略带浅紫色，嫩茎紫红色，被茸毛。叶互生，呈 5 叶序排列，宽披针形（野生种倒卵形或倒披针形），顶端尖，叶柄短或无柄，叶缘浅锯齿状，叶面浓绿色，略带紫色，叶背紫红色，表面蜡质有光泽。幼叶两面均被柔毛，叶肉较肥厚，叶脉明显，在叶背突起。顶生或腋生头状花序，在花梗上呈伞状排列，两性花，黄色或红色。瘦果，短圆柱形种子，但很少结实。

白背天葵株高 30～60 厘米，直根系，主根肉质，侧根少且较细，主要分布在 15～20 厘米的土层中。茎直立，肉质，基部浅紫色，嫩茎浅绿色，具浅棱，被短柔毛，粗 0.3～0.8 厘米，分枝能力强。单叶互生、肉质，长倒卵形，长 8～15 厘米、宽 4～8 厘米，边缘有粗锯齿，叶面绿色，叶背浅绿色，羽状脉。头状花序，完全花，金黄色。果实为瘦果，圆柱状，长 3.5 毫米，具

10 条纵棱，成熟时深褐色，冠毛白色。

（二）对环境条件的要求

紫背天葵抗逆性强，喜温暖的气候条件。生长发育适宜温度为 20～25℃，耐热能力强，也较耐低温，在 35℃的高温条件下仍能正常生长，能耐受 3～5℃的低温，5℃以上不会受冻，但遇到霜冻时会发生冻害，严重时植株死亡。紫背天葵对光照条件要求不严格，比较耐阴，但光照条件好时生长健壮。紫背天葵喜湿润的生长环境，但较耐旱。紫背天葵对土壤肥力的要求不严格，耐瘠薄，黄壤、沙壤、红壤土均可种植，但在生产上宜选沙质壤土或沙土较好。适宜 pH 值为 6.5～7.5。

白背天葵其植株生长旺盛，分枝再生能力强，耐热喜湿，又耐寒耐旱。生长适温为 20～30℃，低于 15℃高于 35℃时茎叶生长缓慢，成株能耐受 3℃的低温，-2℃时地上部分冻死。

三、栽培季节

野生紫背天葵一般在春季至夏初的 3～6 月份采摘嫩梢和幼叶，用开水烫过，挤干水后，可有多种食法，质地柔嫩，别有风味。人工驯化栽培的紫背天葵可周年生产且产量较高，但夏季和秋初产量极低，冬季需要大棚多层覆盖保苗越冬。

四、繁殖方法

紫背天葵有 3 种繁殖方式：扦插繁殖、分株繁殖和种子繁殖。

（一）扦插繁殖

紫背天葵虽能开花，但很少结实，且茎节部易生不定根，插条极容易成活，适宜扦插繁殖，这也是生产上常常采用的繁殖方式。在无霜冻的地区，周年均可进行扦插，但在春、秋两季插条生根快，生长迅速。所以，一般在2～3月份和9～10月份进行。

扦插繁殖时选择较为成熟的生长健壮的枝条，不能选过嫩或过老的枝条作扦穗。插条长10厘米左右，带3～5片叶，摘去基部的1～2片叶，按行距20～30厘米、株距6～10厘米，斜插于苗床，入土深度以5～6厘米为宜（插条长度的1/2～2/3）。随后，浇透底水，保持床土湿润。春季扦插繁殖应加盖小拱棚，保温保湿；早秋高温干旱、多暴雨的季节可覆盖遮阳网膜，保湿降温，并防止暴雨冲刷。20～25℃条件下，10～15天即可成活生根。苗期还应注意保持床土湿润状态，过干过湿都不利于插条生根和新叶生长。

（二）分株繁殖

分株繁殖一般在植株进入休眠后或恢复生长前（南方地区多在春季萌发前）挖取地下宿根，选健壮植株进行分株，随切随定植。但分株繁殖的繁殖系数低，分株后植株的生长势弱，故生产中一般不采用。

（三）种子繁殖

一般在春季2～3月份气温稳定在12℃以上时播种，播后8～10天即可出苗，苗高10～15厘米时定植大田。紫背天葵利用种子繁殖的优点是繁育出的幼苗几乎不带任何病毒。

五、栽培技术

（一）工厂化育苗技术

1. 设施要求

（1）生产环境　育苗设施应选择建设在无污染、远离工厂、周边没有垃圾场、排污口等污染源的地方，且地面干燥平整，沟渠完善具有良好的排灌水能力。

（2）**设施条件**　育苗设施应选择塑料薄膜大棚或连栋温室，要求透光性和密闭保温性良好；具有较好的通风降温性能，如安装可活动的遮阳网、环流风机和湿帘风机；较强的抗风抗雨能力；温室四周需覆盖防虫网与外界隔离；室内最好能搭建育苗床托起育苗盘。

（3）**育苗容器**　①塑料花盆：选择直径 10～12 厘米的花盆，具有较高的空间利用率。②育苗盘：通常使用的是塑料穴盘或泡沫穴盘，两种穴盘都比较轻便耐用，宜采用 50 孔或 72 孔塑料穴盘。

（4）**育苗基质**　紫背天葵工厂化育苗选用基质应疏松、孔隙度大、富含有机质、pH 值为 6～7.5，如将草炭、蛭石和珍珠岩按 1：1：1 体积比混合，按每立方基质添加 20～30 千克有机肥，有机肥应充分腐熟。基质须无污染、无其他植物成活种子。使用过的旧基质应充分消毒。

2. 消毒处理　在生产前应对育苗棚、地面、苗床、容器、工具及周围环境进行全面、彻底的消毒。

（1）**育苗棚消毒**　育苗棚内可采用熏蒸法和喷雾法杀虫灭菌，棚内苗床和地面要清洁无污染、无杂草，可施用石灰消毒。育苗棚外特别是湿帘风机进口处应及时清除杂草，喷施广谱性杀虫杀菌剂。疏通沟渠，达到不积水、排水顺畅的要求。

（2）**容器和工具消毒**　育苗所使用的穴盘、花盆等容器和剪刀、刀片等工具应清洗干净，并用漂白粉或高锰酸钾溶液清洗浸泡消毒。

3. 母本圃的建立

（1）**制备插条**　紫背天葵目前主要采用无性繁殖即扦插繁殖，无须制种。自亲本繁殖基地或越冬种植基地切取 10～15 厘米长的幼嫩枝条用于制备插条。插条制备要求每个插条需含 2 个侧芽芽点，即 2 片叶；插条上端平切、下端斜切，垂直于叶片主脉方向剪去 1/2 的叶片；插条长度 5～8 厘米为宜。

（2）**花盆填装基质**　将基质先用水浇湿拌匀，要求手握成团、落地即散。将湿润的基质填装入花盆中。

（3）**扦插建母本圃**　将制备好的插条按每盆 3 株均匀扦插到花盆中，插条插入深度以 3 厘米为宜。20～25℃条件下，约 40 天株高可达 15 厘米以上，新长出的幼嫩枝条可用于扦插育苗。

4. 扦插育苗

（1）**穴盘基质填装**　和花盆中使用的基质一样，基质需先浇水拌匀然后填装入穴盘中，使用专用的压穴工具在每个育苗穴上压出 3 厘米深的扦插穴。

（2）**扦插**　将制备好的插条插入穴盘基质扦插穴中，插入深度以 3 厘米为宜。20～25℃条件下，35 天左右株高可达 10～15 厘米，种苗育成。

5. 苗期管理

（1）**水分管理**　紫背天葵喜湿润环境，设施内空气相对湿度应控制在 80%～90%，超过 95% 易造成病害。日常管理中，每日清晨和浇水后应开启环流风机，保持设施内空气流通，促使设施内湿度均衡。浇水的频次、时间和量应结合本地气候条件和施肥来决定。以武汉地区为例，春、夏季节高温高湿，植株蒸腾量大，应每日早、晚浇水，浇水浇透，勤开环流风机；秋、冬季节干燥寡日照，采用水肥一体化管理，早、晚内循环通风。

（2）**施肥管理**　施肥应以喷施含氮叶面肥为主，少施或不施磷钾肥，应采用水肥一体化管理，根据天气和苗期生长状况少施、勤施，提供苗期所需营养。

（3）**环境控制**

①光照　紫背天葵为喜光植物，光照强度应控制在 8 000～30 000 勒，光照过强时，及时覆盖遮阳网，光照不够时应考虑补光。

②温度　紫背天葵较耐高温，生长适温为 15～30℃，高于

35℃或低于10℃时，生长缓慢；低于3℃时，地上部会冻死。日常管理中，设施内温度上升至32℃时应开启环流风机和水帘风机降温，设施内温度下降至10℃时应密闭保温，若下降至5℃时应考虑加温以保证种苗存活率。

③空气　光照充足且设施外温度在10℃以上时应适当打开气窗和环流风机，提高设施内二氧化碳浓度，以促进种苗的光合作用。

（4）**病虫害防治**　为达到无公害种苗要求，日常管理应"以防为主，综合防治"，坚持以"农业防治、物理防治、生物防治为主，化学防治为辅"的原则防治病虫害。

①农业防治　在繁殖基地或母本圃中选择无病虫植株的强壮枝条制备插条。科学施肥、通风降湿，保持设施清洁，做好生产前的杀菌消毒工作，严格按照生产规章制度进行管理，不为病虫害的滋生创造条件。

②物理防治　设施四周和气窗均用孔径1毫米左右的防虫网与外界隔离，在苗床上方，距植株生长点20厘米处悬挂黄板防治蚜虫，一般来说每亩挂25厘米×40厘米的黄板25块即可。设施外设置黑光灯或性诱剂诱杀斜纹夜蛾和甜菜夜蛾成虫。

③化学防治　可以使用多菌灵、代森锰锌、氯氰菊酯乳油、吡虫啉等高效低毒的无公害药剂有针对性地对病虫害进行遏制和捕杀。

（5）**母本圃更新**　在周年生产过程中，若母本圃出现产量降低、植株老化严重的现象，需及时更换母本圃，一般每6个月更换1次为宜。被替换的植株可部分移栽大田，为翌年的生产做准备。

6. 越冬保苗　以武汉地区为例，12月底至翌年2月初，日平均气温在5℃以下，紫背天葵地上部无法存活，其越冬保苗一般需要搭建3层塑料棚膜，最外层为钢架结构拱棚，里面2层为大小竹制拱棚。日照充足，且日平均气温在10℃以上时，可掀起薄膜通风换气，若遇大风、降水、降温时须及时扎紧拱棚密闭保温。

（二）大棚周年生产技术

1. 整地施肥　虽然紫背天葵对土壤要求不严格，也耐瘠薄，但人工栽培生长期长，需肥水量较多，为获得优质高产，宜选排水良好、富含有机质、保水保肥力强的微酸性壤土或沙壤土。定植前深翻床土，施入充分腐熟农家肥 2 000～3 000 千克、三元复合肥 30～40 千克，与土壤充分混匀。耙细整平，做成连沟宽 1～1.2 米、高 20～25 厘米的深沟高畦。

一般 6～8 米宽大棚筑 6～8 畦，每畦中间摆放 1 根滴灌管带用于灌水施肥，然后覆盖黑色地膜准备定植。

2. 定植　在棚内气温稳定在 15℃以上时即可定植。设施栽培可在 2 月初大棚套小拱棚（小拱棚再套简易竹棚）定植，单层大棚 2 月底至 3 月初定植，3 月中旬小拱棚内定植；露地栽培可在清明节前后（4 月 5 日左右）开始定植。多采用行距 30～35 厘米、株距 25～30 厘米，栽入插条（利用扦插繁殖的）或秧苗（利用种子繁殖的），然后浇定根水，促进成活。定植一般选连续晴天的下午进行。

3. 田间管理　紫背天葵在整个生长期中，对肥水的要求比较均匀。定植后 10 天左右，应追施提苗肥，一般每亩施用尿素 5～7 千克，以促进多分枝。进入采收期后，要求每采收 1 次追肥 1 次，每次每亩施用三元复合肥 20～25 千克，或喷施高效腐殖酸叶面肥。采用滴灌管勤灌水，小水勤浇，浇水的原则是保持土壤湿润，见干即浇，雨季要注意排水防涝。在整个生长期中，应在封行前中耕除草 3～4 次，在采收多次后，应及时打去植株基部的老枝叶，促进新梢萌发，以延长采收期，提高产量。

缓苗期间应闭棚保温促进幼苗成活。生长期大棚温度保持在 20～25℃，晴好天气揭膜通风换气，保持棚温不超过 25℃。为保证丰产稳产，应防止30℃以上的高温及3℃以下的低温，并注意通风降湿。冬季注意保温防冻，12月份以后要采取多层覆盖，保持棚温10℃以上，紫背天葵较耐旱，低温季节尽量少浇水以保持地温。夏季可遮阴降温，保持20～25℃的生长环境。夏季还可在大棚上方纵向架设2条喷管，自上而下喷水，可起到浇水、降低棚温的双重作用。

4. 采收 紫背天葵在长江流域，种植1次可采收2～3年。移栽后25～30天即可采收，采收标准是嫩梢长10～15厘米，有5～6片叶。初次采收时，在茎基部留2～3节，以后从叶腋长出新梢，采收时留基部1～2片叶。在条件适宜的情况下通常每7～10天采收1次。每亩每次采收的产量一般在400～500千克，年产量可达6 000～7 000千克。在采收多次后及时打去植株基部的老枝叶，以促进新梢萌发、延长采收期、提高产量。

紫背天葵露地栽培可一直采收到霜冻。大棚栽培可四季采收，实现周年供应。

六、病虫害防治

紫背天葵相较于其他栽培蔬菜病虫害发生很少，但通过长期的人工驯化栽培，发现紫背天葵常见的病害有根腐病、叶斑病、炭疽病、菌核病、灰霉病、软腐病，常见的害虫有蚜虫（甘蓝蚜和萝卜蚜）、斑潜蝇及斜纹夜蛾等。

紫背天葵病虫害的防治，最主要的还是加强农业综合防治措施，如在扦插繁殖和分株繁殖时一定要选用无病植株，采用种子繁殖更新母株。选择肥沃、排水良好的地块，起垄高畦栽培，用地膜覆盖以防止雨水溅起病菌，增施有机肥和磷钾肥，增强抗病力。注意通风透光，大棚栽培要特别注意通风降湿。紫背天葵虽为宿根植物，但人工驯化栽培时需要2～3年后换根轮作，发现病害应及时摘除病叶、拔除病株，深埋或烧毁，尤其是发生根腐病者。

（一）病害防治

1. 根 腐 病

（1）**症状**　主要危害根茎部和叶片。根和茎部出现水渍状软腐而变黑，腐烂现象明显，植株萎蔫下垂。叶片多从叶尖和叶缘开始，出现暗绿或灰绿色大型不规则水渍状病斑，然后很快变暗褐色。

（2）**发病规律**　由鞭毛菌亚门疫霉属真菌引起。以菌丝体或卵孢子随种苗传播，借雨水溅射到近地面的叶片上形成初侵染，然后病原菌形成孢子囊，借风、雨或流水传播。一般由下部叶片开始发病，低温、阴雨、湿度大、露水大、早晨或夜间多雾情况下易于发病。当空气相对湿度较长时间在85%以上、气温在25℃时极易流行。地势低洼、排水不良、植株生长茂密、田间湿度大的地块发病早而重；偏施氮肥，植株徒长或土壤贫瘠、植株衰弱，也易发病；大雨漫灌后发病严重。

（3）**防治方法**　可在发病初期，选用50%多菌灵可湿性粉剂800倍液，或75%敌磺钠可溶性粉剂800倍液，或50%氯溴异氰脲酸可湿性粉剂800倍液，或1.5%根复特（根腐110）水剂400倍液，或25%甲霜灵可湿性粉剂600倍液，或72%霜脲·锰锌可湿性粉剂700倍液灌根或喷雾，也可用70%代森锰锌可湿性粉剂500倍液喷雾，每7～10天防治1次，连续2～3次，喷雾时要兼顾地面。

2. 叶 斑 病

（1）**症状**　主要危害叶片。病叶初生针尖大小浅褐色小斑点，后扩展为圆形至椭圆形或不规则形病斑，似蛇眼，中心暗灰色至褐色。

（2）**发病规律**　由半知菌亚门真菌引起。以菌丝体和分生孢子器在病残体上越冬，翌年以分生孢子借风雨传播。植株种植过密时容易发病。病菌发病适温20～28℃，高温多雨时发病严重，温室、大棚若通风不畅，植株茂密，浇水后往往容易发病。

（3）**防治方法** 发病初期，可选用70%代森锰锌可湿性粉剂500倍液，或80%代森锰锌可湿性粉剂600倍液，或50%甲基硫菌灵可湿性粉剂500倍液，于发病初期喷施，每7～10天喷1次，连喷2～3次，露地栽培1小时内遇降雨应重喷。

3. 炭 疽 病

（1）**症状** 主要危害叶片和茎。叶片感病，初生黄白色至黄褐色小斑点，后扩展为不定形或近圆形褐斑。茎部感病，初生黄褐色小斑，后扩展为长条形或椭圆形的褐斑，病斑绕茎1周后，病茎褐变收缩。

（2）**发病规律** 由半知菌亚门真菌引起。主要以菌丝体和分生孢子盘随病残组织遗留在田间或以分生孢子盘在病残体中越冬。病菌以分生孢子借雨水冲溅到叶片上，引起发病。植株田间发病后形成分生孢子，进行重复侵染。温度24～35℃、空气相对湿度70%～95%易发病，为高温、高湿型病害。7～8月份高温多雨季节或低洼地块发病重。

（3）**防治方法** 参考紫背天葵叶斑病。

4. 菌 核 病

（1）**症状** 病害从茎基部发生，使茎秆腐烂。发病初期，病部呈现水渍状软腐、褐色，逐渐向茎和叶柄处蔓延，并密生白色絮状物。后期在茎秆内外均可见黑色鼠粪状的菌核。

（2）**发病规律** 由子囊菌亚门真菌引起。以菌核在病残体和土壤内越冬。第二年产生子囊孢子侵染危害，并通过病株与健株间的接触和土壤内菌丝的生长蔓延传播。前茬作物为十字花科作物的田块发病严重。雨季发病严重。

（3）**防治办法** 参考紫背天葵叶斑病。

（二）虫害防治

1. 斜纹夜蛾

（1）**危害特点** 斜纹夜蛾又称莲纹夜蛾、莲纹夜盗蛾，属鳞翅目，夜蛾科。幼虫食叶，4龄后进入暴食期，一般在傍晚取食。

（2）**发生规律** 斜纹夜蛾是喜温性害虫，发育适温较高，为29～30℃，因此各地严重危害时期都在7～10月份。该害虫的天敌很多，主要有瓢虫、绒茧蜂、寄蝇、步行虫、病毒及鸟类等。一般斜纹夜蛾大发生后，天敌随之上升，致使翌年的发生受到抑制。3龄前的低龄幼虫期是药剂防治适期。

（3）**防治方法** 紫背天葵斜纹夜蛾可通过瓢虫、绒茧蜂等天敌抑制，或在3龄前的低龄幼虫期用低毒或生物农药防治。低龄害虫（3龄前）用1.5%甲氨基阿维菌素苯甲酸盐乳油2 000～3 000倍液，或50克/升虱螨脲乳油1 000～1 500倍液，或4.5%氯氰菊酯乳油1 500倍液喷雾效果良好。

2. 蚜虫和潜叶蝇

（1）**危害特点** 在干旱季节易发生蚜虫（主要是甘蓝蚜和萝卜蚜）及潜叶蝇危害，以免传播病毒病，发病的植株顶端嫩叶症状最明显，表现为叶片浓淡不均的斑驳条纹，严重的叶片皱缩变小，生长受抑制。

（2）**防治方法** 可选用10%吡虫啉可湿性粉剂2 000倍液，或36%啶虫脒水分散粒剂15 000倍液，或50%灭蝇胺可湿性粉剂5 000倍液喷雾。

第十三章
叶用薯尖

　　甘薯，又名甜薯、地瓜、番薯、粉薯、白薯、红薯、红苕、红芋。属于旋花科甘薯属，蔓生草本植物。叶用薯尖以甘薯的鲜嫩茎叶作为食用部分，也称为菜用甘薯、叶用甘薯、薯尖、苕尖等，喜肥水耐高温，但不耐霜冻，病虫害少，在生长期间基本不使用化肥、农药，产品无污染，是一种新型的保健蔬菜，也是营养型蔬菜的首选品种之一。叶菜型甘薯主要食用甘薯茎蔓生长点以下约 15 厘米长的幼嫩茎叶，这类甘薯品种具有质地鲜嫩、无苦涩味、适口性好等特点。随着人们生活水平的提高和消费观念的转变，叶菜型甘薯日益成为市场的"新宠"。

　　叶用薯尖不仅可作为新鲜蔬菜食用，而且还可以加工成各种系列的营养保健食品。很多地方利用甘薯的嫩茎叶研制出速冻甘薯茎叶、甘薯茎叶保健饮料、甘薯浓缩叶蛋白和甘薯茎尖罐头等加工产品。速冻甘薯茎叶是由新鲜甘薯茎叶通过清洗、烫漂、速冻等加工处理而成，较大限度保持了新鲜甘薯茎叶原有的色泽风味和多种维生素，可长期保存，食用方便，是一种天然绿色保健食品。

一、品种类型

　　福薯 7-6 是我国第一个通过省级审定和国家鉴定的叶菜型甘

薯新品种。福薯 7-6 具有嫩梢翠绿色、茸毛少、腋芽再生力强、植株生长势旺、经济产量较高、熟食品质较好、炒熟后保持绿色时间较长等特点，在北京、福建、上海等地得到了广泛栽培和应用。此后国内许多单位开展相关的育种研究，陆续有一些叶菜专用型品种选育的报道，如泉薯 830、菜薯 1 号、翠绿（宁 R97-5）、鄂菜薯 1 号、湘菜薯 1 号等品种也已投入生产应用。这些品种在产量、适应性、食味品质等方面都有较大的提高。

鄂菜薯 1 号：系湖北省农业科学院蔬菜研究所选育的菜用薯尖红薯新品种，该品种若用薯块作种，每个薯块可长薯藤 10～11 根，薯藤茎粗 0.27～0.29 厘米；叶片、叶脉、叶柄、茎尖、茎蔓均为嫩绿色，茸毛极少，叶片心脏形，非常细嫩清秀；地上部半直立，节间特别短，茎叶生长旺盛，每个叶腋可发出 1 个腋芽，薯尖采摘后缓苗快，一般 10～12 天可采摘薯尖 1 次，每次每亩产量约 600 千克，薯尖色泽嫩绿、纤维少、口感脆嫩爽口，深受种植户和消费者的欢迎。只要栽培技术得当，一般薯尖每亩产量在 10 000 千克以上。该品种若作薯块栽培，则一般每株结薯 4～6 个，薯块为长纺锤形，薯肉为橘红色，薯皮为淡红黄色，一般每亩产量 3 500 千克。

湘薯 18 号（湘菜薯 1 号）：由湖南省作物研究所选育而成，2007 年通过湖南省审定，适宜在湖南省种植。该品种为中、短蔓型，顶叶浅绿色，叶片绿色带深复缺刻，叶脉绿带浅紫色，茎绿色；单株分枝 10～23 个，茎粗 0.6 厘米左右；薯块形成早，整齐集中，单株结薯 4～5 个；薯块纺锤形，薯皮红色，薯肉黄白色，商品率高。

福薯 7-6：由福建省农业科学院作物研究所选育而成。该品种中蔓直立，顶叶、成叶、叶脉、叶柄和茎蔓均为绿色，叶脉基部淡紫色，叶片心脏形茎尖茸毛少；单株分枝 10～12 个，地下部结薯习性好，单株结薯 2～4 个；薯块纺锤形，薯皮粉红色，薯肉橘黄色，薯块烘干率 22%～23%，出粉率 10%。

福薯18：由福建省农业科学院作物研究所和湖北省农业科学院粮食作物研究所共同选育而成。该品种为短蔓型，叶片心形带齿，顶叶、成叶、叶脉、叶柄、茎蔓均为绿色；薯块萌芽性好，呈下膨纺锤形，薯皮黄色，薯肉淡黄色，结薯习性一般；耐湿耐肥水；抗蔓割病，中抗根腐病、茎线虫病，易感黑斑病。

广菜薯3号：由广东省农业科学院作物研究所选育而成。该品种株型半直立，分枝中等；叶片心形带齿，顶叶和茎为绿色，叶基紫色，茎尖无茸毛；茎尖烫后颜色翠绿至绿色，略有香味，无甜味；薯块长纺锤形，薯皮白色；抗茎线虫病，中抗根腐病、黑斑病，中感蔓割病。

浙薯726：由浙江省农业科学院作物与核技术利用研究所选育而成。该品种叶片心形，边缘浅裂，顶叶绿色，成叶、叶脉、叶柄和茎均为绿色，茎尖有少量茸毛；薯块长纺锤形，紫红皮紫肉，结薯性好，鲜薯产量较高；抗根腐病，高感茎线虫病，感黑斑病和蔓割病，病毒病和白粉虱危害轻。

台农71：江苏徐州甘薯研究中心筛选。茎叶嫩绿，叶尖心形，顶叶绿色，叶色绿，叶脉淡绿色，茎绿色，无茸毛。烫后颜色翠绿，口感鲜嫩滑爽，既可炒食又可凉拌，菜用品质好过空心菜。短蔓半直立，基部分枝有十几个，茎叶再生能力强，薯皮白色，肉淡黄色，块根产量较低，生长期间极少发生病虫害。

尚志12：江苏徐州甘薯研究中心收集。薯块纺锤形，紫红皮黄肉，地上部生长旺盛，茎尖产量高，茎尖嫩绿，叶色绿，茎尖无茸毛，粗纤维含量少，茎尖熟化后仍保持绿色，无苦涩味，适口性好，适合做菜用。

泉薯830：江苏徐州甘薯研究中心筛选。叶心脏形，顶叶绿色，叶色绿，叶脉紫色，茎绿带淡紫，有茸毛，茎尖长度较短。无苦涩味，有滑腻感。鲜叶片蛋白质含量为4.25%，茎秆蛋白质含量1.13%左右。

桃园1号：台湾品种。因为甘薯对台风雨水灾害的抗性强，容易恢复再生，且病虫害发生较少，农药使用明显少于一般叶菜类，所以在台湾被作为"最放心的健康蔬菜"推广，据称已成为大餐馆中一道必不可少的蔬菜佳肴，价格大涨，需求量日增。桃园区农业改良场选育推出叶用甘薯新品种"桃园1号"，并进行了一般栽培和设施栽培的比较试验。据介绍，设施栽培有设网露天或设网加塑料顶温室两种方式，内部均设有自动喷水管，种植1次可采收2年。春、夏季每7～15天采收1次；秋、冬季从扦插40天后就可以采收，每20～30天采收1次，食用部分为茎叶芽梢向上15厘米，适口性优，无苦涩味，无甘薯腥味，纤维细嫩，不必撕皮，炒煮不变色，深受消费者喜爱。

鄂薯10号：湖北省农业科学院粮食作物研究所选育的叶菜型甘薯品种。株型半直立，萌芽性好，分枝中等；叶片心形带齿、绿色，顶叶、茎色和叶基色均为绿色；薯型长筒形，薯皮淡红色；茎尖无茸毛，烫后颜色翠绿至绿色，有香味，无苦涩味，无甜味，有滑腻感；抗茎线虫病和蔓割病，感根腐病。平均产鲜茎尖约2000千克/亩。

福菜薯18号：福建省农业科学院作物研究所选育叶菜型甘薯品种。萌芽性好，短蔓；叶片心形带齿，顶叶、成叶、叶脉、叶柄、茎蔓均为绿色；薯块下膨纺锤形，黄皮淡黄肉，结薯习性一般；茎尖食味较好；耐湿耐水肥；抗蔓割病，中抗根腐病、茎线虫病，感黑斑病。平均产鲜茎尖2500～3000千克/亩。

福菜薯22：福建省农业科学院作物研究所选育，2016年通过国家农作物品种审定委员会审定。该品种株型紧凑，短蔓直立，分枝性好，平均茎尖鲜产2500千克/亩，高抗茎线虫病，抗蔓割病，是理想的、适合机械采收的叶菜型甘薯品种。

二、栽培特性

（一）形态特征

1. 根 甘薯的根由须根、柴根和块根组成。

（1）**须根** 呈纤维状，有根毛，一般分布在30厘米土层内，深可超过100厘米，具有吸收水分和养分的功能。

（2）**柴根** 粗约1厘米左右，长可达30～50厘米，是须根在生长过程中遇到土壤干旱、高温、通气不良等条件，导致发育不完全而形成的畸形肉质根，没有利用价值。

（3）**块根** 甘薯为膨大的块根，是储藏养分的器官。形状有纺锤形、圆筒形、椭圆形、球形和块状形。皮色与肉色有红、黄、白等。单株的块根数一般为2～6个。块根表面常有5～6个纵裂的沟纹，上面着生"根眼"，不定芽从"根眼"外长出，具有根出芽特性，是育苗繁殖的重要器官。块根多生长在5～25厘米的土层内。

2. 茎 具有匍匐性、半直立性，蔓长100～300厘米，茎色分为绿、紫或绿中带紫。蔓可分枝，茎中多乳汁。

3. 叶 叶为单叶互生，叶序为2/5。叶具叶柄和叶片，叶型掌状或全缘。叶色有绿、浅绿和紫色等，叶柄基部因品种可分为绿、绿带紫、紫等。叶片背面叶脉颜色，分淡红、红、紫、淡紫和绿色等。

4. 花、果、种子 在北纬23°以南，一般品种能自然开花，在北方则很少开花。异花授粉，花单生或若干集成聚伞花序。花形如漏斗状，有雄蕊5个，花丝长短不一，花粉束分为2室。雌蕊1个，柱头球状分二裂。果为蒴果，球形或扁球形，每果具有种子1～4粒，种皮褐色。

（二）生长发育时期

春薯生长期为 160～200 天，夏薯为 110～120 天，根据甘薯在大田的生长特点及其与气候条件的关系，大体分为三个生长时期。

1. 前期（从栽秧到封垄） 春薯历时 60～70 天，夏薯 40 天左右。该期茎叶生长较慢，根系发展较快，是以生长纤维根为主的时期。

2. 中期（封垄到茎叶生长巅峰） 春薯约历时 50 天，夏薯约 30 天。该期块根膨大较慢，茎叶生长快，是以生长茎叶为主的时期。

3. 后期（从茎叶开始衰退到收获薯块） 春薯在 8 月下旬以后，夏薯在 9 月上旬以后。该期是块根膨大的主要时期。

（三）对环境条件的要求

1. 温度 甘薯喜温怕冷，栽秧 5～10 厘米地温在 10℃左右不发根，15℃左右需 5 天发根，17～18℃发根正常，20℃左右可 3 天发根，27～30℃只 1 天即可发根。

气温 25～28℃时茎叶生长快，30℃以上时茎叶生长更快，但薯块膨大慢。38℃以上呼吸消耗多，茎叶生长慢，20℃以下时茎叶生长也快，15℃时停止生长，10℃以下持续时间过长或遇霜冻，则茎叶枯死。

5～10 厘米地温在 21～29℃时，温度越高，块根形成越快，数目越多，但薯块较小。22～24℃的地温较有利于块根的形成。20～25℃的地温最适宜于块根膨大，低于 20℃或高于 30℃时块根膨大较慢，低于 18℃有些品种停止膨大，低于 10℃块根易受冷害，在 –2℃时块根受冻。块根膨大期间较大的日夜温差有利于块根膨大和养分的积累。

2. 光照 甘薯喜光，在光照充足的情况下，叶色较浓，叶龄较长，茎蔓粗壮，产量较高。若光照不足，则叶色发黄、落叶多、叶龄短、茎蔓细长，输导组织不发达，同化形成的有机营养向块根输送少，产量低。

每天受光时间长对茎叶生长有利，可使茎蔓变长、分枝数增多。每天受光 12.5～13 小时较适宜块根膨大。每天受光 8～9 小时对现蕾开花有利，但不适于块根膨大。

3. 水分　甘薯是耐旱作物，但水分过多过少均不利于增产。红薯怕淹，特别是在结薯后受淹对产量影响很大。土壤干湿不定造成块根内外生长速度不均衡，常出现裂皮现象。总之，甘薯既怕涝，又怕旱，俗话说"干长柴根，湿长须根，不干不湿长块根"。要获得甘薯高产，就应根据具体条件适时适量浇水，及时彻底排涝，旱地要加强中耕保墒。

4. 养分　甘薯吸肥能力强，耐瘠薄，但要高产必须施足肥料。除氮、磷、钾外，硫、铁、镁、钙等也有重要作用。甘薯对钾的要求最多，氮次之，磷最少。据分析，每 1 000 千克红薯中含氮 3.5 千克、磷 1.75 千克、钾 5.6 千克。因此，增施钾肥，适时适量施用氮、磷肥有显著增产作用。

5. 土壤　以土层深厚，含有机质丰富，疏松、通气、排水性能良好的沙壤土与沙性土为好。土质黏重时，块根皮色不好，粗糙，薯型不整齐，产量低，不耐贮藏。但沙壤土和沙性土一般肥力较低，保水力差，应通过施肥等措施逐步培肥地力，才能获得高产。甘薯较耐酸碱，适应 pH 值范围为 4.5～8.5，但以 5.2～6.7 为宜。土壤含盐量超过 0.2% 时，不宜栽种红薯。

三、栽培季节

长江流域传统的叶用薯尖栽培一般 3 月份扦插，4 月份开始采收，10 月份清园换茬。近年来，利用大棚等保护地可周年栽培叶用薯尖。叶用薯尖 2 月下旬至 10 月上旬均可扦插，11 月下旬盖大棚、搭小拱棚，12 月上旬开始覆盖无纺布和棚膜保苗越冬，翌年 2 月底至 10 月下旬采收鲜嫩薯尖上市。

四、繁殖方式

甘薯为异花授粉作物，用种子繁殖的后代性状很不一致，产量低，在生产中很少采用有性繁殖。由于甘薯块根、茎蔓等营养器官的再生能力较强，并能保持良种性状，故在生产中采用块根、茎蔓、薯尖等进行无性繁殖。早春气温较低，应用苗床加温育苗，能延长甘薯生长期，提高产量。

（一）薯　块

主要为育苗繁殖，是甘薯生产中普遍应用的繁殖方法，利用薯块周皮下潜伏的不定芽原基萌发长苗，然后剪苗栽插于大田，或剪苗插植于采苗圃繁殖后，再从采苗圃剪苗栽插于大田。此法虽然对劳力、土地利用不经济，但易获得优良苗。

（二）茎　蔓

利用春薯田剪苗作秋冬薯田插植用或在秋薯田剪苗插植于苗圃繁殖，越冬后，再剪苗栽插于大田，在长江流域叶用薯尖栽培此法应用较普遍。这种方法操作粗放，可节省劳力和土地，比较经济。如能注意良苗选择，未必比苗床苗差。但如年年沿用大田苗栽插，苗的发育逐渐低落退化，薯型变小，小薯率增加，产量减低，故须于 2～3 年后用种薯育苗，更新 1 次。

五、栽培技术

（一）工厂化育苗技术

在冬季遭遇大雪、霜冻等低温环境时，扦插留用的薯尖母体无法抵御低温伤害，易造成大面积死亡，无法满足翌年的生产需求。叶用薯尖工厂化育苗是在霜冻前利用温室提供适宜温度，用刀片将叶用薯的主枝或侧枝切下，插入专用基质中生根的方法。该育苗方法可较好保持品种特性，育苗时间较短（20～30 天），定植以后无缓苗期，成苗率高，且能避免低温所造成的叶用薯尖种苗不足的问题，具有广阔的市场前景。现将其关键育苗技术总结如下。

1. 品种选择 选择植株生长旺盛、腋芽再生能力强、茎尖产量高、粗壮、光滑无茸毛、肉质嫩滑且味甜的薯尖品种，如福薯 7-6、福薯 18、湘薯 1 号、广菜薯 3 号、浙薯 726、鄂菜薯 1 号、台农 71 号等。目前，湖北省主要种植的叶用薯尖品种为台农 71 号和鄂菜薯 1 号。

2. 扦插前准备 选购育苗专用草炭、蛭石和珍珠岩。扦插前，草炭、蛭石、珍珠岩按 1：1：1（V/V）的比例混合，每立方米基质再添加 20～30 千克腐熟有机肥，混合均匀后用 58% 甲霜·锰锌可湿性粉剂 600～1 000 倍液消毒，充分湿润后装填于 50 孔或 72 孔穴盘中备用。

3. 扦插 选择长势健壮、无病虫害的叶用薯植株，剪取约 15 厘米长、具 4～5 节的茎蔓，剪取部位以靠近茎节为好，斜插入基质 2 节即可。

4. 扦插后管理

（1）扦插成活前管理 扦插后 3 天内覆盖一层薄膜保湿，温度不宜超过 30℃，中午遮强光。扦插后 3～5 天，揭开薄膜，中午遮强光。扦插后 5 天，叶用薯尖种苗基本成活，恢复正常管理。

（2）扦插成活后管理

①肥水管理 叶用薯尖喜肥水，应保持基质湿润，湿度应达到 80%～90%。每 7 天浇三元复合肥 500 倍液 1 次。

②温光调控 叶用薯尖种苗对温度的要求较高。一般在

18～30℃范围内，随着温度升高，叶用薯尖种苗生长越快，温度高于30℃后，生长缓慢、易老化。叶用薯尖种苗对光照的要求不高，正常即可。

5. 再扦插扩繁　从扦插到出苗，一般20天左右即可完成。在生产实际中，10月下旬至11月上旬（结霜前）就要完成叶用薯种苗扦插，以保留母本，翌年2月下旬才可在保护地定植。新育成的有3～4片新叶的叶用薯种苗也可作母本，用于叶用薯的扦插扩繁。为了节约成本、提高经济效益，一般第一次扦插时只扦插少部分，用于保存母本，此后进行多次的再扦插扩繁。

6. 炼苗　生产的叶用薯尖种苗一般在每年2月下旬至3月份长至4～5片新叶时定植。在定植前7天左右，通过加强通风、降低温度等方式炼苗。

（二）大棚周年栽培技术

1. 品种选择　目前，长江流域种植的叶用薯尖品种较多，经过多年实践表明，鄂菜薯10号、台农71号、福菜薯18号等叶用薯尖专用品种茎叶鲜嫩、适口性好、生长速度快、抗性强，适于长江中下游地区种植。

2. 整地施基肥　叶用薯尖适应性较强，能在各种类型土壤中栽培，但高产栽培应选择排灌方便、土质疏松肥沃的壤土或沙壤土。定植前将田块深翻晾晒，结合整地每亩施腐熟有机肥2 000～3 000千克、三元复合肥40～50千克，开好三沟后整平畦面，做深沟高畦。为方便采摘薯尖，畦面宽（连沟）应控制在1.2～1.5米、沟深0.2米。

3. 合理密植　长江流域大棚栽培2月下旬至10月上旬均可定植，可根据茬口灵活安排定植时期。选择长势健壮、无病虫害的叶用薯植株，用剪刀剪取长约15厘米、具4～5节的茎蔓，并用20%萘乙酸1 000倍液浸泡茎蔓基部30分钟，斜插入土2～3节，必须将插入土内叶柄剪掉，行距0.3米、株距0.2米，每亩定植 1.1 万～1.2 万株。

4. 定植缓苗　早春抢早栽培应选择晴天上午定植，定植后浇足水，保持土壤湿润，及时搭好小拱棚，并覆盖大棚膜和小拱棚膜，棚膜四周压实，以保持较高的温度和湿度，促根早发、快发，利于缓苗。若午后温度高于 38℃，应适当揭开棚膜通风降温，一般 7 天即可缓苗结束。夏季栽培应选择阴天或下午定植，定植后浇足水，搭小拱棚或直接在大棚上覆盖遮阳网遮阴降温。

5. 肥水管理　叶用薯尖喜肥水，应早晚用小水勤浇，保持土壤湿润，多雨季节要清沟排渍，防止沤根。追肥应以腐熟农家肥和氮肥为主，缓苗后每亩可用腐熟稀薄农家有机液肥 1 000 千克或尿素 5 千克提苗；采收期间，每采摘 1 次追肥 1 次，修剪后可结合中耕除草，每亩追施腐熟有机肥 200 千克、三元复合肥 5 千克，注意要待伤口干后再追施肥水。叶用薯尖周年栽培过程中，有条件的可以采用肥水一体化技术追施肥水，即在田间安装喷灌设施，把沼液和水溶性肥用水稀释后早晚喷施，既可大大节约人工，又可提高叶用薯尖的商品性和食用品质。

6. 摘心、修剪及采收　扦插的茎蔓成活后，待长出 4～5 片新叶时摘心，促发分枝，一般 12 天左右即可长出 3～5 根新枝。及时采摘 5 叶 1 心、约 15 厘米长的鲜嫩薯尖上市，注意应在早晨露水未干前采摘，此时采摘的薯尖商品性和品质最佳，之后每隔 12 天左右采摘 1 次。采收后要定期修剪，剪除底部多余的弱小茎蔓和老残茎叶，只保留 3～4 个节位的健壮腋芽和基部长出的健壮新梢，改善植株间的通风透光情况，修剪后及时将残枝败叶清出大棚处理。

甘薯抗逆性强、产量高，生长或恢复生长快，在台风、水灾过后和蔬菜生产淡季，甘薯嫩梢可作为绿叶蔬菜补充供应市场。夏季种植 15 天即可采摘，6～10 月份每 7 天左右可采收 1 次，按每亩每次采收 100 千克，每年可采收茎尖及嫩叶片 2 000 千克。同时，还可收地下块根 1 000 千克。若采用大棚可实现全年生产，均衡供应市场，采收的数量及销售均价都会大幅度提高。

7. 叶用薯安全越冬技术 叶用薯安全越冬方法有两种：薯苗大棚种植越冬和薯种贮藏越冬。一是叶用薯苗大棚越冬：湖北地区需要在三膜（地膜、小拱棚膜和大棚膜）基础上才能安全保苗越冬。二是叶用薯种贮藏越冬：建立留种田，不采摘薯尖，像普通甘薯那样生产薯种。在打霜前挖种并晾晒 2～3 天，用稻草或麦秸垫底，分层存放。需注意：不能用农膜覆盖；晾晒时，夜间要覆盖薯藤；存放的薯块不能沾水。

六、病虫害防治

（一）甘薯黑斑病

黑斑病又叫黑疤病，是甘薯的主要病害，此病从育苗期、大田生长期和收获贮藏期都能发生，引起死苗、烂床、烂窖，造成严重损失。

1. 症状 病菌主要危害薯块和病苗，在收获时可以见到薯蔓白色部分发病变黑，薯块发病产生圆形或近圆形的黑褐色病斑，病部中央稍凹陷，病健交界分明，轮廓明显，上生灰色霉层，在湿度适宜时，发病部位长出黑色的刺毛状物，病菌能侵入薯肉下层，使薯肉变为墨绿色，有苦臭味。发病薯苗发黄细弱，一般在苗茎基处白嫩部分产生梭形或长圆形的黑色病斑，病苗栽到大田后叶片发黄脱落，生长缓慢，最后造成死苗缺株。

2. 防治方法 选用抗病品种，建立无病留种田；对发病严重的地块，实行 2 年以上轮作，防病效果好；做好贮藏工作，贮藏温度应控制在 10～14℃，空气相对湿度在 80%～90%，是安全贮藏防治黑斑病的关键。采用温水浸种，用 51～54℃温水浸泡种薯 10 分钟。药剂浸苗消毒，可用 50% 代森铵水剂 200～300 倍液浸苗 2～3 分钟。

（二）甘薯花叶病

花叶病又叫甘薯病毒病，主要在苗期发病。

1. 症状 发病初期幼嫩叶片淡绿色，叶片薄厚不均，继而颜色黄绿相间，呈花叶状。随后花叶斑驳程度加大，并出现大面积深褐色坏死斑，中、基部老叶尤甚，发病重的叶片皱缩、畸形、扭曲。早期发病的植株节间缩短，生长势明显较弱。以剪苗后新生薯苗发病最为严重。感病薯苗插于大田后产量明显降低，减产幅度可达 60% 以上。

2. 防治方法 采用脱毒种薯，从根本上防治病毒病的发生；加强苗床检查，发现病苗，连同薯块一起挖除；大田发现病株，立即拔除；消灭传毒昆虫；发病初期用 20% 吗胍·乙酸铜可湿性粉剂 600～800 倍液喷施，每 5 天喷 1 次。

（三）斜纹夜蛾

1. 危害特点 初孵幼虫群集在叶用薯叶片背面啃食叶肉，仅留上表皮和叶脉，被害处形如一层薄薄的窗纱。3 龄后可将叶片啃食成缺刻状或鱼网状，严重时可将叶片吃光。露地叶用薯虫害暴发时，幼虫啃光一田块后可成群迁移到周边田块继续危害。

2. 生活习性 斜纹夜蛾是鳞翅目夜蛾科害虫，世代重叠严重且幼虫具暴食性。成虫具趋光性，在叶用薯田间常将带茸毛的卵块产于叶片背面，数量多但不易被发现。刚孵化的初龄幼虫呈群聚性，3 龄后开始分散危害且食量显著增加，4～6 龄进入暴食期。幼虫昼伏夜出，白天潜藏于土块、老茎叶的背光处，夜间活动啃食叶片。

3. 发生规律 武汉市叶用薯地块斜纹夜蛾一般每年发生 6～7 代，其中露地栽培 6～10 月份可见幼虫危害，8～9 月份最为严重；设施越冬栽培 5～11 月份皆可见幼虫危害，但以 7～

10月份危害最为严重。地势低洼地带，每年6～7月份暴雨洪灾过后虫害更为突出，部分基地可一夜成灾，导致防治十分棘手。

4. 防治方法

（1）**清洁田园与深耕晒土**　为减少斜纹夜蛾虫源基数，叶用薯定植前需将田间的病残枝叶清理干净，并移出田外集中填埋。春季露地定植可于3月中旬先利用旋耕机深翻土地30～35厘米，晒田1～2周后待栽。叶用薯越冬设施繁苗地块宜结合翻耕，于9月下旬前晒田20～30天或灌水后覆盖农膜进行高温闷棚15～20天，并选择无斜纹夜蛾等病虫危害的茎叶定植。

（2）**生物导弹与采摘除卵**　生物导弹即毒·蜂杀虫卡，可入侵斜纹夜蛾的幼虫和卵，并形成病毒流行病以降低虫害发生程度。依据生物导弹的作用机制，寄杀斜纹夜蛾前3代卵和幼虫对减轻虫害发生程度的效果最佳。根据湖北地区斜纹夜蛾的监测发生动态，露地可分别在斜纹夜蛾第一次羽化高峰期（5月上旬）和第二、第三次羽化高峰期间（6月初、6月下旬），每亩安放虫卡2～3枚于叶用薯藤蔓处。放置生物导弹前后1周，禁止使用任何杀虫剂。叶用薯8～9月份生长迅速，每5～7天可采摘1次，生产中可以通过增加采摘次数人为移除虫卵以降低虫源。

（3）**诱杀监测与药剂防治**　使用情况表明，规模化基地以性引诱剂诱杀斜纹夜蛾成虫效果最好，太阳能杀虫灯次之。性诱设备可于5月初进行安装，每亩悬挂干式诱捕器1个，每月更换1次斜纹夜蛾诱芯，根据诱虫的数量更换诱捕器底部灌装药液的塑料袋。太阳能杀虫灯也于5月初进行安装，一般每20 000米^{2}安置杀虫灯1个，定期检修、维护线路、灯泡和捕蛾设备。结合诱杀的成虫数量，可于7～10月份在捕杀成虫数量高峰期的3～4天后，喷施氯虫苯甲酰胺、茚虫威、斜纹夜蛾核型多角体病毒等微（低）毒高效低残留农药进行防治。

（四）甘薯天蛾（旋花天蛾）

1. 危害特点　以幼虫食害甘薯叶片和嫩茎，常将叶片吃光。虫口密度大时，可将成片薯田叶片吃光，只剩薯蔓，影响甘薯生长发育，使薯块含糖量降低，产量下降。

2. 防治措施

（1）农业防治　深翻土壤，使其不能化蛹；不与赤豆（红小豆）、扁豆（鹊豆）、蕹菜（空心菜）、甘薯（粮用）、黄芪、丹参、牵牛、菠菜（波斯草）、葡萄等植物进行邻作或轮作，减少虫源；利用成虫的趋性，在成虫盛发期用黑光灯、高压汞灯、频振式杀虫灯或糖浆毒饵诱杀蛾子（成虫），降低田间落卵量；结合田间管理，人工捕杀幼虫。

（2）药剂防治　甘薯百叶平均有幼虫2头时或在甘薯天蛾3龄幼虫之前，可交替选用2.5%高效氯氟氰菊酯乳油3 000倍液，或90%敌百虫晶体800～1 000倍液，或4.5%顺式氯氰菊酯乳油4 000倍液，或2.5%溴氰菊酯乳油2 000倍液，或20%苏云金杆菌乳油500倍液，或50%辛硫磷乳油1 000倍液喷雾，或每亩用2.5%敌百虫粉剂1.5～2千克喷粉。

（五）甜菜夜蛾（贪夜蛾）

1. 危害特点　初孵幼虫群集叶背，吐丝结网，在其内取食叶肉，留下表皮，成透明的小孔。大龄幼虫可将叶片吃成孔洞或缺刻，严重时仅剩叶脉和叶柄，致使甘薯苗死亡，造成缺苗断垄。

2. 防治措施

（1）农业防治　深翻土壤，使其不能化蛹；利用成虫的趋光性，用黑光灯、高压汞灯或频振式杀虫灯诱杀蛾子（成虫）；清除田间、地边杂草，消灭初孵幼虫；人工采卵和捕杀幼虫。

（2）药剂防治　在甜菜夜蛾幼虫2龄之前，交替选用24%甲氧虫酰肼悬浮剂2 000～4 000倍液，或2.5%多杀霉素悬浮剂1000～1200倍液，或2%甲氨基阿维菌素苯甲酸盐乳油2000～4000倍液，或15%茚虫威悬浮剂3500倍液，或10%虫螨腈悬浮剂1000～1500倍液，或0.5%印楝素乳油800倍液，或20%虫酰肼悬浮剂1000～2000倍液，或2.5%高效氯氟氰菊酯乳油2000倍液喷雾，每7～10天喷1次，连防2～3次。也可每亩悬挂甜菜夜蛾性诱剂诱杀甜菜夜蛾雄蛾成虫。

（六）甘薯麦蛾（甘薯卷叶蛾）

1. 危害特点 以幼虫吐丝卷折甘薯叶片，并栖居其中取食叶肉，只留表皮，形成薄膜状斑，大量薯叶被卷食，虫量大时非常影响甘薯产量。大龄幼虫可将叶片啃成孔洞或吃光叶片，也可取食幼茎和嫩梢。

2. 防治措施

（1）农业防治 不与山药（薯蓣）、甘薯（粮用）、蕹菜（空心菜）等旋花科植物进行邻作或轮作，减少虫源；利用成虫的趋光性，在田间设置黑光灯、频振式杀虫灯等诱杀害虫；在幼虫危害期内，结合农田操作，发现幼虫卷叶危害时，捏杀新卷叶内的幼虫；甘薯收获后，及时清除、深埋或烧毁残株落叶和旋花科杂草，减少越冬虫源。

（2）药剂防治 在幼虫初龄期、尚未卷叶前，交替选用20%虫螨腈悬浮剂1000倍液，或5%氟啶脲乳油1500倍液，或90%晶体敌百虫800～1000倍液，或5%氟苯脲乳油1500倍液，于下午4～5时喷雾，每7～10天喷1次，视虫情防治1～3次。也可用甘薯麦蛾性诱剂诱杀成虫。

第十四章
藜　蒿

藜蒿，又名蒌蒿、芦蒿、泥蒿、香艾蒿、艾蒿、水艾、小艾、水蒿、柳蒿芽、狭叶蒿等。为菊科蒿属多年生草本植物。原产于亚洲，日本、朝鲜、俄罗斯西伯利亚东部均有分布，我国从东北的大兴安岭南麓至长江流域的江河湖泊地区都有零星分布，常野生于荒滩、荒坡或岸边、沟边及田间。藜蒿以根茎和嫩茎供食用，营养丰富，可凉拌或炒食。早春是藜蒿盛产的季节。藜蒿除作为特色蔬菜食用外，还具有药用价值，肥厚的根状茎还可供作酿酒的原料及家畜饲料等。

一、品种类型

按其嫩茎的色泽、香味的浓淡等可分为白藜蒿、青藜蒿和红藜蒿3种类型：①白藜蒿，嫩茎淡绿色，粗壮多汁，脆嫩，不易老化。叶色稍浅，叶面呈黄绿色，春季萌芽较早，可食部分较多，产量较高，但香味不浓。②青藜蒿，茎青色，味香，产量高，按叶型分属碎叶蒿。③红藜蒿，嫩茎刚萌生时为绿色或淡紫色，随着茎的生长，色泽加深，最终嫩茎呈淡紫色或紫红色。茎秆纤维较多，易老化。叶色较深，春季萌芽较迟，可食用部分少，产量较低，但香味较浓。

藜蒿也可根据叶型的不同而分为柳叶蒿、碎叶蒿和嵌合型蒿
3种类型。①柳叶蒿，又称大叶蒿，为柳叶型，叶片较大，形如
柳叶，羽状三裂，嫩茎青绿色，清香味浓，粗而柔嫩，较耐寒，
抗病，萌发早，产量高。②碎叶蒿，又称鸡爪蒿，叶似鸡爪形，
呈羽状五裂，嫩茎淡绿色，香味浓，耐寒性略差，品质好，产量
一般。③嵌合型蒿，即同一植株上有两种以上的叶型。

在生产中常以嫩茎颜色来分类。一般露地种植宜选择白藜
蒿品种，保护地种植要选择青藜蒿和红藜蒿品种。①蔡甸藜
蒿，根状茎发达，节上有潜伏芽，能抽生地上茎，茎直立，成株高
1～1.5米，茎粗1～2厘米。叶掌状互生、深裂、绿色，叶背
面浅绿色、无茸毛。以嫩绿茎秆及地下根状茎供食用，嫩茎表
皮淡绿色，长25～30厘米，粗0.5厘米左右，肉质脆嫩、白色，
具轻微的鱼腥草一般的特殊清香味。②云南藜蒿，为武汉地区
的主栽品种。成株株高80厘米左右，茎粗约0.8厘米。叶长15
厘米、宽10.8厘米，裂片较宽且短。幼茎绿白色，纤维少。半
匍匐生长，产量比较高，品质较好。③大叶青，为江苏南京栽
培品种。成株株高达85厘米以上，茎粗约0.74厘米。叶长17
厘米、宽15厘米。幼茎青色。羽状三裂片，裂片边缘锯齿不明
显。茎多汁而脆嫩，产量较高，香味较淡。④小叶白，为江苏
南京栽培品种。成株株高74厘米左右，茎粗约0.54厘米。叶长
约14.2厘米，宽约15厘米。茎色绿白，叶背绿白色，有短茸毛。
茎秆纤维较少，品质佳。⑤李市藜蒿，为湖北荆门李市镇栽培
品种。成株株高35厘米，茎粗约0.7厘米。叶片绿色，羽状深
裂，裂片长约15厘米、宽约1.5厘米，叶缘有长锯齿。嫩茎柔
软，香气浓郁。⑥鄱阳湖野蒿，为江西鄱阳湖地区栽培品种。成
株高约87厘米，茎粗约0.8厘米。叶长约19.3厘米，叶宽约
15.2厘米，裂片细长，边缘锯齿深而细。茎秆紫红色，纤维多，
香味浓。

二、栽培特性

（一）形态特征

茎有地上茎和地下茎之分，地下茎白色，又名根状茎，主要分布在表土下 5～10 厘米土层内，在表土层匍匐生长。地下茎上长有许多不定根，叫须根，粗 0.6～1 厘米。须根密生根毛，吸收肥水能力极强，根系发达而分布浅，主要分布在表土下 10～15 厘米土层内，深的 15～25 厘米，最深可达 40 厘米。地下茎节线明显，萌发力强，节间长 1～2 厘米，节上有潜伏芽（又叫腋芽或侧芽），能抽生直立的地上茎植株。地上茎直立，开展度不大，适合于密植。成株高 1～1.5 米、茎粗 1～2 厘米。食用嫩茎（地上茎的一部分）青绿色或淡绿色或略带紫色，长 25～30 厘米、粗 0.3～0.5 厘米。

叶片绿色无毛，叶背有短密茸毛，呈粉绿色，叶羽状深裂，叶长 10 厘米、宽 5～8 厘米，裂片边缘有粗钝锯齿。花黄色，每花序能结瘦果约 15 个，瘦果细小。果实黑色，无毛，老熟后脱落晚。

（二）对环境条件的要求

藜蒿为菊科蒿属多年生宿根性湿生草本植物，耐湿、耐寒、耐贫瘠、耐肥、耐盐碱，但不耐旱。藜蒿性喜温暖湿润的气候。

1. 气温 藜蒿性喜温暖，且耐寒耐热。藜蒿以地下茎越冬，当气温在 10℃ 以下或霜冻时，藜蒿生长缓慢，甚至出现茎叶枯萎现象；当温度低于 0℃ 时，藜蒿生长发育受到较大影响；当温度低于 -3℃ 时，藜蒿生长发育受到严重影响；当温度低于 -5℃ 时，藜蒿近乎无法生存。地温对地下茎的安全越冬和幼苗的萌发及藜蒿的生长发育有重要影响。因为藜蒿地下茎和须根主要生长在地下 5～20 厘米的土层中，5～10 厘米地温不低于 -5℃ 时，藜蒿即可安全越冬，当地温稳定通过 5℃ 且其他条件适宜时即可萌发。

当地下茎在 5℃ 以上时根茎上的腋芽（也叫侧芽或潜伏芽）开始萌芽抽生嫩茎，10℃ 以下发芽迟缓。幼苗在 10℃ 以上即能缓慢生长，15℃ 以上生长发育迅速。嫩茎在日平均气温 12～18℃ 时生长较快，当白天温度 13～20℃、晚上温度 5℃ 以上、空气相对湿度 85% 以上时，嫩茎生长迅速、粗壮、不易老化且品质好，有雾和露水的天气有利于嫩茎的生长。藜蒿生长发育适温为 10～32℃，最适宜的气温是 15～20℃，日平均气温 20℃ 以上时茎秆容易木质化，温度越高，萌生的嫩茎纤维化速度越快，温度在 40℃ 以上时不发芽。

2. 水分　藜蒿生长发育加水分较为敏感，喜湿润，忌较长时间的旱或涝，适宜的土壤湿度为 60%～80%，低于 20% 根系生长变慢，吸收根减少，茎叶褪色，品质和产量下降。在采收期间，水分供应不足，嫩茎抽生数量减少、茎变细且易老化；若土壤中积水时间过长，土壤通气条件差，又会影响根系和鳞芽盘的发育，甚至造成腐烂、死亡。

3. 光照　藜蒿生长需要较充足的光照，以提高光合作用。据测定，晴天比阴天同化物产量高出 40% 左右。藜蒿的光合利用率与温度关系密切相关，以气温在 15～20℃ 时光合利用率最高，温度高于 28℃，则不利于光合作用的发挥。藜蒿对光照条件要求不太严格，但喜欢光照，光照充足时品质和产量佳，但强光下嫩茎易老化，影响品质，光照太弱时，生长细弱，不仅影响品质，还影响产量，所以种植藜蒿时应选择光照充足且光照强度不是太强的地方。

4. 土壤　藜蒿耐湿不耐旱，对土壤要求不严格，一般土壤均能种植。藜蒿在沙壤土及壤土上生长良好，但以保水保肥性能好、灌溉条件好、前茬为非菊科作物的沙质土壤最为适宜，其根系主要分布在表土下 10～15 厘米土层内，因此种植藜蒿时应选择地势平坦、排灌方便、土壤耕层深厚、有机质含量高的疏松肥沃的沙壤地为最佳。

三、栽培季节

藜蒿采用保护地栽培，可从 9 月下旬一直采收至翌年 4 月份，亩产 4 000～5 000 千克，不仅产量比露地栽培提高 30%，而且产值增加。许多地方形成了藜蒿产业，不仅帮助农民脱贫致富，增加了收入，还增添了蔬菜种子花色品种，丰富了居民的菜篮子，带来了良好的社会效益和较高的经济效益。

武汉市蔡甸区藜蒿前茬作物有西瓜、甜瓜、莲藕和水稻等作物，已形成瓜—蒿、藕—蒿、稻—蒿等多种高效种植模式。藜蒿品种选用云南藜蒿（绿秆藜蒿和白秆藜蒿），7 月 20 日左右扦插，11 月上中旬扣棚。8 月底第一次采收，10 月 1 日前后第二次采收，12 月上中旬第三次采收，翌年 2 月中旬第四次采收，以后根据需要收获第五茬。

黄石市阳新县藜蒿前茬作物有甜瓜、毛豆和玉米等作物，已形成玉米—蒿、毛豆—蒿和甜瓜—蒿等高效种植模式。藜蒿品种选用大叶青，7 月中下旬扦插，11 月中下旬割茬，12 月上旬覆盖棚膜，春节前采收上市，一般采收 1～2 茬。

孝感市云梦县等地种植的藜蒿主要有 4 种：昆明夏蒿、广西藜蒿、南京冬蒿和本地藜蒿。云梦县主要种植昆明夏蒿和南京冬蒿。夏蒿一年四熟，7 月底至 8 月中上旬扦插，扦插后 10 天左右出苗，30～40 天后（大约 9 月底）收割第一茬；45～60 天后（大约 11 月中下旬）收割第二茬；11 月底至 12 月上旬建大棚，翌年 1 月底至 2 月初收割第三茬；第三茬收割后去掉大棚，清明前后（4 月初）收割第四茬。冬蒿一年两熟，7 月底至 8 月中上旬扦插，扦插后 10 天左右出苗，11 月底齐地割茬，11 月底至

12 月上旬建大棚或中棚，翌年 1 月底至 2 月初收割第一茬；第一茬收割后去掉大棚，清明前后（3 月底至 4 月初）收割第二茬。

四、繁殖技术

（一）根状茎繁殖

一年四季均可进行。将栽培田中的根状茎挖出，去掉老根、老根状茎，理顺新根状茎，剪成 10 厘米左右小段，每段有 2～3 节，即可做繁殖材料。以随挖随栽为好。在整好的畦面上，按 20 厘米的行距开深 6 厘米左右的浅沟，然后按 10 厘米左右的株距，将每小段根茎平置于沟内摆好，覆土，浇足水，保持土壤湿润。根状茎的用量应依据其质量而定，一般每亩需根状茎 150～200 千克。根状茎繁殖与扦插最好同时进行，以在 4～5 月份繁殖为宜，此法成活率和繁殖系数高，栽培密度大，分布均匀，节约种苗，但较费工。

（二）扦插繁殖

插条多从植株地上部剪取。一般每年 7～8 月份剪取生长健壮植株上的枝条，去掉上部幼嫩和下部老化（木质化）部分，剪成 15～20 厘米长的插条，上端保留 2～3 片叶，下端削成斜面。苗床选用无病虫源的沙壤土，不施用肥料。也可采用 128 孔的塑料穴盘育苗，以草炭、蛭石和珍珠岩为基质，体积比例为 1∶1∶1，将基质浇透水后插入枝条。扦插前最好用 100～150 毫克/千克 ABT 生根粉溶液浸插条基部 4 小时，以促进生根，提高成活率。扦插时，按 10～15 厘米的距离在畦上开浅沟，深约 10 厘米，将插条沿沟的一边插放，株距 7～10 厘米，边插放边培土，培土深度达插条的 2/3 为宜。每亩需插条 250～300 千克。扦插完毕要将插条周边土壤踏紧，并浇 1 次透水，1～2 天后再浇催根水,其后根据土壤情况适时浇水,保持土壤湿润,经10天左右即可生根发芽。生根后适量追施三元复合肥1次。一般插后30天左右即可定植。此法繁殖系数高,节约种苗,生根、发芽、发棵快,植株分布均匀,栽植密度大,始收期早,产量高。

(三)分株繁殖

一般在4～5月份进行。在留种田块上将植株离地面5～6厘米处剪去地上茎,茎可留作插条用。然后将植株连根挖起,分割成若干带有一定数量根系的单株,去掉老根、老茎,按行株距45厘米×40厘米挖穴,每穴栽种1～2株,栽后踏紧,浇透水,5～7天后即可活棵。一般每亩需用分株材料350～400千克。此法比扦插容易成活,早熟性好,产量高,但需要较多的原始株苗,不利于大面积繁殖。

(四)压条繁殖

每年7～8月份,在畦面上按35～40厘米的行距,开深5～7厘米的浅沟。而后在藜蒿田中选取半木质化的优良植株齐地面割下,抹去叶片,去掉顶端不够0.5厘米粗的嫩梢,留下茎秆,沿沟依次头尾相连,平铺于沟中。封沟时使茎秆顶端翘出土面,立即浇透水,保持土壤湿润。当年茎节可在土中生根,并有新芽出土,翌年2月下旬至3月上旬可大量萌发,3月中旬陆续出土。压条繁殖方法因为茎秆上芽的发育程度有差异,所以萌发时间和生长不一致。

(五)种子繁殖

可采用种子直播或育苗移栽两种方式。10月上中旬采收成熟的藜蒿种子,翌年2月下旬至3月上旬在塑料大、中棚内播种育苗,4月份露地进行播种育苗。播种时,将种子加3～4倍干细土拌匀再撒播或条播,条播行距30厘米左右。播后及时覆土、浇水，保持苗床湿润，15天左右即可出苗。出苗后须及时间苗，缺苗时移苗补缺。苗高10厘米左右时定植于大田。

五、栽培技术

（一）品种选择

藜蒿可选香藜一号、香藜二号、楚天藜蒿、云南绿秆、南京八卦洲藜蒿或本地驯化品种。其中，香藜一号抗寒、抗倒伏、便于收割，叶片容易脱落，是目前种植较多的藜蒿品种。

（二）整地施肥

扦插前深耕地块，每亩施腐熟有机肥3 000千克或三元复合肥100千克，精耕细耙，平整做畦。畦宽1.5～2米，畦高30厘米，畦长10～20米。扦插或移栽前畦面喷施芽前除草剂，以防杂草生长。每亩用48%甲草胺乳油200～250毫升，或48%氟乐灵乳油100～150毫升进行土壤喷雾处理，可有效防除1年生禾本科杂草和阔叶杂草。

（三）及时扦插

长江流域一般在6月下旬至9月中下旬均可扦插，以7月中旬至8月中旬为宜。选择生长粗壮充实、无病虫害的半木质化茎秆，去掉上部嫩茎叶，剪成8～10厘米长的扦插条。

将插条放入50%多菌灵可湿性粉剂500倍液＋25%杀虫双水剂300倍液＋生根粉200倍液的混合液中浸泡15～20分钟杀菌灭虫，并促进生根。浸泡后捞出插条，将其下部理整齐，按100～300根1捆捆好，置于阴凉潮湿的沙土上催根催芽。10天左右后即可用小挖锄配合，插条生长点朝上，按株距7～10厘米、行距10～12厘米斜插入平畦，插条与地面夹角为35°～40°，扦插深度应达到插条的 2/3，约 7 厘米。亩需种量 250～300 千克。扦插后压实土壤，立即浇透水，覆盖遮阳网，3～4 天后再浇 1 次水，以后经常保持畦面湿润，以促进新根和侧芽萌发。

　　7～8 月份藜蒿扦插时正值高温，要浇透水，最好搭小拱棚，上面覆盖遮阳网一段时间，经常浇水，保持土壤湿润，网四周扎紧，防风吹。盖网时间为晴天上午 10 时至下午 4 时，早、晚将网揭掉，加强盖网后的管理。天气凉爽时揭除。大雨后要注意及时排渍，以免引起土壤板结影响透气，导致插条腐烂。

（四）田间管理

　　1. 追肥　藜蒿是需肥量特别大的作物，当插条上的嫩芽生长到 2～3 厘米时，每亩施 1% 尿素溶液 200 千克作提苗肥；当幼苗长到 5～6 厘米时，施三元复合肥 30 千克或尿素 10 千克；采收前 7 天，每亩追施尿素 25 千克作促产肥。9 月份割蒿后每亩追施三元复合肥 30～50 千克，10 月底每亩施三元复合肥 50～70 千克。每追 1 次肥均要及时浇水，以提高肥效和防止肥害。以后每采收 1 次，施 1 次肥，方法同上。

　　2. 灌水　藜蒿耐湿不耐旱，适宜在湿润的土壤中生长。早秋高温栽培期间，扦插后要经常保持田间水分充足、畦面湿润，以利于活苗发根发芽；土壤干旱则成苗率低，地上茎易老化。浇水、施肥同时进行，每施 1 次肥灌 1 次透水，灌水宜多勿少，以沟灌渗透为好，尽量不浇到畦面上，以免引起土壤板结，影响出苗和透气。

　　水分管理一般在扦插后的 1 个多月内进行，由于气温高、蒸发量大，所以要经常灌水保湿；1 个多月后则根据土壤墒情适时灌水；采收季节每收割 1 次要灌 1 次透水，以促进地上嫩茎快速萌发。整个生长期田间不能渍水。

　　3. 间苗　幼苗长到 3 厘米左右时要及时间苗，使每蔸保持 3～4 株小苗，若幼苗过多造成拥挤，则会影响藜蒿的商品性。

4. 中耕除草 藜蒿苗小未封行前，人工拔除杂草；杂草生长较旺盛时，可喷施茎叶除草剂，如6.9%高噁唑禾草灵，或10.8%吡氟氯禾灵，或15%精吡氟氯禾灵，每亩用药量50～80毫升，加水30～40升喷雾，可及时有效地防除1年生禾本科杂草，但对藜蒿生长安全。

5. 遮阴覆盖和保暖防寒 夏季覆盖遮阳网，搭平棚架，架高0.8～1米，一般晴天上午10时至下午4时盖网，其他时间不盖，至9月中旬撤网。冬季用大、中棚塑料薄膜覆盖，藜蒿的最适生长温度为20～25℃，10月份后温度逐渐降低，当气温降到10℃以下或出现霜冻时，藜蒿生长缓慢。为保证藜蒿在元旦、春节期间上市，应在11月中下旬气温降至10℃之前扣上棚膜，棚内温度晴天保持在18～23℃，中午气温高时应打开两头棚门通风，以免因温度过高而徒长或因湿度过大、通风不良造成藜蒿腐烂或变黑。严冬季节棚内可用无纺布浮面覆盖。春节以后气温上升时及时揭除棚膜。

湖北孝感的做法：11月下旬至12月上旬，当藜蒿地上部分被严霜打枯后，应齐地面砍去藜蒿茎秆，清除田间枯枝残叶和杂草，浅松土浇足底水，5～7天后搭盖中棚保温防霜冻，用草木灰或地膜直接浮面覆盖在植株上，将棚的四周压严实。若土壤湿度过大，则地膜覆盖可推迟进行。棚两头要经常打开通风，特别是晴天中午要在背风处通风换气，以降低棚内湿度，遇低温、弱光、高湿天气要及时通风，适时撒草木灰和喷施叶面肥，适当通风及药物烟熏，以免因湿度过大、通风不良造成藜蒿腐烂或变黑或霜霉病的发生。棚内，晴天白天气温保持在17～23℃，最高不得超过25℃，阴雨天应比晴天下降5～7℃，温度过高，易于老化；温度过低，生长缓慢。

个别年份（如2008年初）遇到连续的雨雪天气，可能会因大棚垮塌、棚膜掀起使藜蒿被冻死或生长缓慢，上市期延缓，所以要采取以下措施。

①加固大棚，及时清除积雪　对垮塌的大棚及时整修、减少棚跨度，加固棚内立柱，及时清除大棚顶面的积雪，增强大棚抗雪压能力和提高透光率，防止大棚垮塌，增加棚内温度。在低温扫雪时，先要在大棚内用电热线、电炉加温，或点灯加温，或生火加温，但要注意安全，使雪与薄膜脱离粘连后再扫除，扫完雪后再适当通风。白天揭除覆盖物，增加光照强度，夜间加盖覆盖物，封死封紧大棚，提升棚内温度，防止冷风侵袭或大风掀棚。

②做好大棚的控湿保温防病工作　棚内湿度越大，冻害会越严重。棚内湿度一靠通风来调节，二靠浇水来控制。一般来说，阴雨天中午时分小通风 1～2 小时，通风换气排湿。水分管理做到"不干不浇，阴雨天不浇，晴天下午不浇"的三不浇原则，尽量降低棚内空气湿度，以植株叶面不结露为度。天晴后及时在苗床上洒草木灰、干木壳、干土等吸潮，并适当大通风，降低棚内湿度。同时要做好棚内保温工作，采用大棚内套小拱棚，增加多层覆盖，加盖麻袋草苫以提升棚内温度，防止再次受冻，促进藜蒿生长。

③加强病虫害的防治　长期低温寡照和大棚内温暖潮湿，有利于许多害虫在大棚内聚集危害和越冬，为许多病原菌发生与发展提供了有利条件，要及早预防猝倒病、灰霉病、立枯病、疫病、霜霉病、绵疫病、蚜虫、白粉虱和茶黄螨等病虫害的发生。

④及时收割成熟藜蒿　雪灾造成蔬菜冻害严重，市场供应短缺，对大棚内冻死的藜蒿应及时清理，对成熟的藜蒿及时采收，腾出空地及时抢播一批耐寒快生菜，减少经济损失。

（五）及时采收

当藜蒿株高 15～25 厘米，顶端心叶尚未散开、颜色为浅绿色时贴近畦面收割。气温适宜时 30 天左右收割 1 次，气温较低时 50 天左右收割 1 次，整个生长季节，可以采收 4～5 次。元旦至春节前是藜蒿最佳上市期。

（六）留　种

留种田一般在 3 月份收完最后一茬，追肥灌水后任其生长，待成株木质化后，成为下季栽培的插条。留种田的主要管理是及时搞好排灌。一般按留种地与生产地 1∶3～5 的比例留种。

六、病虫害防治

近年来，经过系统调查和大面积普查，武汉市蔡甸区藜蒿常发病虫害 17 种，其中真菌性病害 5 种（根腐病、霜霉病、菌核病、灰霉病、白粉病），病毒性病害 1 种，虫害 11 种（蚜虫、红蜘蛛、蛴螬、小地老虎、蝼蛄、菊瘿蚊、斜纹夜蛾、甜菜夜蛾、玉米螟、棉铃虫、烟粉虱）。其中，危害较大的是霜霉病、菌核病、蚜虫、斜纹夜蛾、甜菜夜蛾、蛴螬等，一般年份因病虫危害损失达 20% 左右。

藜蒿病虫害防治应坚持"预防为主，综合防治"的植保方针，协调运用农业、物理、生物、化学等有效防治措施，控制病虫危害。

第一，农业防治。①选用抗（耐）病虫品种。品种选用适合当地种植抗（耐）病虫丰产优质品种。种苗选择生长势强、茎叶粗壮植株留用，扦插前剔除病苗、虫苗、弱苗。②加强田间科学管理。在防止低温冻害或高温烧苗的前提下，适时适度揭膜通风透光，科学控制棚内温、湿度，能有效地控制病害的发生蔓延。加强田间管理，科学灌水，阴雨天及时清沟排渍，降低田间湿度，合理追肥，适时采收。农事操作宜在露水干后进行，避免人为传病。

第二，物理防治。利用黄色诱虫板诱杀烟粉虱、有翅蚜；杀虫灯灯光诱玉米螟、棉铃虫、金龟子、蝼蛄等害虫；性诱剂诱杀斜纹夜蛾、甜菜夜蛾、玉米螟、棉铃虫等虫。

第三，生物防治。保护利用田间自然天敌蜘蛛、草蛉、瓢虫、寄生蜂等；利用植物源农药天然除虫菊素、印楝素、苦参碱等防治蚜虫、烟粉虱；利用生物杀虫剂核型多角体（NPV）病毒、苏云金杆菌、阿维菌素等防治斜纹夜蛾、甜菜夜蛾、棉铃虫、玉米螟等。

（一）病害防治

1. 白粉病

（1）**症状**　主要危害叶片和茎，在叶片产生白色粉斑（分生孢子、分生孢子梗及菌丝体），扩大后可达整个叶片。茎表面也产生白色粉状斑。在时晴时雨、高温多露、多雾的天气及植株生长茂密的情况下易发病，且发病严重。

（2）**防治方法**　发病初期，可用 70% 甲基硫菌灵可湿性粉剂 1 000 倍液，或 20% 三唑酮乳油 1 500～2 000 倍液，或 25% 嘧菌酯可湿性粉剂 1 500 倍液，或 10% 苯醚甲环唑水分散粒剂 1 500 倍液喷雾防治，每 10 天左右喷 1 次，连喷 2～3 次。

2. 菌核病

（1）**症状**　一般从近地面的茎部开始，初呈褐色水渍状，迅速向上、向内扩展，而后造成软腐。潮湿时，在病部表面长出白色棉絮状菌丝及褐色的鼠粪状菌核，最后导致全株枯死。植株生长衰弱或受低温影响，一般气温在 20℃ 左右、空气相对湿度连续在 90% 以上的高湿状态下易发病。

（2）**防治方法**　发病初期，可喷洒 40% 菌核净可湿性粉剂 1 000 倍液，或 50% 异菌脲悬浮剂 800～1 000 倍液，或 40% 嘧霉胺悬浮剂 800～1 500 倍液，或 50% 乙烯菌核利可湿性粉剂 1 000 倍液喷雾防治，每 7～10 天喷 1 次，连喷 2～3 次。

3. 病毒病

（1）**症状**　常见有花叶坏死斑点和大型轮状斑点，致使整株发病，叶片黄绿相间，形成斑驳花叶或局部侵染性紫褐色坏死斑，或黄色小点组成的轮状斑点。春、秋两季均有发生，以秋季发生较重，一般天气干旱、蚜虫发生严重时，病毒病发生较重。

（2）**防治方法** 防治蚜虫、烟粉虱等，治虫防病。对发病田拔除病株后及时选用1.5%植病灵Ⅱ号1 000倍液，也可喷植物双效助壮素（病毒K），或1.5%植病灵（三十烷醇＋硫酸铜＋十二烷基硫酸铜）800倍液，或20%盐酸吗啉胍·铜（病毒A）300倍液。叶面喷施时可适量加入锌肥或氨基酸类叶面肥。

4. 其他病害

（1）**灰霉病** 发病初期，每亩用12粒2%腐霉利烟剂分散点燃，或用10%百菌清烟剂250克于棚内熏烟防治关闭棚室，熏蒸1夜。也可用50%乙烯菌核利可湿性粉剂1 000倍液，或50%异菌脲可湿性粉剂1 500倍喷雾防治。

（2）**白绢病** 发病初期，用15%三唑酮乳油1 500倍液喷雾于茎基部，每7～10天喷1次，连喷2次。

（3）**霜霉病** 选用72.2%霜霉威水剂600倍液，或58%甲霜·锰锌可湿性粉剂1 500倍液喷雾防治。

（4）**根腐病** 选用43%戊唑醇可湿性粉剂3 000倍液，或70%甲基硫菌灵可湿性粉剂1 000倍液喷淋根茎部防治。

（二）虫害防治

1. 小地老虎 可利用频振式杀虫灯或杀虫灯糖醋液诱杀成虫；用糖6份、醋3份、白酒1份、水10份、90%敌百虫1份混合调匀配制糖醋液，装入钵内，每亩分放8～10个点，可大量诱杀成虫；清晨在地老虎咬断的幼苗附近寻找捕杀幼虫；也可用90%敌百虫晶体1 000倍液，于小地老虎1～3龄幼虫期喷洒。

2. 蚜虫 选用25%吡蚜酮乳油2 000倍液，或25%噻虫嗪乳油5 000倍液，或70%吡虫啉可湿性粉剂6 000倍液喷雾防治。

3. 红蜘蛛 可用5%噻螨酮乳油2 000倍液，或5%氟虫脲乳油2 000倍液，或1.8%阿维菌素乳油2 000倍液喷洒。

4. 玉米螟 可用 5% S– 氰戊菊酯乳油 1 500 倍液，或 2.5% 高效氯氟氰菊酯乳油 1 000 倍液喷雾防治。

5. 菊天牛 在菊天牛成虫发生期，可选用 5% 氟虫腈乳油 2 000 倍液，或 4.5% 高效氯氰菊酯乳油 1 000 倍液，或 90% 敌百虫晶体 1 500 倍液，每 7 天喷 1 次，连喷 2 次。

6. 斜纹夜蛾 用频振式杀虫灯诱杀成虫。化学药剂，可选用 15% 茚虫威悬浮剂 4 000 倍液，或 10% 虫螨腈乳油 2 000 倍液，或 20% 甲氧虫酰肼悬浮剂 2 000 倍，于幼虫 3 龄以前、点片发生未分散危害之前喷雾防治。

7. 菊瘿蚊、烟粉虱 选用 4% 阿维·啶虫脒 1 500 倍液，或 25% 噻虫嗪乳油 5 000 倍液，或 2.5% 联苯菊酯乳油 1 500 倍液喷雾防治。

（三）藜蒿田化学除草

藜蒿田采用扦插法繁殖，多在 7～8 月份剪取健壮的枝条进行，此时夏季杂草较多，可用以下除草剂防除：①每亩用 24% 乙氧氟草醚乳油 48～60 毫升，加水 50 升，于藜蒿休眠期或移栽前喷雾。喷后保持土表湿润。也可在藜蒿生长期以乙氧氟草醚定向喷雾。②每亩用 43% 乙·乙氧 90～120 毫升，加水 50 升，于藜蒿休眠期或移栽前喷雾，喷后保持土表湿润。也可在藜蒿生长期以乙·乙氧定向喷雾。③整地结束后，每亩用 43% 氧氟·乙草胺乳油 100 毫升，加水 50 升，在土壤表面喷雾，喷后再定植种株。④苗期在草长至 5 厘米以上时，每亩用 10.8% 高效氟吡甲禾灵乳油 30 毫升，或 5% 精吡氟禾草灵乳油 60 毫升喷雾防治。

第十五章
荠 菜

荠菜，又名荠、护生草、地菜、地米菜、碎米菜、菱角菜等。十字花科荠菜属中以嫩叶食用的栽培种1～2年生蔬菜。荠菜不仅味美可口，而且营养丰富，含有蛋白质、脂肪、膳食纤维、碳水化合物、胡萝卜素等，具有很高的营养价值和保健功能。

一、品种类型

生产上主要两个品种：①板叶荠菜。叶肥大而厚，故又名大叶荠菜。叶片呈浅绿色，在低温环境下转为深绿色，塌地而生，叶面平滑，有少量茸毛，叶缘表现为羽状浅裂。板叶荠菜的抗旱耐热性较强，属于早熟品种，通常适用于秋季栽培，从播种至收获40天左右，不仅产量高，而且具备较好的品质，深受消费者欢迎。其缺点在于冬性较弱，香气不够浓郁，抽薹偏早，不宜春播。②散叶荠菜。叶片窄小，且呈现羽状全裂，故又名花叶荠菜、小叶荠菜、百脚荠菜。其叶片也为绿色，塌地而生，叶面茸毛较多，当温度较低时叶色转深，略带紫色。散叶荠菜冬性强、耐热性强，但抗寒能力中等，抽薹晚，因此更加适于春季、秋季栽培。其生长周期比板叶荠菜长10～15天，相比板叶荠菜，其香气更为浓郁，口感更佳。

野生荠菜类型较多，常见的有阔叶型、花叶型及紫红叶等。

①阔叶型荠菜。形如小菠菜，叶片塌地生长，植株开展度可达18～20厘米，叶片基部有深裂缺刻，叶面平滑，叶色较绿，鲜菜产量较高。②麻叶（花叶）型荠菜。叶片塌地生长，植株开展度可达15～18厘米，叶片羽状全裂，缺刻深，细碎如飞镰叶型，绿色，食用香味较好。③紫红叶荠菜。叶片塌地生长，植株开展度15～18厘米，叶片形状介于上述两者之间，无论肥水条件好坏，长在阴坡或阳坡，高地或凹地，叶片叶柄均呈紫红色，叶片上稍有茸毛，适应性强，味佳。

二、对环境条件的要求

荠菜属耐寒蔬菜，喜冷凉湿润的气候，种子发芽适温为20～25℃，生长适温为12～20℃。气温低于10℃、高于22℃时，生长缓慢，生长周期延长，品质较差。荠菜的耐寒性较强，-5℃时植株不受损害，可耐受短期-7.5℃的低温。在2～5℃的低温条件下，荠菜10～20天通过春化阶段，通过春化的荠菜在长日照的条件下即可抽薹开花，但荠菜抽薹开花对日照的长度并不严格。一般来说，通过春化阶段的荠菜在12℃左右即可开花。

荠菜生长过程中，需要经常供给充足水分，最适宜的土壤相对含水量为30%～35%，同时也需要较多的日照，以利光合作用进行。

荠菜对土壤要求不严，但是肥沃疏松的土壤能使其生长旺盛，叶片肥嫩，品质好。对土壤pH值要求为中性或微酸性。

三、栽培季节

荠菜生长期短，可一次播种多次采收，周年供应，且因其为纯天然无公害野生保健食品，荠菜越来越受人们的青睐，是一种有发展前途的绿叶蔬菜。在长江流域荠菜可春、夏、秋三季露地栽培，春季栽培在 2 月下旬至翌年 4 月下旬播种，夏季栽培在 7 月上旬至 8 月下旬播种，秋季栽培在 9 月上旬至 10 月上旬播种，如利用塑料大棚栽培，可于 10 月上旬至翌年 2 月上旬随时播种，实现周年供应。

荠菜在冬季露地生长缓慢，产量低，采收费工，利用大棚栽培，则生长快、产量高、品质好，采收较省工。故人工栽培荠菜近年来一般均采用大棚栽培。大棚栽培荠菜主要是为了供应元旦、春节市场，所以其播种期一般在 10 月中下旬、11 月上旬至翌年 3 月份采收。

四、栽培技术

（一）整地播种

荠菜的种子非常细小，因此整个播种过程都必须小心谨慎。

1. 整地施肥　荠菜播种时对地块的要求非常严格，要选择杂草较少的地块，结合整地施足基肥，每亩施充分腐熟的有机肥 3 000 千克左右；另外，配施硫酸钾复合肥 50 千克，在播种前随着犁翻整地进行。畦面要整得细、平、软。土粒尽量整细，以防种子漏入深处，不易出苗，畦面宽连沟 1.2～1.5 米，深沟高畦，以利排灌。

2. 播种方法　荠菜通常撒播，但要力求均匀，播种时可与 1～3 倍细土或细沙拌匀。播种后用脚轻轻地踩一遍，使种子与泥土紧密接触，以利种子吸水，提早出苗。早秋播的荠菜如果采用当年采收的新籽，要设法打破种子休眠，通常是低温处理。用泥土层积法或在 2～7℃的低温冰箱中催芽，7～10 天后，种子开始萌动，即可播种。对于隔年的陈种子来说，由于其休眠期已经打破，因而无须再进行低温催芽。在夏季或早秋播种，可在播前 1～2 天浇湿畦面，为防止高温干旱造成出苗困难，播后用遮阳网覆盖，可以降低土温，保持土壤湿度，防止雷阵雨侵害。待荠菜苗出全后及时揭去遮阳网，以防幼苗徒长。荠菜种子发芽的最适温度为 20～25℃。秋、冬季大棚种植可采用干、湿种子混播，一次播种陆续出苗，分期采收。

3. 播种量 每亩春播需种子 0.75～1 千克，夏播为 2～2.5 千克，秋播为 1～1.5 千克。荠菜种子有休眠期，当年的新种子不宜直接用，因未脱离休眠期，播后不易出苗。

（二）田间管理

在正常气候下，荠菜春播后 5～7 天能齐苗；夏秋播种后 3 天能齐苗。出苗前要小水勤浇，保持土壤湿润，以利出苗。出苗后注意适当灌溉，以保持湿润为度，勿使其干旱，雨季注意排水防涝。雨季如有泥浆溅在菜叶或菜心上时，要在清晨或傍晚将泥浆冲掉，以免影响荠菜的生长。秋播荠菜在冬前应适当控制浇水，防止徒长，以利安全越冬。

春、夏栽培的荠菜生长期短，一般追肥 2 次。第一次在 2 片真叶时，第二次在 15～20 天后。每次每亩追施生物有机肥 100 千克，或速溶性复合肥 20 千克，或用 1% 尿素溶液 500～700 千克浇灌（大棚荠菜不宜用大粪追肥）。秋播荠菜的采收期较长，每次采收都应追肥 1 次，可追肥 4 次，施量同春播荠菜。

荠菜植株较小，易与杂草混生，除草困难。为此，应尽量选择杂草少的地块栽培，在管理中应经常中耕拔草，做到拔早、拔小、拔了，勿待草大压苗，或拔大草伤苗。

根据荠菜生长发育对温度条件的要求，并结合荠菜较耐寒的特点，在 10 月下旬至 11 月上旬开始进行大棚扣膜，前期需要进行适当的通风，而后期则需要加强保温。在寒潮来临时，夜间需要用遮阳网、无纺布等进行浮面覆盖，并注意揭盖管理，防止徒长、抽薹。

（三）采 收

春播和夏播的荠菜，生长较快，从播种到采收一般为30～50天，可采收1～2次。

秋播的荠菜，从播种至采收为30～35天，应当采大留小，分批、多次采收。以后陆续采收4～5次，长江流域可一直延迟到翌春。一般10月下旬可进行首次采收，11月下旬第二次采收，12月下旬第三次采收，翌年1月下旬第四次采收，翌年2月下旬第五次采收，如此每亩鲜荠菜产量可达3 000千克。

采收时，选择具有10～13片真叶的大株采收，带根挖出。留下中、小苗继续生长。同时，注意先采密的植株，后采稀的地方，使留下的植株分布均匀。采后及时浇水追肥，以利余株继续生长。

五、繁种技术

荠菜留种要建立留种田，留种田要选择高燥、排水良好、肥力适中的地块。长江流域于9月底至10月上旬播种，每亩播种量1.5千克左右。播种出苗后，结合间苗，淘汰病、弱、残苗。翌春进行一次株选，将细弱、劣株和不具该品种特征特性的植株全部拔掉、定苗，保持株行距12厘米×12厘米。定苗后追肥1次，每亩追施腐熟的人粪尿1 000千克，或磷、钾化肥10～15千克。注意防治病虫害。

选苗采种方法是在冬季或早春，到田野里挑选种苗，将3种类型野生荠菜分挖、分放，也可根据选种目的，仅挑选1种类型。将种苗定植在经过施肥和精细整地的零星熟土菜地上（注意不同类型之间需进行隔离），成活后注意浇水施肥，防治蚜虫，使植株正常开花结荚。在种荚发黄、种子八成熟时收割，以免过熟后"炸荚"使种子散落。将收回的种荚摊于薄膜上晾干搓揉，取出干种子精细保管待用。

荠菜种株一般在4月底5月初成熟，当种株花已谢、茎微黄、从果荚中搓下种子已发黄时，为九成熟。这时采收最为合适。若过早采收，则种子成熟度不够，产量低，质量差；过迟采收，则种子散落造成浪费。一般在晴天的早晨进行采收，中午不要收割，以免果荚裂开，种子散落掉。在收晒过程中，应随时搓下种子，随即薄摊于竹匾中，晒时手不要翻动。第一次脱粒的种子质量最好，后脱粒的稍次。在正常年份，一般亩产种子25～30千克。

适时采种是荠菜留种的关键。在晴天上午收割的种子，割后就地晾晒1小时，将种子搓下，并晾干。切忌暴晒种子，以免降低发芽率。成熟适度的种子呈橘红色，色泽鲜艳，成熟过度的种子呈深褐色。使用年限为2～3年。

六、病虫害防治

（一）病害防治

1. 霜霉病　荠菜的主要病害为霜霉病。春播荠菜在6月份因阴雨天较多，或在秋天连阴雨天气，病害易大面积发生，其叶片往往会感染霜霉病。

（1）**症状**　病斑叶两面均可发生，病斑黄绿色或逐渐变为黄色，因受叶脉限制，由近圆形扩至多角形，直径3～12毫米。湿度大时叶背长出白色霉层，即病原菌的孢囊梗和孢子囊，严重的叶片干枯，影响产量和品质。

（2）**防治方法**　①清沟埋墒，防止田间积水，及时拔除杂草，使植株通风透光；②在发病初期喷施80%代森锰锌可湿性粉剂500倍液，或72%噁霜·锰锌可湿性粉剂600～800倍液，或75%百菌清可湿性粉剂600倍液防治。

2. 病 毒 病

（1）**症状** 叶片变为浅绿、深绿相嵌的花叶状，叶脉褪绿或半透明，叶片皱缩，凹凸不平，叶片卷缩成畸形或向一边扭曲；叶片背面产生褐色坏死斑，叶脉上形成条状裂口；严重时病株矮缩，心叶扭缩成一团，下部叶片变黄枯死。

（2）**防治方法** 病毒病在发病初期喷施 20% 吗胍·乙酸铜可湿性粉剂，或 1.5% 烷醇·硫酸铜乳剂 1 200 倍液进行防治。

（二）虫害防治

荠菜主要虫害为蚜虫。由于蚜虫前期不易发现，当荠菜叶片发生皱缩时，蚜虫危害已相当严重，叶片很快就会呈现绿黑色，以致失去商品价值，要定期检查叶片背面，发现蚜虫达到防治指标后要及时用 10% 吡虫啉可湿性粉剂 3 000 倍液，或 1.8% 阿维菌素乳油 500 倍液喷洒防治。另外，清除田间杂草、进行合理轮作、防止过于干旱，也是防治蚜虫的有效措施之一。

第十六章
马 齿 苋

马齿苋是马齿苋科马齿苋属，又叫马齿菜、马齿草、马苋、马苋菜、马勺菜、猪母菜、酸味菜、长命菜、长寿菜、瓜子菜等。1年生肉质草本植物（在热带为多年生），是我国常见的野菜品种之一。马齿苋原产于温带及热带地区，因具有较强的生态适应性而后逐渐传播于世界各地，除高寒地区外，世界各地都有分布。在我国各地被广泛食用。

一、品种类型

野生马齿苋常见的品种有宽叶苋、窄叶苋和观赏苋3种，其中宽叶苋茎粗、叶片大而肥厚，较耐旱，不耐寒，产量高，最适合人工栽培。窄叶苋既耐寒又抗旱，但植株矮小；观赏苋的花瘦小但颜色鲜艳，只用于观赏。

目前，生产上使用的有两个变种，一种是野生马齿苋，植株矮小，匍匐生长，适应性、抗病性和生长势强，但是叶片较小，产量低，味酸，品质较差；另一种是菜用马齿苋，植株高大，茎直立或半直立，生长势强，叶片肥大，产量高，酸味极小，品质好，但是耐低温能力不如野生马齿苋。

近年来，荷兰已育成蔬菜专用的马齿苋优良品种，由台湾农友种苗公司引进，是一种栽培甚为普遍的茎叶菜，夏季生长速度快，产量高，风味独特，营养丰富。可全株采收，焯水后晒干，冬季做包子、饺子馅料，美味可口，食之不厌。

二、栽培特性

（一）形态特征

马齿苋属 1 年生肉质草本植物，须根系，一般分布于 5～15 厘米的浅土层中；茎平卧或向上生长，基部分枝圆柱状，长可达 30 厘米，淡绿色，阳面常褐红色，表面光滑无毛，多分枝；叶倒卵形，互生或对生，叶柄极短，叶片厚而柔软，全缘，长 1～3 厘米、宽 0.5～1.4 厘米，茎叶柔嫩多汁；花 3～5 朵簇生于枝顶叶腋，在枝顶端开放，完全花，淡黄色，花瓣 5 枚，雌蕊 1 枚，雄蕊 8～12 枚，子房下位，1 室，花期 6～8 月份；圆锥形蒴果，内藏有多粒小种子，成熟后呈自然开盖散出；果期 7～9 月份；种子呈有光泽的黑褐色，肾状卵形，其表面有小瘤状突起，开花后 25～30 天蒴果呈黄色，种子成熟，应及时采收，要防止种子散落。种子细小，千粒重约 0.48 克，发芽力能保持 3～4 年，如将种子贮存于干燥低温处可保存 40 年。

马齿苋多生长于田间地头、山坡路旁及园地。秋季果实成熟后蒴果开裂，种子随之散落地面，借助雨水漂流传播。种子细小，容易入土休眠越冬，休眠期 5～6 个月，翌年春季环境条件适宜时再萌发生长。

（二）对环境条件的要求

1. 温度 马齿苋喜温和气候，稍耐低温，但怕霜冻，即使是轻霜也能使植株死亡。特别是在苗期，温度低于 10℃ 极易发生立枯病和猝倒病。10℃ 下即可发芽，最适发芽温度为 25～28℃，生长发育适温 20～30℃，气温低于 10℃ 时植株生长缓慢，高于35℃植株呼吸作用加强，不利于同化产物的积累，对生长发育不利。

2. 光照　马齿苋属短日照植物，喜光，但也能耐阴。在长日照条件下生殖生长推迟，有利于营养生长。因此，更适宜在中、高纬度地区栽培。

3. 土壤和水分　马齿苋对土壤要求不严，在各种土壤中均可生长，耐瘠薄，喜湿，耐旱又耐涝。但为了获得高产，以富含有机质的沙性土壤最为适宜。由于马齿苋全株肉质化，因此很耐干旱，但长期干旱会影响品质。

三、栽培季节

野生马齿苋在自然条件下春季出苗晚，采摘期迟，又受霜期的限制，产量和质量都难以满足消费者的要求。因此，必须采取人工驯化栽培。春季晚露期结束后（3月底4月初）至立秋（8月初）前，在露地分期分批播种。播种后40～50天开始采收，一直可采收至结霜前。为了提早上市，可以提前在保护地中播种育苗，晚霜期过后定植到露地，采收期可提早1个多月。

若要将马齿苋的采收期延长到早霜期以后，则需要采取保护地栽培。马齿苋茎的发根能力很强，与土壤接触后很容易发生不定根。可以在早霜来临前2个月左右从露地生长的植株上剪取粗壮茎秆作插条，将其扦插在大棚中。气温降低时，加盖薄膜和草苫防寒。继露地采收结束后可陆续上市。

一般情况下，每年9～12月份都适宜进行马齿苋反季节栽培，若大棚或温室栽培条件允许，可延续至春节以后。也可根据各地野生马齿苋采摘上市情况确定播种时间，7～9月份是野生马齿苋的花期和结果期，马齿苋开花后酸味加重，一般不再采摘上市。

长江流域大棚栽培马齿苋可以设计成春提早栽培和秋延迟栽培，早春1～2月份利用电热温床育苗，2月底至3月份大棚定植，3月底至4月份即开始上市。晚秋在7～9月份播种育苗，进行延迟栽培。

四、繁殖技术

（一）种子繁殖

马齿苋种子可以在上一年野生马齿苋植株上采集，或用经人工驯化的栽培品种。后者植株较高大，叶片也较大，多直立，茎、叶酸味降低，但抗虫、抗病性减弱。

马齿苋属1年生草本植物，应注意留种，以供下次或翌年播种。根据观察，野生马齿苋花期为7～9月份，开花后15～20天种子成熟，而且同株马齿苋的花期、种子成熟期都不相同。马齿苋种子成熟时蒴果自然开裂，种子落地，采种困难，所以应在开花后10天左右进行采种，这时种子为金黄色（成熟后为黑褐色），虽然此时马齿苋的种子还未完全成熟，但也已是七八成成熟，且蒴果不易触落，容易采收。采收时将马齿苋整株割下，装在密封塑料袋内。采回的植株及时摊在塑料膜上晒5～7天，然后将种子分次抖落，扬净、干燥后贮藏备用。由于马齿苋为肉质植物，体内含水分多，采收后还会继续进行开花、结果等生殖生长，所以提前采收不会影响马齿苋种子的生理成熟。注意摊晒马齿苋时应尽量摊薄，不要堆得太厚，否则极易发生病虫害。

种子一般有5～6个月的休眠期，贮藏8～10个月的种子发芽能力最强，发芽率通常在80%以上；处于休眠期的种子，要用200毫克/千克赤霉素溶液浸12小时，以打破休眠，促进发芽。

（二）扦插繁殖

一般一年四季均可进行，但以春季最佳，选在阴雨天进行，成活率高。选取壮苗，及时扦插种植。目前，马齿苋的人工栽培刚刚起步，市场供种渠道较少。因此，一般于春末夏初从野生苗发枝多、长势旺的强壮植株上进行选采插穗，注意每段要留3～5个节，插穗入土深度3厘米左右，株行距以10厘米×25厘米为宜，一般选阴雨天扦插。若须晴天扦插，应在下午4时左右进行，插后采取遮阴措施；若土壤缺水，则傍晚还要浇水，直至成活。注意在田边地脚插稠些（株行距3厘米×5厘米）以备缺株补栽之用。

（三）组织培养育苗

选取细嫩茎段经常规消毒后，切成1厘米长的段接种到诱导培养基（MS＋2,4-D 0.5毫克/升＋6-BA 0.5毫克/升）上，21天后可产生疏松、生长速度较快的愈伤组织，将愈伤组织切割后，接种到分化培养基（MS＋6-BA 4毫克/升＋NAA 0.2毫克/升）上，15天后产生少量丛生芽，随后长大。将高3厘米以上的不定芽切割成单芽接种到生根培养基（1/2 MS＋IBA 2毫克/升）上进行根诱导，平均每个植株可诱导12条以上的根，待根长到5厘米以上时可移入营养花卉土中，成活率可达100%。

五、栽培技术

（一）播种育苗

1. 播种适期　马齿苋栽植方式可用直播和育苗移栽方式。大棚栽培春季早熟栽培适宜播种期为1月中下旬至5月中旬。秋延迟栽培适宜播期为7～9月份。

2. 苗床准备　马齿苋要求土壤是排灌良好、土层深厚、富含土壤腐殖质、pH值为6左右的沙壤土或壤土。播种前先翻地整地，每亩施入优质腐熟有机肥2 000～3 000千克作基肥。土肥混匀后耙平，按连沟1.2～1.5米宽做深沟高畦，当地表温度稳定在10℃以上即可播种。春季为提高温度，提早播种，大棚内用电热温床育苗，并在畦面上加扣薄膜小拱棚；夏、秋季则应适当采取降温防雨措施，以利幼苗健壮生长。

3. 用种量　育苗移栽的，每亩播种量为150～200克；直播的，撒播每亩用种量600克左右，条播每亩用种量在500克左右。

4. 种子播种　马齿苋种子表面有蜡质，而且结构致密，吸水速度较慢，加上发芽需要较高的温度，如果春季用干种子播种，则出苗晚，采收期推迟。播种前使用30℃温水浸种9～12小时，置于30～35℃条件下催芽。胚根露出种皮后，加入3～4倍干沙，与种子混匀后播种。育苗床要求精耕细耙，平整碎细，浇透底水后播种，可条播、撒播，播种后须覆盖一层细土并立即浇水，厚度0.5～1厘米，以盖住种子为宜，出苗前要保持田间温湿度，但不宜灌水或浇水过多，否则会造成土壤板结，影响种子发芽出土。

5. 苗期管理　马齿苋种子播后一般需10天才能出苗，出苗前要保持苗床面湿润，白天小拱棚温度在20～25℃，出苗后撤掉在畦面上的稻草或地膜。播种初期为提高地温，小拱棚白天撤掉，晚上覆盖，当苗高达1厘米时开始间苗；苗高达2厘米时开始定苗，或进行分苗，分苗株距5厘米。当苗高达3厘米时炼苗，打开塑料薄膜，撤掉塑料小拱棚，湿度管理上浇水要酌减，逐渐降低苗床湿度。苗高3.5～4.5厘米时，炼苗达7天以上开始移栽。

（二）定植与管理

1. 定植　栽前半天须把苗床浇透水，起苗时尽可能根部要多带土。按行距20厘米、株距10～15厘米、每穴2～3株苗的密度定植。栽后浇足水，保持土壤湿润，提高苗成活率。

2. 温、湿度管理　播种或移栽后温度可适当提高，白天保持25～30℃，夜间保持8℃以上，出苗或缓苗适当降低温度，白天保持在20～30℃，夜间保持在5℃以上。冬季大棚生产要采取多层覆盖保温措施。

3. 肥水管理　在生长旺季以前，可适当追施腐熟、稀薄的人粪尿等有机肥，促进其旺盛成长。注意不要追施尿素，以免植株老化，追肥以氮肥为主，播种出苗后进行第一次追肥，用稀尿粪水或每 50 升水加硫酸铵 100 克。以后每 10 天施肥 1 次，在封行前重施 1 次有机肥。

4. 摘蕾　6 月份前后马齿苋进入结籽期，应及时摘除花蕾，以保证产量并提高品质。如果要在原地连作，也可保留部分花蕾使其开花结子，落入地中，待翌年春天即可萌发。在水分管理上，经常保持土壤湿润，在晴天的上午进行浇水，以浇湿畦面为度，当外界温度升高后，可进行大水漫灌。

5. 间苗补苗　田间直播的在苗高 3 厘米左右时开始间苗，苗高达 5 厘米时按株距 10 厘米左右定苗，每穴留苗 2 株。补苗力求不伤根，不能过迟，宜选在阴雨天气补苗。

6. 中耕除草　田间直播的在播种期后待幼苗高 1～3 厘米时即可进行第一次除草，除草后应培土、淋灌，以促进根系发育和幼苗生长。

（三）采　收

马齿苋可一次性采收，也可分批采收。采收前 30 天不施药，以提高商品质量。商品菜采收标准为开花前 15 厘米长的嫩枝。早春现蕾前可采收全部茎叶，现蕾后应及时不断地摘除顶端，促其营养生长，可连续采收新长出的嫩茎叶。若采收过晚，则不仅嫩枝变老，食用价值差，而且会影响下一次分枝的生长和产量。分批采收要采大留小，以延长马齿苋的营养生长期，提高产量。马齿苋开花后酸味加重，通常不再采收，可作为饲料。

在保护地种植马齿苋，常采用连根拔起的采收方法，扎把上市。收割时镰刀离地面 2 厘米左右，收后 2 天不浇水，并覆盖上地膜，待休眠芽萌发后可浇 1 次小水，并追施 1 次氮肥。

（四）种子采集

为了便于对野生马齿苋进行人工驯化栽培，最好设立专门的留种田。春季露地播种，按行距 35～40 厘米条播。出苗后分次间苗，淘汰弱苗、病苗。定苗间距 35～40 厘米，种株出现花蕾前，每亩施用三元复合肥 30～40 千克。马齿苋花期在 7～9 月份，开花后 15～20 天种子成熟。种子成熟时蒴果自然开裂，种子落地后采种困难，所以应在开花后 10 天左右进行采种。

采收时整株割下，在塑料膜上让阳光晒 5～7 天，即可将种子分次抖落，然后扬净、干燥后贮藏备用。摊晒时马齿苋应尽量摊薄，不要摊得太厚，否则极易发生病虫害。利用田边地头小规模种植时，也可适当留一部分植株，任其开花结实，待种子成熟时采收。

六、病虫害防治

（一）病害防治

马齿苋在生长期间，几乎没有虫害，病害也很少发生。生长期主要病害有白锈病、白粉病、菌核病、病毒病、叶斑病及苗期的立枯病和猝倒病。

1. 白锈病 主要危害叶片，感病叶片上先出现黄色斑块，边缘不明显，叶背面长出白色小疱斑，破裂后散出白色粉末，可在发病初期用 25%甲霜灵可湿性粉剂 800 倍液，或 58%甲霜·锰锌可湿性粉剂 500 倍液，或 64%噁霜·锰锌可湿性粉剂 500 倍液喷雾防治。

2. 白粉病 主要危害叶片，感病叶片上先出现白色粉斑，严重时茎叶上常布满白色粉状霉层，影响植株的光合作用，从而影响生长。可在发病初期用 70%甲基硫菌灵可湿性粉剂 800～

1000倍液，或10%苯醚甲环唑水分散粒剂2000～3000倍液，或25%三唑酮可湿性粉剂2000倍液，或50%多菌灵可湿性粉剂600～800倍液喷雾防治，效果良好。

3. 菌核病 主要危害茎，初期茎部或茎基部出现水渍状病斑，后变软，湿度大时病部长出白色菌丝或黑色鼠粪状菌核。控制田间湿度可有效防止病害的发生。另外，发病初期可用25%甲霜灵可湿性粉剂800倍液，或40%菌核净可湿性粉剂1000倍液，或50%乙烯菌核利1500倍液喷雾防治。

4. 病毒病 可用20%吗胍·乙酸铜可湿性粉剂500倍液喷雾防治。

5. 叶斑病 可用75%百菌清可湿性粉剂600倍液，或50%多菌灵可湿性粉剂800倍液，或50%腐霉利可湿性粉剂1500～2000倍液喷雾防治。

6. 立枯病和猝倒病 低温时做好以下工作，以防治这两种病害：确保大棚的温度稳定在10℃以上；遇病害时应及时防治，以生物防治为主、化学防治为辅，化学防治时要选用低毒低残留的农药；苗期可经常喷洒碳酸氢钠溶液，碱性的碳酸氢钠溶液不仅能防病，还可促进幼苗生长，提高产量和品质。

（二）虫害防治

1. 蜗牛 喜阴湿环境，干旱时白天潜伏、夜间活动，爬过的地方留下黏液的痕迹。可撒生石灰防除，一般每亩用生石灰5～10千克，撒在植株附近，或夜间喷施氨水70～100倍液进行毒杀。

2. 野螟 可用10%氰戊菊酯乳油2000～3000倍液喷雾防治。

3. 甜菜夜蛾、斜纹夜蛾 可用20%苏云金杆菌乳油500～800倍液，或20%灭幼脲3号胶悬剂500～1000倍液进行喷雾防治。

第十七章

紫　苏

紫苏，别名荏、赤苏、鸡冠苏、红苏、白苏、香苏等，为唇形科紫苏属1年生草本植物，原产于我国，主要分布在东南亚。我国各地均有分布，江苏、浙江、安徽、湖北、河北、山西、北京、黑龙江及贵州等地均有栽培。

一、品种类型

（一）主要类型

植物学上，紫苏包括2个变种：一是皱叶紫苏，又名回回苏、鸡冠苏；二是尖叶紫苏，又名野生紫苏。皱叶紫苏与尖叶紫苏功能基本相似，但后者籽粒榨油时利用价值较高。

栽培上，可根据颜色将紫苏分为紫叶紫苏（简称紫苏）和绿叶紫苏（通常称白苏）。紫叶紫苏叶片两面均为紫色，或叶面青色、叶背紫色，花色粉红至紫红，香气较浓，栽培品种大多属于此类；白苏叶片全绿色，花白色，香气较淡。

（二）主要品种

我国各地紫苏地方品种较多，但缺乏系统的紫苏品种选育工作。有关品种包括河北石家庄紫苏，湖南长沙野紫苏（白苏）、大叶野紫苏、观音紫苏、益阳青梗紫苏、南县紫梗紫苏、陕西紫苏、上海紫苏、湖北竹溪紫苏、神农架紫苏、保康紫苏、秭归紫苏、宣恩紫苏、咸丰紫苏、咸丰苏子、鹤峰紫苏等，还有从日本引进的紫叶紫苏和绿叶紫苏等。

二、栽培特性

（一）形态特征

株高 50～150 厘米，开展度 20～70 厘米。根为直根系，主根发达，多而粗壮，入土深约 30 厘米。茎直立，节间较密，横截面方形，4 棱，紫色或紫绿色，上部有长柔毛，主茎发达，侧枝多。单叶对生，叶片宽卵形或卵圆形，先端长尖，叶缘具粗锯齿，叶面皱缩且披疏柔毛，叶背叶脉上贴生柔毛。叶片长 7～18 厘米、宽 5～13 厘米，叶柄长 3～4 厘米，密披长柔毛。轮伞花序 2 花，组成顶生或腋生、偏向一侧的假总状花序。包片卵形，萼钟状，下部披长柔毛，有黄色腺点。花冠紫红色或粉红色至白色，管状，上唇微缺，下唇 3 裂；雄蕊 4 枚，二强；子房 4 裂，花柱着生于子房底部。小坚果，卵形，灰白色或灰褐色至深褐色，含 1 粒种子。种子千粒质量 1.5～1.94 克。

（二）对环境条件的要求

紫苏适应性强，对土壤要求不严格，在排水较好的沙质壤土、壤土、黏土上均能良好生长，适宜土壤 pH 值 6～6.5。较耐高温，生长适宜温度为 25℃，但高温伴随干旱时对植株生长影响较大。开花期适宜温度 21.3～23.4℃。耐阴性、耐湿性、耐涝性较强。一般花期 7～8 月份，结果期 9～10 月份，全生育期达 180 天。食叶紫苏需氮较多，施肥基本配方比例为氮（N）：磷（P_2O_5）：钾（K_2O）= 4∶1∶0.6。

三、栽培季节

长江流域露地播种期为 3～4 月份，一般播种后 50～60 天开始采收，末收期可至 10 月份前后。实际采收期与采收方式及相应的栽培方式有较大关系。

食叶紫苏反季节栽培茬口有 3 种，即冬春茬、春早熟和秋延迟。冬春茬一般在 9 月份播种，10 月份定植，12 月份至翌年 3 月份供应市场。春早熟一般在 1～2 月份播种，2～3 月份定植，4～6 月份供应市场。秋延迟栽培一般在 8 月份播种，9 月份定植，10 月份至翌年 1 月份供应市场。冬春茬要采取日光温室或有加温条件的温室大棚栽培，春早熟和秋延迟可采取多层覆盖的大棚栽培。

四、栽培技术

（一）紫苏高效栽培技术

1. 整地施肥　种植紫苏的田块要求地势平坦、排灌便利。每亩施腐熟有机肥 2 000～2 500 千克、三元复合肥 30～40 千克及磷酸二铵 20 千克，整地时与土壤均匀混合。耕深宜为 25～30 厘米，要求充分耕耙。做深沟高畦，畦宽连沟宜为 1.2～1.5 米，沟深 15～20 厘米。畦面应尽量平整细碎。

2. 种苗准备　实行育苗移栽者，宜在苗床内播种育苗。采用塑料薄膜大棚覆盖或小拱棚覆盖育苗时，可比露地提早 15～20 天播种。紫苏种子具有休眠期，一般采种后 4～5 个月才能完全发芽。播种前，将种子用 100 毫克/升赤霉素溶液浸泡 15 分钟左右，有利于提高发芽率和发芽势。低温处理湿种子，也可起到破除休眠的作用。播种时宜撒播，每平方米播种 10～15 克，按大田面积的 8%～10% 确定播种苗床面积。播种后，轻轻镇压畦面，之后洒水，待水下渗后覆盖地膜。出苗前，设施薄膜宜密闭不揭。开始出苗时，揭除地膜。育苗期应注意通过设施薄膜的揭盖来调控设施内温湿度。幼苗第一片真叶展开后间苗，苗距 3 厘米左右。苗龄 15 天时，即可用于大田定植。

3. 定植或直播　大田定植者，行距宜为 50～65 厘米，株距宜为 30 厘米，每穴 1 株。定植后应及时浇定苗水。

大田直播者，宜穴播或条播，应在土壤墒情较好时播种，每亩播种 1～1.5 千克，行距 50～65 厘米，穴播时的穴距宜为 30 厘米。播种后轻轻镇压畦面并覆盖地膜。开始出苗时，穴播者宜及时将定植穴薄膜破孔处用碎土封严；条播者宜揭除地膜。

4. 大田管理

（1）**间苗与定苗**　幼苗具 1～2 片真叶时开始间苗，拔除瘦弱苗，保留健壮苗，共间苗 2～3 次。定苗株距宜为 30 厘米，每穴 1 株。

（2）**肥水管理**　追肥 2～3 次，缓苗后或定苗后追第一次肥，每亩宜用尿素 5～7 千克，加水浇施；15～20 天后第二次追肥，每亩宜用尿素 10～15 千克，加水浇施；植株花蕾形成前，每亩宜施尿素 10 千克、三元复合肥 20 千克，加水浇施。高温干旱天气时，应加强灌溉，保持土壤湿润。

（3）**中耕除草**　在植株封行前中耕 2～3 次，除去株间杂草；也可于大田播种或定植前 5～7 天喷洒除草剂，每亩用 72% 异丙甲草胺乳油 100 毫升加水 50 升稀释后，对土表喷雾。

（4）**摘心除老叶**　以采收茎叶为目的时，可摘除已进行花芽分化的顶端，促进茎叶旺盛生长。以采收籽粒为目的时，宜及时摘除部分老叶，以增加株间通风透光性。

5. 采收与加工　以采收嫩叶食用者，可随时采收或分批收割。紫苏成品叶采收标准宜为宽 12 厘米以上的完整、无病斑叶片。一般始采期为 5 月下旬 6 月初，在植株具 4～5 对真叶时开始采收。采收盛期每3～4天采收1对叶，其他时期每6～7天采收1对叶，可持续采收100天。每株平均可采收20～22对成品叶，每亩成品叶产量约1250千克。

种子应及时采收，防止种子自然脱粒。宜在40%～50%的种子成熟时一次性收割，晾晒3～4天后脱粒。每亩种子产量可达50千克。

以采收药材为目的者，分采集苏叶和苏梗2种。苏叶宜在夏、秋季节采收叶或带叶小枝，阴干后收贮入药；也可在秋季割取全株，先挂在通风处阴干，再取叶入药。苏叶以叶大、色紫、不碎、香气浓、无枝梗者为好。苏梗分为嫩苏梗和老苏梗，6～9月份采收嫩苏梗，9月份与紫苏籽同时采收者为老苏梗。采收苏梗时，应除去小枝、叶和果实，取主茎，晒干或切片后晒干。苏梗以外皮紫棕色、分枝少、香气浓者为好。

6. 留种技术　留种株栽植宜稀植，以株行距55厘米×85厘米为宜，种株宜选植株健壮、无病虫害、产量高、叶片两面都是紫色的植株为佳，待种子成熟呈灰棕色时即可收割脱粒，晒干后去杂质，置于阴凉干燥处保存即可。

（二）出口日本的紫苏设施栽培及加工技术

近年来，日本蔬菜市场的紫苏叶消费量增大，年需求量20亿片，我国江苏、上海、浙江、山东等地采用设施栽培，可周年供应新鲜紫苏叶，成为当地出口创汇的主要蔬菜之一。

1. 选用品种　常见种植品种为"赤芳"，来自日本，属紫苏变种皱叶紫苏，又名鸡冠紫苏，茎直立、四面棱，株高50～60厘米，多分枝，密生细柔毛，绿色。轮伞花序2花，白色，组成顶生及腋生偏向一侧的假总状花序；叶对生，阔卵形，叶宽一般在20厘米左右，最大叶宽达24厘米，边缘具锯齿，顶端锐尖，叶两面全绿，成熟时略带紫色，叶柄长3～5厘米，密被长柔毛；小坚果卵球或球形，灰褐色至深褐色，千粒重1.5克左右。

2. 整地施肥 土壤在冬季进行深耕晒垡，促使土壤风化。定植前 10～15 天，将 6～8 米宽的大棚地均匀分成 4～6 畦，做成畦宽连沟 1.2～1.5 米的深沟高畦，要求畦面平整，并施足基肥，每亩施含硫复合肥 40～50 千克、腐熟有机肥 2 000～3 000千克。定植前喷洒 50% 乙草胺乳油 75～100 毫升加水 60～75升喷洒畦面，以防止草害发生，喷药后除定植穴外，尽量不破坏土表除草剂液膜，2 天后定植。

3. 播种育苗 长江流域可在 1 月底至 2 月初采用大棚加小拱棚电热温床的形式播种育苗。按种植面积的 15%～20% 准备苗床，每平方米苗床播种量为 0.5～1 克。播种苗床要浇足底水，要选择色泽鲜、大小均匀、籽粒饱满、没有霉变、无病虫的种子，将种子与 10 倍以上体积的过磷酸钙和细沙拌匀，均匀撒播于床面，盖一层薄土，以见不到种子为宜，再均匀撒稻草，覆盖地膜，加小拱棚，以保温保湿。种子经 7～10 天即可发芽出苗。注意及时揭除地膜，及时间苗，一般间苗 3 次，苗距约 3 厘米。及时通风、透气，防止秧苗疯长。

4. 移栽定植 3 月上中旬，秧苗 2～3 对真叶时定植。在定植时，要在起苗的前 1 天浇透苗床，使土壤湿润，以利起苗，保持根系完整，并带土移栽。每畦定植 2 行，株距为 20～25 厘米，每亩种植 4 500 株左右。栽时覆盖细潮土压实，使根系舒展，栽后浇水以利成活。

5. 田间管理 食叶紫苏较耐湿、耐涝，不耐干旱。如果畦土过干，食叶紫苏茎叶粗硬，纤维多，品质差。生长期保持土壤湿润，尽量采取微管灌溉（水肥一体化）。生长期间依据长势，追施尿素或液体有机肥 4～5 次。

定植后 15～20 天要摘除初茬叶，将第四节以下的老叶全部摘除。第四节以上达到 18 厘米宽的叶片摘下加工。紫苏分枝性极强，通过摘心可促进分枝，防止其开花和叶片老化，以便保持茎叶的旺盛生长。摘心时间以顶芽刚完成花芽分化时为宜。到生长后期把下部的叶片和枝杈全部摘除，可促进植株健壮生长。打杈可与摘叶同时进行。

3月上旬至4月上旬，以保温防冻为主，晴天中午应注意通风换气，大棚两头膜晴天日开夜关，以关为主；4月中旬至5月上中旬，根据天气情况和气温变化，大棚两头两边膜均以开为主，进行通风换气，降低棚内温度。移栽缓苗后白天温度控制在20～26℃，开花期控制在26～28℃；夜间温度控制在12～15℃。

空气相对湿度控制在75%～80%。采叶期若空气过于干燥，茎叶粗硬、纤维多、品质差，要注意调控空气湿度。

紫苏是短日照植物，缩短光照会使花期提前，所以设施栽培要采取措施延长日照时数，以延后花期、延长采叶时期，增加产量。不仅育苗棚要用电灯进行人工光照，而且从定植培育到生长期、收获期都要用电灯进行人工光照，这对紫苏的周年栽培是十分必要的。每3米×3米范围内挂1个60瓦灯泡，以暖光灯为好。灯高度1～1.2米，而且高度要能调节，即随着紫苏不断向上生长而不断向上抬高，以利于均匀光照。光照时间从太阳落山到凌晨1时左右（6～7小时），夏季到午夜11时左右即可，一般日照时间加上电照时间一天至少要16小时。

6. 叶片采收　采收标准：叶片无病斑、无缺损、无洞孔，叶片中间最宽处超过18厘米。大棚栽培4月上中旬可开始采收。若秧苗壮健，则从第四对至第五对真叶即能达到采摘标准。从4月下旬至6月上旬，叶片生长迅速，平均3～4天可采摘1对叶片，其他时间一般每6～7天采收1对叶片。每株青紫苏可摘叶200多片，每亩可产鲜叶1700～2000千克。

7. 加工处理　出口青紫苏叶加工流程为：

大棚采叶→车间收货检查→叶片入半成品冷库→清洗→捆扎→检测→分级→预冷→包装→产品检验→出口

（1）清洗　叶片生长过程中，表面往往会沾有各种杂质、垃圾，所以一般要清洗。清洗叶片的水必须是流动水，清洗池底部要安装充气泵以产生水泡。叶片一般要清洗 2 次，每次 2 分钟左右，叶片洗后要沥水约 2 小时。

（2）**捆扎**　捆扎就是首先把叶片按叶宽大小分开叠整齐，然后，每 10 张叶片用 1 根 0.5 厘米的小橡皮筋在叶柄部捆扎好。

（3）**检测**　应检查叶片大小是否一致，叠放是否整齐、平整，每束是否正好 10 张叶片，是否将不合格的叶片夹在中间。

（4）**分级**　将每束叶片按 2L、L 大、L 小、M 这 4 个级别分开（其中，2L 叶片的比例在 5～9 月份不超过 10%，10 月份至翌年 4 月份不超过 5%）。

一般以叶片宽度的大小来分级，规格叶的叶宽为 6～9 厘米。实际采叶时叶片宽度往往定在 6.5～8.5 厘米范围内。叶宽 6～7 厘米为 M 级，叶宽 7.1～7.7 厘米为 L 小级，叶宽 7.8～8.4 厘米为 L 大级，叶宽 8.5～9 厘米为 2L 级，也有少数客户需要 9～10 厘米宽的 3L 级的大规格叶。

规格叶必须嫩绿、有光泽、平整、不起皱、不畸形、无孔、无人为损伤、无病虫、叶柄不变黑、叶尖叶缘无焦黄、叶片上无杂物垃圾等。

（5）**预冷**　叶片分级后必须在 5～6℃的冷库中至少冷藏 4 小时，以确保每束叶片在装箱时预冷充分。

（6）**包装**　将各个级别的叶片每 10 束整齐地装进一塑料盒，每 20 塑料盒装进一纸箱。每箱共 2 000 张叶片。注意叶片的背面要朝上。

（7）**夏季出口运输过程中保冷剂的使用**　为保持新鲜品质，青紫苏叶片的出口一般采用空运的方法，尽管空运的时间很短，约 3～4 小时就可达到日本的空港，但青紫苏叶从离开生产基地的冷库到达日本空港，加上办理各种青紫苏叶的通关手续，也需要 10 多个小时。该过程对青紫苏叶的品质往往会产生巨大影响，尤其是在夏天，气温很高时青紫苏很容易发热腐烂。因此，当气

温达到25℃以上时，必须在每个装有青紫苏叶的纸箱中加入1～
2个冰袋作为保冷剂，使纸箱内的温度保持在5～10℃。保冷剂
的使用是夏季保持青紫苏叶新鲜度的关键。

五、病虫害防治

青紫苏苗定植后不久易被地老虎危害，若遇到低温、高湿，
则易发生立枯病；苗进入生长期，若大棚内干燥，则很容易发生
红蜘蛛；湿度高、温度高的时候，容易发生斑点病；湿度高、温
度低的时候，又容易发生菌核病、灰霉病；整个生长季节还会大
量发生蛾类、蚜虫、蓟马等虫害。

（一）病害防治

1. 斑点病

（1）**症状**　初现直径2～3毫米褐色圆形病斑，后病斑逐渐
增多或扩大，形成5～6毫米的红褐色病斑，边缘紫褐色，中央
常具一深色小点或同心轮纹。棚内湿度大时，病部正、反面均长
出墨绿色至黑色霉状物，即病菌分生孢子梗和分生孢子。后期病
斑中央变为灰褐色至灰白色，有的病斑破裂或穿孔。

（2）**防治方法**　加强栽培管理，合理施肥，提高抗病力；改善
棚内通透性，防止棚内湿度过大；药剂防治：用10%苯醚甲环唑水
分散粒剂2000～2500倍液，每10～20天喷1次，连续喷3～4次。

2. 斑枯病

（1）**症状**　发病初期在叶面出现大小不同、形状不一的褐
色或黑褐色小斑点，往后发展成近圆形或多角形的大病斑，直径
0.2～2.5厘米。病斑干枯后常形成孔洞，严重时病斑融合，叶片
脱落。在高温高湿、阳光不足以及种植过密、通风透光差的条件
下，比较容易发病。

（2）**防治方法**　①适时通风降湿，防止棚内湿度过大；②避

免种植过密；③药剂防治：在发病初期开始，用80%代森锌可湿性粉剂800倍液，或1:1:200波尔多液喷雾，每7天喷1次，连喷2～3次。在收获前15天应停止喷药。

3. 灰霉病

（1）**症状** 在叶片正面和背面生白色或灰褐色小斑点，由叶尖向下发展，一般叶片正面多于背面，病斑梭形或椭圆形，发病后期互相汇合成斑块，致半叶或全叶枯焦。在湿度大时，叶表面密生灰色至绿色绒毛状霉，伴有霉味，叶上不产生白点。发病后期，病叶出现湿腐型症状，完全湿软腐烂，表面产生灰霉。

（2）**防治方法** 该病发生与温湿度关系密切，菌丝生长适温为15～21℃，温度是诱发灰霉病的主要因素，空气相对湿度85%以上发病重，低于60%则发病轻或不发病。①适时通风降湿，防止棚内湿度过大，是防治该病的关键。根据天气变化情况，中午前后将棚膜拉开一条缝隙进行通风降湿，使棚内空气相对湿度降到70%以下；②培育壮苗，通过多施有机肥，及时追肥、浇水、除草，增强植株抗病能力；③药剂防治：用50%腐霉利可湿性粉剂2 000倍液防治，每7～10天喷雾1次，连续2～3次。

4. 菌核病

（1）**症状** 叶片染病，初呈水渍状斑，扩大后成灰褐色近圆形大斑，边缘不明显，病部软腐，并产生白色棉絮状菌丝，发病严重时产生黑色鼠粪状菌核。

（2）**防治方法** ①此病关键在于预防，一旦发现病株如遇温度20℃左右且湿度大时应高度警惕，及时喷药防治；②及时通风排湿，延长通风时间，在连绵阴雨时只要不下雨就应及时揭膜通风，降低湿度，并适当延长植株浇水间隔期。③药剂防治：可选用40%菌核净可湿性粉剂1 000～1 500倍液，或50%甲基硫菌灵可湿性粉剂500倍液，连喷3～5次，每次间隔5～7天。

5. 锈病

（1）**症状** 多发生在采收期间，主要危害叶。受病植株先在下部叶背面生黄褐色斑点，逐渐扩大到全株，严重时叶背面密布黄褐色斑点，叶片枯黄，翻卷脱落。

（2）**防治方法** ①提早收割，并及时清除田间落叶；开沟排水，降低地面湿度。②发病初期可用0.2～0.3波美度石硫合剂，或15%三唑酮可湿性粉剂800倍液，或50%代森锰锌可湿性粉剂600倍液，交替喷洒，每7天喷1次，连喷2～3次。

（二）虫害防治

1. 地 老 虎

（1）**危害特点** 地老虎3龄前幼虫常群居于叶间，昼夜危害紫苏幼苗地上部分。3龄后幼虫分散于土中，夜间出来活动，将幼苗距地面1～2厘米处的茎咬断，并将其拖入土中取食。

（2）**防治方法** ①农业防治。小地老虎宜采取冬季清园，减少虫源；播种或定植前几天，放水浸泡48小时；辅以人工捕杀等措施，并于危害期间用敌百虫等灌根、喷雾，或将切碎的青菜叶拌药撒于根际诱杀。②物理防治。利用地老虎成虫的趋光性，在其羽化期用黑光灯诱杀；也可在苗圃及其周围用糖醋液诱杀成虫，糖醋液按糖∶醋∶白酒∶水∶敌百虫＝6∶3∶1∶10∶1配制而成。或定植前3天用糠麸拌500倍液的敌百虫洒在畦面诱杀。③化学防治。用75%辛硫磷乳油1000倍液喷于幼苗及其周围土表。

2. 斜纹夜蛾

（1）**危害特点** 7～9月份幼虫危害叶片，叶片被咬成孔洞或缺刻，严重时可将叶片吃光。老熟幼虫在植株上做薄丝茧化蛹。

（2）**防治方法** ①诱杀成虫。采用黑光灯或糖醋盆等诱杀成虫。②药剂防治。幼虫3龄前为点片发生阶段，可结合大棚管理，进行挑治。4龄后夜出活动，因此施药应在傍晚前后进行。药剂可选用15%高效氯氟氰菊酯乳油1500倍液喷雾，每10天喷1次，连用2～3次。

3. 菜 青 虫

（1）**危害特点** 幼虫咬食紫苏叶片，2龄前仅啃食叶肉，留下一层透明表皮，3龄后蚕食叶片孔洞或缺刻，严重时叶片全部被吃光，只残留粗叶脉和叶柄。菜青虫取食时，边取食边排粪污染。幼虫共5龄，3龄前多在叶背危害，3龄后转至叶面蚕食，4～5龄幼虫的取食量占整个幼虫期取食量的97%。菜青虫成虫白天活动，以晴天中午活动最盛，寿命2～5周。卵散产，幼虫行动迟缓、不活泼，老熟后多爬至高燥不易浸水处化蛹，非越冬代则常在植株底部叶片背面或叶柄化蛹，并吐丝将蛹体缠结于附着物上。

（2）**防治方法** 一般在卵高峰后1周左右，即幼虫孵化盛期至3龄幼虫前用药，连续使用2～3次，可选择60%氰戊菊酯乳油1000倍液等进行防治，喷药时间应在每批叶片采摘后进行。

4. 红 蜘 蛛

（1）**危害特点** 主要危害紫苏叶子。6～8月份天气干旱、高温低湿时发生最盛。红蜘蛛聚集在叶背面刺吸汁液，被害处最初出现黄白色小斑，后来在叶面可见较大的黄褐色焦斑，扩展后，全叶黄化失绿，常见叶子脱落。

（2）**防治方法** ①避免偏施氮肥，适当增施磷钾肥。②避免土壤干旱，空气湿度过低，适时适量浇水。③药剂防治：可用73%克螨特乳油2500倍液喷杀。每7～10天喷雾1次，连续2～3次。但要求在收获前15天停止喷药，以保证叶片上不留残毒。

5. 蚜 虫

（1）**危害特点** 蚜虫危害青紫苏叶片，造成叶片蜷缩变形、生长停滞，分泌的蜜露使叶片发生杂菌，严重影响光合作用，致使叶片提早干枯死亡。另外，蚜虫还能传播多种病毒，传毒所造成的危害远远大于蚜虫本身的危害。

（2）**防治方法** ①棚室栽培应及时清理越冬场所，在春季蚜虫尚未迁移的时候，及时防治，减少部分蚜源。②在温室大棚的通风口悬挂银灰塑料条避蚜，可明显减少蚜量。③使用防虫网。

覆盖40～45目的银灰色或白色纱网，可杜绝蚜虫接触叶片，减轻蚜虫危害，棚室通风口最好使用防虫网。④黄板诱杀。利用有翅蚜对黄色的趋性，把木板剪成40厘米的正方形，涂上黄色广告色，再涂上一层10号机油加少量黄油调匀的黏油，插在行间，以略高于植株为宜。⑤药剂防治：洗衣粉对蚜虫有较强的触杀作用，用400～500倍液喷2次，防效在95%以上；也可用50%抗蚜威可湿性粉剂2000～3000倍液喷杀。

6. 蓟马

（1）**危害特点** 蓟马以成虫和若虫吸取紫苏嫩梢、嫩叶的汁液造成危害，影响叶片产量和质量。成虫多在叶脉间吸取汁液，因其较小不易看到，生产中常被忽视。蓟马若虫怕光，在叶背取食到高龄末期停止取食，落入表土化蛹。

（2）**防治方法** ①根据蓟马繁殖快、易成灾的特点，应以预防为主，综合防治。如清除残株病叶减少虫源、避开危害高峰。②药剂防治。主要药剂有25%蚜螨清乳油2000倍液，或20%氰戊菊酯乳油3000倍液，最好在4～6天连喷2次药剂。

7. 白 粉 虱

（1）**危害特点** 白粉虱以成虫、若虫群居叶背吸食汁液。被害叶片褪绿变黄，植株长势衰弱，甚至全株萎蔫、死亡。该虫还可传播某些病毒病。

（2）**防治方法** ①结合整枝打杈，摘除带虫老叶，带出棚室处理。②利用温室白粉虱强烈的趋黄习性，于白粉虱发生初期，在棚室内设置1米×0.1米的橙黄色板，在板上涂10号机油（加少许黄油），每亩棚室设30块。黄板设置于棚室行间与植株高度相平，每7～10天重涂1次机油，可控制白粉虱危害。③药剂防治。在白粉虱低密度时用药防治，以早晨喷药为好，喷药时先喷叶片正面，后喷叶片背面，让惊飞起来的白粉虱落到叶片表面触药而死。药剂可选用10%噻嗪酮乳油1000倍液，或2.5%高效氯氟氰菊酯乳油5000倍液，每7天喷1次，连喷2～3次。

第十八章
芥 蓝

芥蓝，又名白花芥蓝、绿叶甘蓝、芥兰（广东）、芥蓝菜、盖菜，为十字花科芸薹属 1 年生草本植物，栽培历史悠久，是中国的特产蔬菜之一。

芥蓝的菜薹柔嫩、鲜脆、清甜、味鲜美，以肥嫩的花薹和嫩叶供食用，是甘蓝类蔬菜中营养比较丰富的一种蔬菜，可炒食、做汤，或作配菜。每 100 克芥蓝花薹鲜样中含水分 92.3 克，蛋白质 4.1 克，脂肪 4.1 克，膳食纤维 1.7 克，碳水化合物 0.7 克，灰分 0.8 克，胡萝卜素 5 170 微克，硫胺素 0.03 毫克，核黄素 0.10 毫克，烟酸 0.7 毫克，维生素 C 15 毫克，钾 312 毫克，钠 6.6 毫克，钙 55 毫克，镁 42 毫克，磷 43 毫克，铁 0.5 毫克，锌 0.31 毫克，锰 0.62 毫克，硒 0.93 微克。

近年来，随着人们生活水平的提高和旅游业的迅猛发展，内地大中城市对粤菜的需求量不断增加，芥蓝已成为许多地区引种推广的蔬菜，其需要量在不断增加。另外，芥蓝脆嫩、鲜美，在我国港、澳地区及东南亚地区也很畅销，发展前景可观。此外，近年生产上推广了一种西蓝花与芥蓝杂交组合称为西洋芥蓝，又名西蓝薹、青花笋、散球西蓝花、小西蓝花，也很受欢迎。主要以肥嫩的花薹供食用，其色绿翠美，肉质脆嫩，风味香甜，营养丰富，且富含花青素和抗癌物质，具有很好的保健功能。西洋芥蓝不仅保留了青花菜的口味，且口感胜于青花菜。其栽培技术也与芥蓝、西蓝花相似，主要是及早掐除顶薹，确保多发侧薹，同时栽培密度控制在每亩2 500～2 800株，株距40～45厘米，行距50厘米。

一、品种类型

（一）早熟品种

早熟芥蓝品种较耐热，在较高温度下仍能提早形成菜薹。适于夏、秋季栽培，产量高。播种期4～8月份，播种至初收45～60天，延续采收35～50天，采收期6～11月份。

1. 早鸡冠 广东省广州市郊区地方品种，广东、广西、福建等省（区）普遍栽培。株高约50厘米，开展度50～52厘米。叶片大而厚，椭圆形，长约28厘米、宽约20厘米，深灰绿色，叶面皱缩，多蜡粉，叶柄长约9厘米。主薹高约35厘米，横径约3.2厘米；花白色，花序较松散，花序横径约7厘米，分枝力强，侧薹萌动力强，主薹重150～200克。早熟，播种至初收75天，可延续采收60～70天。耐热，品质佳。每亩产量为1 500～1 800千克。

2. 福建黄花芥蓝菜 福建省福州市郊区地方品种，已有100多年的栽培历史，现在福州郊区、长乐、南平、霞浦等市、县普遍栽培。株高约25厘米。茎短缩，紫红色。叶簇生、直立、匙形，叶缘有波状缺刻，叶面蓝绿色，叶柄和叶脉绿带紫色，叶面光滑，有蜡粉，叶片长约35厘米、宽约13厘米。早熟，播种至初收约60天。耐热，较耐寒，抗病性强。味香略甜。每亩产量约1 250千克，最高可达1 500千克。

3. 柯子岭早芥蓝 广东省广州市郊区农家品种，栽培历史悠久，分布于柯子岭、三元里、广州市郊区等地。株高约42厘米，开展度约35厘米，叶片卵圆形，长约19厘米、宽约16厘米，深灰绿色，叶面平滑，多蜡粉，基部深裂或耳状裂片，叶柄长约6厘米。主薹高约24厘米，横径约3厘米；主薹重100～150克。早熟，播种至初收70～80天，若提早播种，则播后约100天始收，可延续收获50～70天。分枝力强，耐热。每亩产量为1750～2000千克。

4. 梧州早芥蓝 广西壮族自治区梧州市郊区东兴大队选出，分布于该市郊区各县。株高约55厘米，开展度约43厘米。叶片近圆形，长约23厘米、宽约17厘米，淡绿色，有蜡质，基部略呈淡红色。主薹高约22厘米，横径约2.2厘米，侧薹旺盛，花白色，第一至第二薹较粗，主薹重100～150克，味甜脆。早熟，播种至初收约60天，延续采收约80天。生长旺盛。耐热，抗病力强，每亩产量为2500～3500千克。

5. 金绿 广州市农业科学研究院选育早中熟一代杂种。株高约32厘米，开展度约35厘米，叶长约22.5厘米，叶宽约16.5厘米，叶柄长约5厘米，主薹高约23.5厘米，主薹粗约2.3厘米，单薹重165克。播种至初收61天，主薹延续采收8.5天。长势强，植株健壮，直立较紧凑；叶片卵圆形，深绿色，叶柄较短，薹叶较小，薹色绿，菜薹紧实匀条，抽薹整齐，花球大，齐口花，质爽脆味甜，纤维少，商品综合性状好，品质优。产量高，每亩产量为1030～2000千克。田间表现耐热、耐涝、耐寒，抗逆性强，对霜霉病和软腐病的抗性比对照绿宝强。

6. 夏翠 广东省农业科学院蔬菜研究所选育。生长势较强，株型直立，株高约36厘米，开展度约34厘米。菜薹长17～20厘米，横径2～2.5厘米，单薹重110～150克。叶片椭圆形，肥厚微皱，浅绿色，蜡粉少。茎圆粗壮均匀，节间中长，纤维少，品质优，可食部位鲜嫩，爽甜可口，感观品质优。适应性好，耐热性、耐涝性强；抗霜霉病、炭疽病、软腐病。播种至初收为45～51天，全生育期为160～170天，每亩产量1200～1600千克。

（二）中熟品种

芥蓝中熟品种的耐热性不如早熟种，多作秋、冬季栽培。播种期 7～10 月份，播种至初收 60～70 天，延续采收 40～60 天，采收期 11 月份至翌年 2 月份。

1. 荷塘芥蓝 广东省新会县农家品种。株高 48～60 厘米，开展度约 45 厘米。主薹高 30～35 厘米，横径 2～2.5 厘米，侧芽粗 1.5～2 厘米。叶片卵圆形，绿色，长约 33 厘米、宽约 23 厘米；叶柄长约 9 厘米、宽约 1.5 厘米；叶基裂片大，成耳状裂片；叶面平滑，深灰绿色，蜡粉少，花白色。主薹重 120～180 克，肥嫩、纤维少、质脆、味甜。中熟，播种至初收 60～70 天，延续采收 40～50 天，每亩产量约 2 500 千克。

2. 白花芥蓝 现在赣州市郊区及附近县普遍栽培此品种。株高约 50 厘米，开展度 55～58 厘米，分枝力中等。叶片肥大，长卵圆形，长约 32 厘米、宽约 29 厘米，绿色，叶缘微波状，叶面稍皱，叶柄长约 13 厘米。花白色，以花薹供食用，主薹重约 35 克。叶质脆嫩，有清香味。中熟，播种至初收 60～70 天。耐热性中等，较耐寒，耐湿力强。每亩产量约为 2 500 千克。

3. 联星中花 广东省广州市郊区农家品种，已有 50 余年的栽培历史。广州郊区普遍栽培。株高约 40 厘米，开展度约 35 厘米。叶片椭圆形，长约 22 厘米、宽约 19 厘米，青绿色，较薄，叶面较平滑，少蜡粉，基部深裂成耳状裂片，叶柄长约 5 厘米。主薹高约 25 厘米，横径约 3 厘米。白花，分枝力强，皮薄质脆，主薹重 100～150 克。中熟，播种至初收 60～70 天，延续采收约 60 天。耐热力中等，每亩产量 1 900～2 000 千克。

（三）晚熟品种

不耐热，不宜早播，冬性强，适于冬、春季栽培。播种期 10 月份至翌年 2 月份，播种至初收 70～90 天，延续采收

50～60 天。主采收期在 1～6 月份。

1. 迟花 广东省广州市郊区地方品种。株高约 60 厘米，开展度约 48 厘米。叶片大、近圆形，长约 25 厘米、宽约 23 厘米，灰绿色，叶面平滑，蜡粉少，基部深裂成耳状裂片，叶柄长约 11 厘米。主薹高约 35 厘米，横径约 3.5 厘米。花白色，茎粗薹长，质脆、味鲜美。主薹重 150～200 克。晚熟，播种至初收75～80 天，延续采收约 60 天。分枝力中等，耐寒。每亩产量为2 000～2 300 千克。

2. 黄花芥蓝菜 江西省赣南地方品种。株高约 85 厘米，开展度约 50 厘米。生长势强，分枝力弱。叶椭圆形，长约 30 厘米、宽约 25 厘米，青绿色，全缘，叶面平滑，有光泽，蜡质厚，叶柄长约 8 厘米。主茎粗约 2 厘米，生长中后期茎呈淡紫色，花黄色。以食用嫩叶为主，叶质脆嫩，纤维少，味清香。晚熟，生长期约 120 天，播种至初收 45 天，可延续采收 75 天。耐寒，冬性较强，抽薹迟。每亩产量约为 2 500 千克。

3. 汕头种 广东省汕头市郊区地方品种。植株直立，株高约 50 厘米，开展度约 30 厘米。叶片近圆形，长约 20 厘米、宽约 18 厘米，深绿色，叶面平滑，蜡粉少，有叶翼。花白色。主薹高约 33 厘米，浅绿色，每株可收薹 5～6 根。主薹重 200～300 克，纤维少，水分较多，味淡，供炒食用。晚熟，播种至初收约 60 天，延续采收 60～70 天。抗寒力强，耐热力弱，分枝性较强。每亩产量约为 2 250 千克。

4. 铜壳叶 广东省广州市郊区地方品种，已有 50 年的栽培历史。植株生长健壮，株高约 50 厘米，开展度约 40 厘米。叶片近圆形，长约 19 厘米、宽约 18 厘米，浅绿色，较薄，蜡粉少，叶缘稍向内弯如铜壳状，基部深裂成耳状裂片；叶柄长约 10 厘米，主薹高约 28 厘米，横径约 3 厘米。分枝力较强。花白色，花球横径约 9 厘米，主薹重 300～400 克，质脆嫩，纤维少。晚熟，播种至初收 70～80 天，延续采收 50～60 天，适应性强，可提早或稍迟播种，每亩产量为 1750～2500 千克。

5. 登峰中迟芥蓝 广东省广州市地方品种。株高约 37 厘米，开展度约 36 厘米，横径 2～3 厘米，单株重约 300 克，该品种具有花球大、主薹粗、抽薹整齐一致、叶片少、叶柄短、节间长、侧薹粗壮、全株灰绿色等特点。中晚熟，从播种至初收 60～70 天。每亩产量约为 2000 千克。

（四）西洋芥蓝

1. 亚非西蓝薹一号 由武汉亚非种业有限公司提供，具有耐高温、风味好以及分枝性（侧枝很多）的优点。花和茎的纤维少，吃起来口感香甜柔软，作为连茎都能吃的西蓝花品种可全年栽培，栽培方法与西蓝花相似，当中心生长点为乒乓球大小时，摘除中心生长点，侧枝长到 15～18 厘米之后开始收获。武汉地区秋季 7 月 5 日至 8 月 15 日育苗，春季 2 月 15 日至 3 月 5 日保护地育苗。春季不宜种植过早或秋季不宜种植过晚，否则抽薹过早薹枝细小，纤维含量高，口感差，产量低。基肥要充足，保证植株健壮生长，顶薹需要尽早掐除，才能发出更多侧薹，提高产量。

2. 华艺 1 号 从法国引进的中熟、丰产、优质新品种。产量高，每亩达 2760 千克。播种至初收 95～100 天，植株高大，株高 70～75 厘米，开展度 80～85 厘米，分枝力强，薹首尾匀称，薹横径约 1.5 厘米，单薹重约 40 克。薹色绿，肉质脆甜，水焯后色泽翠绿，品质优，抗病性较强，采收期 65～90 天。

3. 芊秀 由广州绿色科技公司提供，属中熟品种，丰产、优质、抗病性强。植株直立，分枝能力强；叶为倒卵圆形，叶缘无缺刻，叶色深绿，叶面平滑、蜡粉少；花薹由肥嫩的主轴、肉质花梗和复总状花序的花蕾构成，薹色绿，肉质脆甜，纤维少，口感好，焯水后色泽翠绿。生育期 160 天左右，从播种到采收初期约 90 天，采收期 60 天以上。

4. 秀兰 2 号 花蕾形状美观，茎薹纤维少，口感柔嫩有甜味。一般播种后 85 天左右开始收获。种子发芽适宜温度为 20～30℃，苗期适宜温度为 15～25℃，当日平均气温降至 10℃以下时侧枝生长缓慢。在上海地区露地栽培适期较长。春、秋季均可种植，夏季高温会降低花蕾的商品性，建议高温季节在高海拔冷凉地区种植，冬季宜采用保护地栽培。

二、栽培特性

（一）形态特征

芥蓝根深 20～30 厘米、宽 20～30 厘米，根群主要分布在 15～20 厘米的表土，再生能力较强。株高 40～50 厘米，开展度 35～45 厘米。茎直立，茎基比较短缩，圆形，绿色。叶互生，卵形、椭圆形或近圆形等。叶长 20～28 厘米、宽 15～20 厘米。叶面光滑或皱缩，浓绿色，被蜡粉。具叶柄，青绿色。初生花茎肉质，绿色，为食用部位。总状花序，完全花，花瓣白色或黄色。花茎分枝并伸长，由下而上开花结籽。角果含多个种子，种子近圆形，褐色至黑褐色。

（二）生育周期

1. 发芽期 从播种至子叶开展为种子发芽期。将种子浸泡后，在 25～30℃条件下迅速发芽，至子叶开展需 7～10 天。

2. 幼苗期 自第一片真叶发生至第五片真叶开展为幼苗期，需 15～25 天。温度高，生长迅速；温度低，生长较慢，但可提早花芽分化。

3. 叶片生长期 从第五片真叶开展至植株现蕾为叶片生长期，需 20～25 天。这个时期叶片迅速分化和生长，花芽分化发育直至看见小花蕾。幼苗期和叶片生长期在 20～25℃能及时花芽分化，也有利于叶片生长。

4. 菜薹形成期 从植株现蕾至菜薹采收为菜薹形成期。这个时期需 20～35 天。菜薹（主薹）采收后，基部腋芽可以抽出新的菜薹，成为侧薹。侧薹形成是芥蓝菜薹产量形成的继续。

（三）对环境条件的要求

1. 温度 芥蓝喜温和的气候，耐热性强，其耐高温的能力是甘蓝类蔬菜中最强者。种子发芽和幼苗生长适温为 25～30℃，20℃以下生长缓慢，叶丛生长和菜薹形成适温为 15～25℃，喜较大的昼夜温差。30℃以上的高温对菜薹发育不利，15℃以下时则生长缓慢，不同成熟性的品种其耐热性及花芽分化对温度的要求有差别：①早、中熟品种较耐热，在 27～28℃条件下花芽能迅速分化，降低温度对花芽分化没有明显促进作用。②晚熟品种对温度要求较严格，在较高温度下虽能进行花芽分化，但时间延迟，较低温度及延长低温时间，能促进花芽分化。

2. 日照 芥蓝属长日照植物，但对日照长短不敏感，春、秋季均可抽薹。喜光，不耐阴，全生长发育过程均需要良好的光照。

3. 水分 芥蓝喜湿润的土壤环境，以土壤最大持水量 80%～90% 为宜。不耐干旱，耐涝力较其他甘蓝类蔬菜稍强，但土壤湿度过大或田间积水将影响根系生长。

4. 土壤及营养 芥蓝对土壤的适应性较广，而以壤土和沙壤土为宜。对氮、磷、钾的吸收以钾最多，磷最少，其氮、磷、钾的吸收比例为 5.2：1：5.4。幼苗期吸肥量较少，生长较缓慢，菜薹形成期吸肥量最多。生长各期对氮、磷、钾吸收量不同，应着重有机肥的施用，并适当追肥。

三、栽培季节

长江流域芥蓝可周年种植。4～8 月份播种可选用早熟品种进行露地栽培，以保证 6～10 月份供应市场。9 月份至翌年 3 月

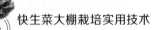
份播种选中晚熟品种进行保护地栽培，以保证 11 月份至翌年 5 月份供应市场。生产中应注意 7～9 月份高温、多雨季节，以在冷凉的地方种植或采取遮阴避雨防虫设施栽培为宜。

夏季栽培：3 月中旬至 6 月下旬播种育苗，4 月上旬至 7 月下旬定植，5 月底至 8 月底采收上市，12 月上旬采种。

秋季栽培：7 月上旬至 10 月下旬播种育苗，8 月上旬至 11 月下旬定植，9 月上旬至翌年 2 月下旬采收。

春季栽培：11 月上旬至翌年 2 月中旬育苗，12 月上旬至来年 3 月中旬定植，1 月下旬至 5 月中旬采收，6 月下旬采种。

四、栽培技术

（一）品种选择

一般 4 月下旬至 8 月下旬采用遮阳网覆盖育苗，可选用早熟种。9 月上旬至 10 月下旬育苗，可选用中熟种。11 月下旬至翌年 2 月初育苗，可选用晚熟种。在上海地区春季播种可选用香港白花芥蓝、香菇芥蓝等早熟品种，夏季选用四季芥蓝，秋季播种选用迟花芥蓝、迟八零芥蓝等中、晚熟品种。

例如，四季香菇芥蓝植株直立，叶圆形绿色，平均单株重 250 克左右。采用保护地设施栽培，该品种基本能够实现周年生产供应。可采用直播或育苗移栽，育苗移栽的每亩需种量 80 克，直播的需 200 克。苗龄夏、秋季 25 天，冬、春季 35 天，可达到 5 片真叶。按株行距 20 厘米×20 厘米进行移栽，亩栽 8 000 株左右。四季香菇芥蓝每茬亩产量 1 800～2 500 千克，每年可种植 4～5 茬，效益相当可观。

（二）播种育苗

1. 播种　早芥蓝在高温干旱的夏季播种，宜选择近水源地段，应采用大棚育苗，遮阳网覆盖，至少应搭棚遮阴降温；迟芥蓝往往在严寒的冬季育苗，应在大棚保温设施下育苗。

苗床地宜选择近3年未种过十字花科蔬菜的、保水保肥能力强的壤土或黏壤土。苗床地在整地时应多施腐熟的厩肥作基肥。床土应选用肥沃园土与充分腐熟过筛圈粪，二者按2∶1的比例混合均匀，每立方米加三元复合肥1千克，将床土铺入苗床内，厚度10厘米。整地、耙细后灌足底水。水渗下后，撒一层细土，然后将种子均匀撒播或条播。

播种完后再盖一层细土，覆土要均匀，不能过厚。芥蓝种子细小，且要求稀播，为便于播种均匀，可与干细土或细沙混合后播种。播种后4～7天幼苗出土，幼苗长出2片真叶时应及时间去过密苗、劣质苗。

2. 苗期管理　苗期严格控制温度，出苗前，以白天25～30℃，夜间不低于18℃为宜；出苗后白天保持25℃左右，夜间13～15℃，避免较长时间的低温。苗期若长时间遭遇低温，容易出现先期现蕾现象，影响植株生长，降低产量，这时营养体尚未完全长成，积累的同化产物少，形成的花薹也必然纤细，会降低花薹产量和品质。

在苗期施用速效肥2～3次，一般当幼苗具有3～4片真叶时，每亩随水追施尿素4～5千克。定植前3～5天，每亩随水再追施尿素5～7千克。苗床地要经常保持湿润，但切忌积水，并注意防治病虫害。苗龄20～30天、真叶5～6片时即应及时定植。

（三）整地与定植

芥蓝是喜肥耐肥蔬菜，但根系入土浅，主要分布在10～20厘米耕作层中，不能吸收深层土中的养分，因此，宜选择土壤肥沃且保水保肥良好的壤土种植，忌与十字花科蔬菜连作，以防加重病害。

定植前整地施基肥，一般每亩施腐熟有机肥 1 500～2 000 千克、过磷酸钙 25 千克。基肥宜撒施，施基肥后翻耕土壤，并按连沟宽 1.2～1.5 米做深沟高畦。畦面要整平整碎，做成龟背状。

早春应在定植前 15 天左右扣棚烤地，以提高棚内地温。定植密度依品种、栽培季节与管理水平而定，一般早芥蓝 20 厘米×25～30 厘米、中熟种 23 厘米×30 厘米、迟芥蓝 30 厘米×35 厘米。

定植时选健壮苗带土定植，栽苗不宜深，以苗坨土面与畦面栽平或稍低 1 厘米。定植后浇定根水，由于气温低、蒸发量少，所以浇水量宜小。若浇水量过大，则容易降低地温，造成土壤板结，不利于缓苗。

定植时间宜选择晴天上午进行，浇水稳苗，并注意剔除病苗、弱苗，按苗的大小分级种植，以利于提高产量。

（四）田间管理

1. 温度管理 根据芥蓝生长发育对温度条件的要求，在芥蓝栽培过程中，最好能将温度控制在 15～25℃范围内。早芥蓝定植时温度较高，可用小拱棚遮阳网覆盖降温至成活，最好采用大棚栽培，并覆盖遮阳网。中熟芥蓝在生长中后期（一般在 11月中下旬开始）应采用保温措施，若种植在大棚内，则覆盖大棚顶膜和裙边；若一般的露地定植，则可搭小拱棚覆盖。迟芥蓝定植时温度较低，宜定植在大棚或小拱棚内，定植前 5～10 天即应覆盖薄膜。覆盖保温栽培的，若白天气温较高，特别是在高于28℃时，则应通风降温，随着外界气温的逐渐升高，要不断加大通风量，直至撤棚，再转为露地生产。

2. 肥水管理 早、中芥蓝冬性较弱，营养生长期短，易抽薹开花，所以若发现田间有植株现蕾抽薹时就要加强肥水管理，增加施肥次数和浓度，以满足其花薹生长对肥水的需要。迟芥蓝虽冬性较强，但冬季寒冷时生长缓慢，要适当控制肥水，以促进植株现蕾抽薹，提高抗寒能力。当植株开始抽薹，应立即施重肥，以促进花薹伸长。追肥分次进行，第一次追肥是定植后、幼苗恢复生长时，一般在定植后 3～4 天进行，每亩随水追施尿素 5～7 千克。第二次追肥是植株现蕾以后的花薹形成期间，这是芥蓝最需要肥水的时期，一般每隔 7 天每亩随水追施优质三元复合肥 10～15 千克，浇水到主薹抽出前 5～7 天。第三次是在大部分植株主薹采收时，为促进侧薹的生长，应连续重施追肥 2～3 次或进行培肥，追肥可每亩随水追施尿素 10～15 千克，加硫酸钾 5～10 千克；也可增施腐熟有机肥 750～1 000 千克，在株行间施入。第四次是在第一批侧薹采收后，每隔 7～10 天每亩随水追施三元复合肥 10～15 千克。

定植后必须浇水，促发新根，使迅速恢复生长。生长期间，特别是早芥蓝栽培中，应经常保持 80%～90% 的土壤相对湿度。芥蓝叶面积较大，如叶片鲜绿、油润、蜡粉较少，是水分充足、生长良好的标志；叶面积较小、叶色淡、蜡粉多是缺水的表现，应及时灌溉。此外，中、迟芥蓝大棚覆盖时要注意通气，避免棚内空气湿度太大。

3. 中耕除草 芥蓝栽培要适时蹲苗，以促进根系发育。蹲苗时间可根据土壤墒情、植株长势、品种特性等灵活掌握。土壤墒情差、幼苗长势弱，蹲苗时间应缩短或不蹲苗。一般在缓苗后进行。芥蓝前期生长缓慢，定植后 10～15 天根系逐渐恢复生长，但植株较小，株行间易生杂草，雨后土面又易板结，所以缓苗后结合蹲苗及时中耕除草，促进根系发育，提高土壤温度和保墒能力。当植株逐渐长大至 8～10 片真叶时，叶大但茎基仍较细，植株容易倒伏，甚至折断，故应结合中耕进行培土。

（五）采收与贮藏加工

1. 采收时间 当主花薹的高度与叶片高度相同、花蕾欲开而未开时，即"齐口花"时为采收适期。优质菜薹的标准是薹茎较粗嫩、节间较疏、薹叶细嫩且少。出口东南亚芥蓝的采收标准较严格，要求菜薹横径约 1.5 厘米、长约 13 厘米，花蕾未开放，无病虫斑。

2. 采收方法　主菜薹采收时，在植株基部 5～7 叶节处稍斜切下，然后把切下的菜薹切口修平，码放整齐。侧菜薹采收时在薹基部 1～2 叶节处切取。采收应于晴天上午进行。

3. 采后保鲜贮藏　芥蓝较耐贮运，采收后如需长途运输的放于筐内，在温度 1～3℃、空气相对湿度 96% 的室内进行预冷，约 24 小时后便可用泡沫塑料箱包装运输，或贮存于 1℃ 的冷库中。

4. 留种　夏播采种的 9 月份开花，12 月份采收种子，每亩种子产量 30～35 千克；也可春播采种，2 月份播种，6 月份采收种子。种子使用年限 1～2 年。

五、病虫害防治

（一）病害防治

1. 立 枯 病

（1）**症状**　又名黑根病。苗期受害重，主要侵害根茎部。初期在根茎处产生一个坏死褐色小斑，后扩展成近椭圆形凹陷斑，逐渐变黑缢缩，叶片由下向上逐渐萎缩、坏死或干枯。当病斑绕茎基约 7 天时，造成全株死亡。湿度大时，病部表面生出灰褐色蛛丝状霉，即病原菌的菌丝。

（2）**防治方法**　药肥管理从真叶出现至出苗，每周施药肥 1 次，共施 3～4 次，第一次用生根壮苗剂 600 倍液，或 72.2% 霜霉威水剂 800 倍液叶面喷施；第二次用 20-20-20 的平衡型冲施肥 1 000 倍液，或 72.2% 霜霉威可湿性粉剂 800 倍液灌根；第三次用生根壮苗剂 600 倍液＋多菌灵可湿性粉剂 600 倍液叶面喷施，在出苗 1～2 天用多菌灵或百菌清可湿性粉剂 600 倍液叶面喷施。播种前用种子重量 0.3% 的 50% 福美双粉剂拌种，或在发病初期拔除病株后喷洒 30% 苯醚·丙环唑乳油 2 000 倍液，或 1% 申嗪霉素悬浮剂 800 倍液，或 20% 的甲基立枯磷乳油 1 200 倍液，或 70% 噁霉灵可湿性粉剂 1 500 倍液。

2. 霜霉病

（1）**症状**　从苗期到成株期各阶段均有发生，但苗期受害重。染病初期在叶背产生灰褐色小点，湿度大时呈水渍状，之后病部扩展成灰褐色至灰白色不规则凹陷斑，叶背长出稀疏的白霉，即病原菌的孢囊梗和孢子囊。叶面初发病时症状不明显，扩展后由浅绿色小点发展成灰白色至黄褐色不规则形坏死斑，随病情扩展，叶肉组织坏死或叶片干枯死亡。

（2）**防治方法**　进入霜霉病、软腐病混合发生时，喷洒 75% 百菌清可湿性粉剂 600 倍液＋72% 硫酸链霉素可溶性粉剂 3 000 倍液，或喷洒 72.2% 霜霉威水剂 800 倍液＋90% 新植霉素可溶性粉剂 4 000 倍液。霜霉病单发区喷洒 50% 烯酰吗啉可湿性粉剂 800 倍液，或 687.5 克/升氟菌·霜霉威悬浮剂 700 倍液。防治霜霉病单新杀菌剂有 560 克/升嘧菌·百菌清悬浮剂 700 倍液，或 60% 唑醚·代森联水分散粒剂 1 500 倍液，或 66% 二氰蒽醌水分散粒剂 1 500～2 000 倍液；也可用 250 克/升吡唑醚菌酯乳油 30～50 毫升/亩，加水 30～45 升；或 18.7% 烯酰·吡唑酯水分散粒剂 75～125 克/亩，加水 60 升，均匀喷雾，每 10 天左右喷 1 次，连用 2～3 次。

3. 黑腐病

（1）**症状**　各生育阶段均有发生。主要危害叶片，也危害叶柄、茎秆。叶片染病，从水孔侵入的引起叶缘发病，产生"V"形病斑；从伤口侵入的，叶片任何部位均可产生不规则浅黄褐色病斑，边缘多具黄色晕圈，病斑向叶侧内部扩展，造成四周叶肉变黄或枯死。病菌侵入叶柄或茎秆的维管束时，导致叶片或植株萎蔫，严重时枯死。

（2）**防治方法** ①建立留种无病田，从无病株上采种。②种子用 50℃ 温水浸种 20 分钟，也可用种子重量 0.4% 的 50% 琥胶肥酸铜可湿性粉剂拌种。③发现病株及时拔除、烧毁。④发病初期喷淋 90% 新植霉素可溶性粉剂 4 000 倍液，或用 72% 硫酸链霉素可溶性粉剂 3 000 倍液，或 50% 氯溴异氰尿酸可溶性粉剂 1 000 倍液，或 3% 中生菌素可湿性粉剂 600 倍液。

4. 叶 斑 病

（1）**症状** 各生育期均有发生，主要危害中下部 4～8 片叶。生产上从下部叶片开始侵染，后渐向上扩展。初期在叶片上产生褐色水渍状坏死斑，后渐成近圆形病斑，边缘紫褐色，中央黄褐色，几天后逐渐扩展成略带轮纹的较大坏死斑，边缘不大明显，四周常现黄绿色晕圈。湿度大时，病斑正背两面产生黑色霉，呈轮纹状分布，即病原菌的分生孢子梗和分生孢子。病情严重时，多个病斑融合，形成更大斑块，造成叶片黄化干枯。

（2）**防治方法** ①选用柳叶早芥蓝、登峰芥蓝、荷塘芥蓝、迟花芥蓝等品种。②用种子重量 0.3% 的 50% 异菌脲可湿性粉剂拌种。③发病初期喷洒 50% 异菌脲可湿性粉剂 1 000 倍液，或 40% 百菌清悬浮剂 600 倍液。④保护地可在发病前用 10% 百菌清烟剂熏杀灭菌。

5. 细菌性黑斑病

（1）**症状** 染病后，叶片出现油渍状小斑，淡褐色，后渐变为褐色至黑褐色，呈不规则多角状。茎及花梗受害，生紫黑色条斑。荚染病后生成圆形或不规则形稍凹陷的病斑，影响结实。

（2）**防治方法** ①与非十字花科蔬菜进行 2 年以上的轮作。②收获后及时清除病残物，集中深埋或烧毁。③建立无病留种地，带菌种子用种子重量 0.4% 的 50% 琥胶肥酸铜可湿性粉剂拌种。④发现少量病株及时拔除，于发病初期喷洒药剂，同芥蓝黑腐病。

6. 病毒病

（1）**症状**　各生育期均有发生，苗期、生长前期受害颇重。在田间，发病株常出现轻花叶形、重花叶形及畸形等，染病轻的仅在中上部少数叶片上现褪色失绿、浓淡不匀，病叶、心叶皱缩不平，大小不一，轻花叶或畸形。发病重的全株褪绿变黄，仅主脉保持绿色，病株矮缩，叶片变小，最后整株死亡。

（2）**防治方法**　①选用抗病毒耐热的品种，如梧州早芥蓝。②增施腐熟有机肥，提高芥蓝抗病力。③采用遮阳网覆盖，可减少发病。④高温干燥季节，要小水勤浇，保持土壤湿润，及时锄草，发现蚜虫及时防治，以防传染病毒病。⑤发病初期每亩喷洒1%香菇多糖80～120毫升，加水30～60升，或2%宁南霉素水剂500倍液，或20%吗胍·乙酸酮可湿性粉剂500倍液，每7～10天喷1次，连续喷施2～3次。

7. 菌核病

（1）**症状**　主要危害茎基部。病部变褐，并长出白色菌丝体，后期病部产生鼠粪状黑色菌核，导致病株枯死。

（2）**防治方法**　①用10%的盐水汰除混在种子中的菌核，减少初侵染源。②进行水旱轮作，采用高畦栽植，避免偏施氮肥，雨后及时排水，收获后清除病残体，进行深翻。③采用电热温床育苗，播种前把床温调到55℃处理2小时基质，可把菌核杀死。④发病初期施用50%啶酰菌胺水分散粒剂1500倍液，或50%异菌脲水分散粒剂1000倍液，或50%腐霉利可湿性粉剂1200倍液，或50%乙烯菌核利水分散粒剂600倍液，每10天喷1次，连喷2～3次。

8. 细菌性软腐病

（1）**症状**　多出现在分期摘心后的切口处，呈水渍状软腐，造成芥蓝无法抽生侧枝。也有在摘心前整株发病的，多见于基部出现水渍状，导致茎髓部软腐中空，残留茎基部，全株枯死散发恶臭味。

（2）**防治方法**　①播种前用种子重量 1%～1.5% 的中生菌素拌种。②与非十字花科作物轮作，及时清除病残体，采用高垄或高畦栽培，减少伤口，发现病株及时拔除。③切忌大水漫灌，花球长好后及时用刀斜切采收。④发病初期喷洒 72% 硫酸链霉素可溶性粉剂 3 000 倍液，或 3% 中生菌素可湿性粉剂 550 倍液，或 25% 叶枯唑可湿性粉剂 800 倍液，每 10 天喷 1 次，连喷 1～2 次。

（二）虫害防治

主要害虫有菜粉蝶、大菜粉蝶、云斑粉蝶、东方粉蝶、菜蛾、甘蓝夜蛾、斜纹夜蛾、银纹夜蛾、桃蚜、黄翅菜叶蜂等，可根据发生的具体情况采用药剂防治。

蚜虫防治每亩用 5% 吡虫啉乳油 30～40 克加水喷雾；地老虎防治可用 50% 辛硫磷乳油 1 000 倍液，或 2.5% 溴氰菊酯乳油 3 000 倍液喷洒定植沟防治；跳甲防治既要防治跳甲成虫，又要防治跳甲幼虫，幼虫危害芥蓝的根部，多在定植后不久表现为植株生长不良或植株萎蔫，造成芥蓝田生长不整齐或缺苗严重，拔出生长不正常的植株可见白色幼虫，可用 4.5% 高效氯氰菊酯乳油 800 倍液灌根或喷雾防治；菜青虫、小菜蛾在 2～3 龄幼虫前施药，每亩可用 1.8% 阿维菌素乳油 50～80 毫升，或 20% 苏云金杆菌乳油 100～150 毫升进行防治。以上药剂交替使用，采收前 10 天禁用农药。

第十九章
菊 花 脑

菊花脑，又名菊花菜、菊花叶、黄菊仔、路边黄等，是菊科菊属多年生宿根性草本植物，以嫩茎叶供食用，可炒食、凉拌或煮汤。菊花脑的嫩茎叶带有浓郁的菊花香味，食之清凉可口，可增进食欲，同时还具有消暑解渴润喉、清热凉血、调中开胃、降低血压等作用。菊花脑原产中国，江苏、湖南、贵州等省都有野生种。过去只有南京有少量栽培，近年来已推广到江苏、上海、杭州、合肥、武汉等地，菊花脑适应性广，抗逆性强，很少发生病虫害，是一种有发展前途的绿色保健蔬菜。

一、品种类型

目前，生产中主要有小叶菊花脑和大叶菊花脑两个品种：①小叶菊花脑，叶片较小，叶缘裂刻深，叶柄常常淡紫色，产量较低，品质也较差。②大叶菊花脑，又称板叶菊花脑，是从小叶菊花脑中选育成的品种。叶片较宽大，叶先端较钝圆，叶缘裂刻浅而细。产量较高，品质较好。

二、栽培特性

（一）形态特征

菊花脑的形态与野生菊花相似。株高30～100厘米，茎直立半木质化，茎秆纤细，粗0.3～0.5厘米，具地下匍匐茎，分枝性极强。根系发达，叶片卵形或长卵形，长2～6厘米、宽1～2厘米，叶缘具粗大的复锯齿或二回羽状深裂。叶面绿色，叶背面淡绿色。叶柄绿白色，扁圆形，具窄翼。叶腋处秋季抽生侧枝。头状花序着生于枝顶，花序直径1～1.5厘米。花期10～11月份，瘦果，种子12月份成熟，千粒重0.12克。

（二）对环境条件的要求

菊花脑喜冷凉的气候条件，耐寒性较强，不耐热。种子在4℃以上能萌发，发芽适温为15～20℃，幼苗生长适温为12～20℃。成长的植株在高温季节也能生长，但供食用的茎叶品质差。20℃采收的嫩茎叶品质最好。低于5℃或高于30℃则生长受阻。地下匍匐茎极耐寒，长江流域可安全越冬。5～6月份和9～10月份分别为春秋采收的最佳时期。

菊花脑喜强光照，强光下茎叶生长旺盛，弱光下生长不良。菊花脑为短日性植物，短日照有利于促进花芽分化，抽薹开花，长日照有利于营养生长。

菊花脑耐旱性较强，耐涝能力差，雨季必须及时排除田间积水。

菊花脑对土壤条件要求不严格，能耐瘠薄土壤，房前屋后田边地头也可种植。但在肥沃、疏松、排水良好的土壤上生长更健壮，产量高，品质好。

菊花脑生长期以采收嫩茎叶为主，对氮肥的需求量较大，除施足基肥外，追肥应以速效氮肥为主。

（三）栽培季节

菊花脑可进行1年生栽培，也可多年生栽培。1年生栽培长江流域一般在春季播种，经多次采收后，9～10月份植株开始现蕾时，从田间拔除换茬。进行多年生栽培时，3～4年后植株开始衰老，需要更新，重新播种栽培。

早春可采用大、中棚覆盖，地面覆盖，提早上市；入夏后，采用遮阳网覆盖，改善品质。保护地栽培可提早在3月份采收，露地栽培一般在4～5月份开始采收。采收盛期为5～8月份，每15天采收1次，直到10～11月份现蕾开花为止。及时收割除去花薹或于9月扦插，可避免10～11月份开花现象，加上冬、春季利用大棚多层覆盖保温，夏季利用遮阳网覆盖降温，基本可实现周年供应鲜茎、叶。

（四）繁殖方法

菊花脑的繁殖方式有种子繁殖、扦插繁殖和分株繁殖3种。在大面积栽培时，多用种子直播或育苗移栽；小面积零星栽培时可采用分株繁殖；在生长季节可用扦插繁殖。

1. 种子繁殖 菊花脑的播种期一般在3月份，6～7月份也可播种，但宜采用避雨、遮阳网覆盖。播种前选疏松土壤整地施肥，每亩施腐熟优质有机肥1500～2000千克，然后耕翻做深沟高畦，畦宽连沟1.2～1.5米。因菊花脑种子细小，畦面要求做到平细实。因种子表面有黏膜，应用沙子搓去表面的黏膜层，浸种6～8小时再播种。播种前先浇透底水，随后每亩用种量按500克进行撒播。为确保播种均匀，种子晾干后掺入种量细沙或细土，混匀后再撒播，播后覆盖细土0.5～0.8厘米厚，注意不能覆盖过厚，否则难出苗。为了保温保湿，播种后应覆盖地膜或稻草，控制温度在15～20℃，出苗之前一般不宜浇水，过干时应用喷雾器喷水保湿，一般 5～10 天可出苗。出苗后揭除覆盖物，幼苗 2～3 片真叶时即可间苗中耕，3～4 片真叶高达 6～8 厘米时即可定苗或定植，苗龄 30 天左右。定苗株行距为 10 厘米×10 厘米。定植时行距 20 厘米，穴距 15 厘米，每穴定植 3～4 株，定植后保温保湿促缓苗。

2. 扦插繁殖 扦插时期从 5～10 月份扦插皆可，以 6～7 月份扦插成活率为最高。扦插应选择植株生长健壮、无病虫、遗传性状好、开花迟的品种进行扦插。每段嫩枝长 8～10 厘米，下部去叶，剪成斜口，按株行距 10 厘米×15 厘米引孔扦插，压实浇水，盖膜保温、保湿。由于此时正值高温季节，所以应盖 2 层遮阳网防止温度过高灼伤扦插苗，7～10 天即可生根发芽。以后逐渐揭去膜和遮阳网以适应环境，成苗后即可移栽于大田。

3. 分株繁殖 一般在 4 月上旬进行，早春未发芽前进行为宜，秋季在 8～9 月份未显花蕾时进行。种株来源于越冬萌发的宿根，选择生长健壮、无病害植株进行分株繁殖。将菊花脑老桩挖开，露出根颈部，将已有根的侧芽连同一段老根切下，移栽于新栽田地。也可将老株整株挖取，人工掰开，分为数株，分别移苗。株行距为 30 厘米×30 厘米，苗成活后追施有机肥，浇水促发枝。分株栽培的植株生长快，方法简便，但育苗量少。由于分株繁殖的系数低，所以一般只用于小面积栽培。

（五）栽培技术

1. 田间管理 定植缓苗后，应适当降温降湿，气温以 15～18℃为宜，同时还要通过中耕松土促进根系生长。在茎叶生长旺盛期要适当追肥浇水，每亩随水追施尿素 7～10 千克，以保持产品鲜嫩高产。以后每采收 1 次就要浇 1 次水肥，一般采收 2～3 天伤口愈合后再开始浇肥水，以保证下茬产量。

苗定植成活到采收前要进行 4～5 次除草，以防杂草蔓生而影响菊花脑产量。每次除草宜浅不宜深，同时要进行培土，防止植株倒伏。

长江流域早春、秋冬应采用大棚多层覆盖保温，促进冬、春季节早生早发，夏季采用遮阳网覆盖，防高温防休眠。早秋见花时，及时收割花薹，浇透水，促其尽早发嫩芽，或及时移栽9月份的扦插苗，即可实现周年生产。

2. 覆盖　冬、春季覆盖待植株被霜打枯后，在离地高5厘米处砍去老桩，清除田间枯枝残叶，顺行间浇施腐熟粪水，待表土吹干后再扣棚。11月下旬至翌年3月上旬，可采用大棚＋小棚或中、小棚进行覆盖栽培。选用透光性好、防尘、耐老化透明膜作为覆盖材料。棚膜四周压紧，防止大风吹刮。当夜温低于0℃时，菊花脑植株上浮面覆盖一层地膜进行保温，要求早揭晚盖。40天后即可采收上市。棚温控制在15～20℃。

高温季节对菊花脑生长不利，其品质差，有苦味。6～8月份采用遮阳网覆盖技术，通过加强揭盖管理、经常浇水等措施，可达到降温保湿、创造适宜生长环境的目的，利于植株生长和提高品质。

秋季覆盖方式可采用大棚或平棚（架高1.3～1.5米）。高温不利于菊花脑生长，品质差，故6～8月份采用遮阳网覆盖，揭盖管理要做到晴天上午9时至下午4时盖网，早、晚和阴雨天不盖。高温干旱季节保持畦面湿润。

3. 适时采收　菊花脑全年多茬收获。大棚覆盖栽培的可在1月中下旬采收；露地栽培的一般4月上旬采收；秋季覆盖的9月中下旬采收。菊花脑生长适温12～20℃，20℃时采摘的嫩茎品质最好。4～5月份及9～10月份为菊花脑生长采收最佳季节，早晚采。采收标准为8～10厘米长嫩梢，以茎梢嫩、用手折即断为标准。一般每亩每次可采收150～200千克。冬季和早春气温低时，一般每15天左右采收1次，以后随着气温逐渐升高，可每7～10天采收1次。采收次数越多，分枝越旺盛，勤采摘还可避免蚜虫危害。一般每亩全年总产量4500～5000千克。采收时注意保留基部嫩芽。初期采收用手摘取或用剪刀剪取嫩梢，嫩梢采收长度4～7厘米，叶片3～6片，采摘应注意留茬高度，春季留茬高3～5厘米，夏、秋季留茬高5～7厘米。采后先预冷，再包装上市。

4. 病虫防治　菊花脑病虫害较少，主要防治蚜虫，可采用蚜虫黏板预防，也可用菊酯类农药防治。

5. 留种　菊花脑留种较为容易，生产季节采收并不影响留种，但为保证有足够的营养，留种株一般夏季过后就不再采收，并适当追施磷钾肥，10～11月份开花，至12月份种子成熟后及时剪下花头，晒干脱粒后贮藏，每亩可收种子10～15千克。

采种后的老茬留在田里，翌年3月份又可采收嫩梢上市。

第二十章

豆 瓣 菜

豆瓣菜，别名西洋菜、水田芥、水蔊菜、水生菜等。属十字花科豆瓣菜属1～2年生水生草本植物。我国广东、广西、台湾、上海、福建、四川、云南、贵州、湖北、安徽、江苏、河南、河北、山东、山西、陕西、黑龙江、西藏等地都有栽培，其中以广东省栽培历史最久，栽培面积最大。在武汉、南京、北京等大中城市作为特色蔬菜上市，颇受市民欢迎。豆瓣菜是所有水生蔬菜中唯一引进的种类，故也称为"西洋菜"。

一、品种类型

按繁殖方式主要分种子繁殖型和无性繁殖。前者能开花结实，主要用种子繁殖，也可以用母株进行无性繁殖，如百色豆瓣菜等；后者一般只开花但不结实，主要以母株进行无性繁殖，如广东豆瓣菜。

按复叶的顶小叶大小又可分为大叶豆瓣菜和小叶豆瓣菜两种类型。前者如广东豆瓣菜和百色豆瓣菜，其复叶的顶小叶长仅为2～2.5厘米；后者如江西豆瓣菜、云南豆瓣菜，其复叶的顶小叶长仅为2.5厘米以上。近年从国外引进的豆瓣菜品种大都属大叶豆瓣菜，其顶小叶长为4～5厘米，商品性甚佳。

广东豆瓣菜：广东中山地方品种，小叶型。植株匍匐并斜向上丛生，高约 40 厘米，茎粗约 0.7 厘米，奇数羽状复叶，顶端小叶卵圆形，长约 2 厘米、宽约 2.2 厘米，深绿色，遇霜冻或虫害时易变紫红色，各茎节均能抽生须根，分枝多，产量较高，每亩产鲜菜 5 000～6 000 千克，适应性强。武汉地区 4 月下旬开花，但不结籽，以母株进行无性繁殖。

百色豆瓣菜：广西百色地方品种，小叶型。植株匍匐半斜向上丛生，高 44～55 厘米，茎粗 0.4～0.5 厘米，奇数羽状复叶，小叶近圆形，长、宽均约 2 厘米，深绿色，遇霜冻或干旱时变成紫红色，生长快、产量高，每亩产鲜菜 7 000 千克左右。春季开花结实，以种子进行有性繁殖。

江西豆瓣菜：江西地方品种，大叶型。植株匍匐斜向丛生。株高 40 厘米左右，茎粗约 0.75 厘米。顶端小叶卵形，长约 3 厘米、宽约 1.6 厘米，叶片绿色，叶脉红色，冬季和低温条件下不变色。春季开花结籽，抗逆性强。

云南豆瓣菜：云南地方品种，大叶型。植株匍匐斜向丛生。株高 50 厘米，茎粗约 0.54 厘米。顶端小叶圆形或近圆形，长约 2.7 厘米、宽约 2.9 厘米，叶片绿色，叶脉红色，耐寒，冬季低温不变色。该品种分枝多，产量高，春季开花结籽较早。以母株进行无性繁殖或种子进行有性繁殖。

英国豆瓣菜：引进品种，大叶型。植株匍匐斜向上生长，株高 40～50 厘米，茎粗约 0.79 厘米，小叶 1～3 对，顶端小叶圆形或近圆形，长约 3.2 厘米、宽约 3.4 厘米，绿色，耐寒性较强，在低温和冬季不变色。辛香味略淡。春季开花结籽，产量高。

日本卵叶豆瓣菜：该品种喜冷凉湿润环境，不耐热，耐寒，冬季气温在 0℃ 左右时可露地安全越冬。生长发育适温为 12～25℃，最适温 20℃ 左右，低于 8℃ 则生长缓慢。耐霜冻，超过 25℃ 时茎叶生长快，节间细长，纤维多，不定根多，品质差。温度高于 30℃ 时生长停滞，部分叶片发黄焦枯。夏季种植需要设施栽培。

二、栽培特性

（一）生长发育

豆瓣菜的生长发育周期在 200 天以上，一般可分为萌芽、茎叶生长、开花结实 3 个阶段。

1. 萌芽阶段　秋季气温降至 25℃以下，种子播后萌芽生长，直到形成具有根、茎、叶等营养器官齐全的新株；无性繁殖的种茎，其上各节相对休眠的腋芽萌发生长，形成具有根、茎、叶的相对独立的新苗。此阶段生长量较小，植株相对弱小，宜选择土质肥沃、通风荫蔽的地块，苗田保持土壤湿润，同时注意防治虫害。

2. 茎叶生长阶段　从定植开始至采收结束为茎叶生长期。从开始采收到采收结束，一般采收 4～5 次。本阶段生长量较大，是豆瓣菜丰产的关键，应不断供应肥水，以满足生长的需要。

3. 开花结实阶段　日照由短转长，气温升至 20℃以上时，开花类型的品种纷纷抽薹开花，随后营养生长基本停止，而转向开花结实和结种，母株也随之逐渐枯黄；不开花类型的品种，生长也逐渐转缓，直至基本停止。此阶段对开花结实的品种要增施磷钾肥，防治害虫，无性繁殖的留种植株也要建立专门的留种田，保护种苗越夏。

（二）对环境条件的要求

1. 温度　豆瓣菜喜冷凉湿润的气候条件，较耐寒，不耐热。一般在秋季栽植，冬春收获。营养生长适温 15～25℃，最适温 20℃左右，超过 30℃或低于 10℃时生长缓慢，降至 10℃以下则生长基本停止，茎叶发红。较耐寒，不耐炎热，0℃以下则茎叶受冻，超过35℃则茎叶发黄，甚至枯死。能耐受短时间的多次霜冻，冬季气温在0℃左右的长江流域可露地安全越冬。

2. 水分 豆瓣菜要求浅水和空气湿润，生长盛期要求保持5～7厘米深的浅水。水层过深，植株易徒长，不定根多，茎叶变黄。水层过浅，新茎易老化，影响产量和品质。豆瓣菜生长期适宜的空气相对湿度为75%～85%。豆瓣菜适于水田种植，也可以旱地栽培，但要经常保持土壤湿润。

3. 光照 豆瓣菜喜欢光照。生长期要求阳光充足，以利进行光合作用，提高产量和品质。若生长期光照不足，或者栽植过密，则茎叶生长纤弱，产量和品质降低。豆瓣菜为长日照植物，长江流域4～5月份开花，6～7月份结果。

4. 土壤、肥料 豆瓣菜对土壤要求不严，栽培地块应地势平坦、水源丰富、排灌便利，以保水保肥力强的壤土和黏壤土为最佳，要求耕作层10～12厘米以上，土壤中性，最适pH值为6.5～7.5，不宜连作。对土壤养分要求以氮肥为主，有机肥料充足；苗期需磷较多；开花结果期需磷钾肥较多，其氮、磷、钾吸收比例为1∶0.4∶0.9。

三、栽培季节

根据豆瓣菜的生长发育特点，越冬栽培需要保护地覆盖栽培，而塑料大棚的密闭性较好，内部湿度较高，豆瓣菜只需土壤湿润即可正常生长，因此豆瓣菜可在各大中城市郊区利用保护地种植，作为特色叶菜消费。

江苏无锡地区用日本卵叶豆瓣菜品种的茬口安排：9月上旬播种，10月上旬定植，11月上旬开始采收，翌年4月底采收结束；4月上旬剪取嫩茎扦插，5月上旬开始采收，7月底采收结束；7月上旬剪取嫩茎扦插，8月上旬开始采收，10月底采收结束，可基本实现周年供应。冬季气温在0℃左右的地区可安全越冬，低于0℃的地区应采取大棚覆盖保温。夏季种植需要遮阴降温。

江苏苏州利用大棚栽培大叶豆瓣菜于8月中旬育苗，9月中旬定植，11月上旬开始采收，大棚设施栽培可连续采收至翌年的2月中下旬，累计每亩产量可达2800千克。

江苏张家港利用连栋大棚设施栽培豆瓣菜，在11月份播种，种植过程中保持水层以利保温。冬季低温时期覆盖二道膜，翌年1月底开始采收，一般较露地栽培提早1个多月采收，每30～50天采收1茬，可采收3～4茬，每茬亩产量800千克左右。豆瓣菜鲜嫩翠绿，在冬季上市，深受消费者欢迎。

武汉地区豆瓣菜一般在9月份播种育苗，10月中下旬定植，11月份至翌年4月份分次采收。无性繁殖的豆瓣菜一般在9月上旬到10月下旬，从越夏种蔓上采集长度为12～15厘米的种株，在秧苗田中进行繁殖，待秧苗高达15～20厘米时，起苗定植到大田。

四、繁殖技术

豆瓣菜的繁殖方法有种子（有性）繁殖法和老茎（无性）繁殖法。

种子繁殖法：能开花结籽的品种，冬春开花，春夏采种，如广西百色地区每年1月份定植种苗，3月份陆续开花，4～5月份当种荚转黄时随熟随收。

老茎繁殖法：长江流域当春季温度上升至25℃以上时不再采收，就地留种。盛夏后只有基部老茎和根系得以保存作种。就地留种应选择排水好、较阴凉的田块，留种后排去田水或在4月间把种苗移到土壤结构好、地势稍高、阴凉、有水源的旱地留种。留种期间高温多雨、虫害较多，必须及时降温、防雨和治虫。

五、栽培技术

（一）播种育苗

1. 秧田土壤准备　豆瓣菜秧田宜选用排灌方便、土质疏松肥沃的田块，扦插或播种前结合翻耕每亩施厩熟有机肥 2 000 千克左右。畦宽连沟宜为 1.2～1.5 米，并保持畦面充分湿润。

2. 无性繁殖　无性繁殖多于 9 月上旬到 10 月下旬，气温 25℃左右时进行。从越夏种蔓上采集长度为 12～15 厘米的种株，移栽于预先耕耙、整平的秧苗田中进行繁殖。一般栽插行距 15 厘米、穴距 10 厘米，每穴 2～3 株，保持田间湿润或一薄层浅水。定植后 7～10 天每亩追施尿素 15～20 千克，待秧苗高达 15～20 厘米时，起苗定植于大田。繁殖田与栽植大田的面积比为 1∶3～4。

也可截取插条扦插，及时对母株田追肥则可以继续多次剪取。一般可在 4～7 月份剪取 10～12 厘米长得粗壮的嫩茎，按行距 12～15 厘米、株距 8～10 厘米，1 穴 3 株直接扦插定植于大田。夏季栽培需遮阴降温或选冷浸田栽培。

3. 有性繁殖　有性繁殖于 9 月上旬至 9 月下旬分期播种，可采用旱地育苗或半水秧田育苗。此时气候炎热，应及时加盖遮阳网。

旱地育苗，选土壤肥沃并有适当遮阴的菜地作苗田，每平方米苗床施入腐熟有机肥 2～4 千克、磷肥 100～200 克，耕耙、整平，做成连沟宽 1.2～1.5 米的畦，先灌透水，然后播种。因种子小，要混拌 10～20 倍细沙撒播，一般每 60 米² 苗床宜播种 100 克种子，可供 1 000～1 333 米² 大田用苗。播后撒盖混有腐熟有机肥的过筛细土一薄层，以防板结。每天喷水 2 次，保持土壤湿润为度。

半水秧田育苗应选地势较低、无生活污水流动、排灌方便、土质疏松肥沃、含有机质达 1.5% 以上的水田，翻耕后做成连沟 1.2～1.5 米宽的育秧畦，畦面整平，湿润但不藏水，畦沟中始终有水浸润，畦面要平，高差不能超过 3 厘米，软硬要适中，畦面过烂会引起陷籽，影响种子出苗。一般每亩大田需要 50 克左右的种子，需要 20～30 米² 的育苗床。豆瓣菜种子很小，为使播种均匀，播种前可先将种子与 10～20 倍的细沙土拌匀后一起撒播，播种后撒盖一薄层腐熟的干有机肥，厚度以盖住种子为宜，播后每天用细孔水壶喷水 1～3 次。出苗后及时灌水，使畦面有一薄层水，以后随着幼苗的生长，再逐渐加深水层。待苗高 4～5 厘米时，灌水保持畦面水深 1～2 厘米，其后随幼苗生长，水深逐渐加深到 3～5 厘米。一般 5～7 天后种子发芽，齐苗后浇施 5%～10% 腐熟稀沼液 1 次或 0.5% 尿素液 300～500 千克。幼苗出土具有 1 片真叶时，间苗 1 次，以后可陆续间苗 2～3 次，防止苗过分拥挤导致其徒长，每次间除的幼苗可另地移栽。出苗后 30 天左右、苗高达 12～15 厘米时，即可移栽大田。

（二）定　植

　　豆瓣菜对土壤适应性广，适宜水田种植，也可以旱地栽培。豆瓣菜根系较浅、产量高，应选排灌方便、土层松软肥沃、有机质丰富、保水保肥力强的黏壤土或壤土低洼园地栽植。定植前 5～7 天进行土地翻耕，深度为 30 厘米左右。豆瓣菜属喜肥作物，应结合耕翻土地，每亩施腐熟有机肥 2 000～3 000 千克、三元复合肥 30～40 千克作基肥，耙细耙平，做成连沟 1.2～1.5 米宽的低畦或平畦，保持土壤充分湿润，即可栽植。

　　选择生长健壮、茎叶浓绿、无病虫害、高 10 厘米左右的播种苗，10 月上旬按行距 12～15 厘米、株距 8～10 厘米、1 穴 3～4 株栽植。定植时应注意阳面朝上，将茎基两节连同根系斜插入泥，以利成活。定植后即浅灌水，畦面要保持 1～2 厘米的浅水层，定植后 25～30 天可收获。

（三）田间管理

1. 肥水管理

（1）**灌溉** 豆瓣菜定植 1～3 天要保持薄层浅水（水深 1～2 厘米），或潮湿状态即可。当有新根发生，苗直立时，即应灌水，水深 2～3 厘米。此后，随着植株生长，逐步加深水层，生长盛期一般保持水层 3～4 厘米深。但不宜超过 5 厘米，以防引起锈根。水层过深，则茎易徒长，不定根多，叶易变黄；水层过浅，则新茎易老化。田间有缓慢的长流水最佳，固定水易出现烂根现象，若没有长流水，则在 10 月底之前气温较高时，为便于植株生长，应注意经常更换田水，有条件的在高温期间每天宜换 1～2 次水，最好下午灌凉水，早晨排除，保持较低水温，以免烫伤植株。冬春气温降至 15℃以下时，应保持 3 厘米深的水层，保温防寒，同时降雨前后注意排水，注意植株顶部应露出水面。

（2）**施肥** 豆瓣菜是速生叶菜，且是多次采收的，对肥水要求较高。因此除施足基肥外，栽植活棵后，每 5～7 天追肥 1 次。追肥以速效氮肥为主，实行薄肥勤施，每次每亩用尿素 3～5 千克，于晴天傍晚撒施，并立即就地用水泼豆瓣菜，以免肥料黏附在茎叶上。肥液过浓易引起伤根伤叶，造成茎叶发黄，生长受阻，节间短，纤维增多。以后每采收 1 次后要施肥 1 次，每次每亩用尿素 5～7 千克。

2. 设施管理

（1）**冬季覆盖保温** 覆盖保温是豆瓣菜冬季实现高产的关键。11 月上中旬，气温逐渐下降，白天气温低于 8℃时，大棚要及时覆盖薄膜，不仅可以防止寒流、霜冻，还有利于提高豆瓣菜品质，为高产奠定基础。扣膜后，要根据天气变化和豆瓣菜的生长情况，做好棚内温湿度调控。使棚温保持在 15～25℃。白天要重视大棚通风换气，排出有害气体，增加棚内二氧化碳浓度，降低棚内湿度。通风应选择晴天中午进行，通风口设在大棚背风向阳处。

（2）夏季遮阴降温 5月中下旬，气温逐渐上升，为防高温障碍，应采用遮光率80%的遮阳网覆盖大棚，达到遮强光、降温的目的。应根据光照强度和温度的变化，合理揭盖遮阳网。一般是晴天盖，阴天揭；中午盖，早晚揭。同时，要加大通风量，通风时不仅要打开大棚顶部的通风口，大棚前沿的薄膜也要卷起，这样上下都通风，降温效果较好。通风的同时要覆盖防虫网，防止害虫迁飞入棚。为提高降温效果，结合遮阴的同时，要用地下水流常灌溉。

（四）适时采收

当匍匐茎长满全田，并向上长高25厘米左右时即可采收。采收应选择傍晚或阴天早晨进行，避免阳光照射。豆瓣菜采收标准应根据内销或出口要求而定，一般用剪刀剪取10～12厘米长的嫩茎，采收后及时放入冷藏柜或冷库中预冷，温度设置为0～2℃。预冷后每50克装袋，每箱10袋，泡沫箱内加冰出售。每茬每亩可收1000千克左右，以后每15～20天可采收1次。4～5月份植株易开花，这时可将顶部割除，留中下部匍匐茎，促进萌发新茎叶，15～20天后又可继续采收，全年可采收10～12批。

（五）留 种

1. 种子留种法 有性繁殖品种多采用种子留种。长江流域于3月上中旬，在专用留种田或纯度较高的大田内选留生长健壮，无病虫危害，符合所栽品种特征特性的植株作为种株，移栽其他田，栽植行距15厘米、穴距10厘米，每穴3株。同时，宜采用500米的空间隔离或花期覆盖网纱隔离。一般3月下旬开花，

4月份结荚，5月份荚果陆续成熟，在蕾期和结荚期每亩施用尿素15千克，叶面喷施0.2%磷酸二氢钾溶液2～3次，以促进种子饱满，同时继续防治虫害。种子采收宜在种荚发黄、种子已变黄褐色时剪取，可陆续采收，先熟先收，并应于阴天或早、晚进行，以防种荚开裂，种子散落。每次采收间隔4～5天，分3～4次采完。采收后的种子不能在烈日下暴晒，只能放在早、晚不太强烈的阳光下摊晒1～2天晾干，以防温度过高影响种子发芽率。晒干后的种子应揉搓脱离，除去杂质，用布袋包装，置于通风透气、阴凉、干燥处收藏。每亩留种地可收获种子12～15千克。

2. 种苗留种法 无性繁殖品种均需种苗留种，一般于4月份在专门的留种田内或纯度较高的大田内选留生长健壮、无病虫危害、符合所栽品种特征的植株作为种株，移栽其他田。所选田块要求水源充足、排灌便利、通风凉爽，最好旁边有大树遮阴，否则宜采用平棚，上覆盖黑色遮阳网。平棚宜高1.0米、宽1.2～1.5米。栽前及时做好耕耙做畦工作，栽植行距15～20厘米、穴距12厘米，每穴2～3株，每栽20行空出35厘米作为田间操作小道。留种期间要控制肥水，抑制生长，提高抗逆能力。若遇高温闷热天气，要每天早、晚各淋浇1次凉水降温，特别是暴雨乍晴，更要及时淋浇凉水，以防熏蒸死苗；若发现新根外露，可用细碎土培根。此外，还要防治虫害，这样才能保证种苗安全越夏。

六、病虫害防治

豆瓣菜常见病害有褐斑病和菌核病，常见虫害有蚜虫、菜青虫、小菜蛾、油菜蚤跳甲及黄曲条跳甲。

（一）病害防治

1. 褐 斑 病

（1）**症状** 由水田芥尾胞侵染引起，主要危害叶片。病斑呈圆形或近圆形，初为褪绿小点，逐渐发展成黄色至褐色病斑，边缘不明显，多数病斑周围具黄绿色晕圈，有时具轮纹状，湿度大时病斑表面出现蛛丝般的灰黑色霉状物，即病菌分生孢子梗和分生孢子。高温多湿的天气或氮肥过多时容易发病，多从叶尖或叶缘开始发病，病斑可融合成小块斑，使叶片黄化，严重时叶斑密布，叶片干枯。空气潮湿时，病部腐烂穿孔。

（2）**防治方法** ①重病地块与非十字花科蔬菜实行轮作，避免偏施过多氮肥。②发病初期用 50% 敌菌灵可湿性粉剂 400～500 倍液，或 50% 乙烯菌核利可湿性粉剂 1000 倍液，或 40% 硫黄·多菌灵悬浮剂 500 倍液，或 40% 甲基硫菌灵可湿性粉剂 500 倍液，或 70% 代森锰锌可湿性粉剂 600 倍液，或 60% 多菌灵盐酸盐超微粉 600 倍液喷雾，每 7～10 天喷 1 次，连喷 2～3 次。③保护地可选用 5% 百菌清粉尘剂，或 5% 春雷·王铜粉尘剂，或 6.5% 甲霉灵粉尘剂 1 千克 / 亩喷粉；也可采用常温烟雾施药防治。

2. 菌 核 病

（1）**症状** 主要危害叶片和茎。多以叶片的叶尖或叶缘开始侵染，病斑圆形或不规则形，浅黄或灰褐色。温度高时，病叶腐烂，病部出现蛛丝状菌丝。严重时叶片枯死或腐烂。偏施氮肥，植株生长过旺时，病情较重。茎部染病后为水渍状，后变为褐色不规则形斑点、茎部软腐或干腐，病部缢缩倒折，产生白霉，后期转变成菌核。

（2）**防治方法** 发病初期用 75% 百菌清可湿性粉剂 600～800 倍液，或 40% 甲基硫菌灵可湿性粉剂 500 倍液，或 50% 多菌灵可湿性粉剂 600 倍液，喷雾防治，每 7 天喷 1 次，连喷 2～3 次。

3. 病 毒 病

（1）**症状** 各生育阶段都可能发生，常表现出花叶、坏死斑和畸形 3 种症状。①花叶型：即植株系统染病，由下向上叶片出现黄绿相间的斑驳，或出现网状花叶，病株轻度畸形，叶柄扭曲，叶片均向下呈勺状扣卷，较短时期内病株枯黄坏死。②坏死型：染病植株中下部叶片上出现许多不规则红褐色坏死小斑点，边缘常具有黄色晕圈，病叶亦向下反卷，随病情发展多个病斑汇合，致叶片坏死。③畸形症状：中后期染病植株，仅幼嫩部叶片表现出轻度花叶或斑驳，新出幼叶变小，节间和叶柄缩短，或叶芽丛生，心叶和外叶比例严重失调。

（2）**防治方法** ①合理间套轮作，夏秋种植，远离其他十字花科蔬菜。②发现重病株及时拔除。③采用遮阳网或无纺布覆盖栽培技术，增施有机基肥，高温干旱季节注意勤浇水和防治蚜虫。④发病初期喷洒20%吗胍·乙酸铜可湿性粉剂500倍液，或1.5%植病灵乳剂1000倍液，或喷施复合叶面肥，抑制病情，增强寄主抗病力。

4. 丝核菌腐烂病

（1）**症状** 主要危害叶片和茎。叶片病斑圆形或不规则形，浅黄至灰褐色，多从叶缘或叶尖开始侵染，湿度大时病叶腐烂，病部产生蛛丝状菌丝，发病严重时许多叶片发病、枯死或腐烂；茎部染病，初呈水渍状，后变成浅褐色不规则形斑点，随病情发展病茎软腐或干腐、病部缢缩，其上产生较明显的白露，后期转变成小菌核，最后全株倒折，萎蔫死亡。

（2）**防治方法** ①采用水培或基质栽培，避免偏施过量氮肥。②种植前每亩用50%甲基立枯磷可湿性粉剂4～5千克拌细土30～40千克均匀施于地表；发病初期喷洒45%噻菌灵悬浮剂800倍液，或50%异菌脲可湿性粉剂100倍液，或40%嘧霉胺悬浮剂800～1000倍液，或50%乙烯菌核利可湿性粉剂1000倍液，或40%乙烯菌核利可湿性粉剂600～800倍液，每7～10天防治1次，视病情防治1～3次。保护地在施药后适当增加通风，水培或基质栽培喷药后需排水晾秧2～3天。

（二）虫害防治

1. 蚜 虫

（1）**危害特点**　以成虫和若虫在菜叶上刺吸汁液，造成叶片卷缩变形，植株生长不良。还危害种株的嫩茎、嫩叶、花梗和嫩荚，使花梗扭曲变形，不能正常开花结实。此外，还传播多种病毒病，严重影响豆瓣菜的产量和品质。

（2）**防治方法**　①育苗期苗地用银灰色塑料薄膜条拉成网格，可以避蚜，也可在田间挂设黏虫黄板诱集有翅蚜虫。②用灌水—漫虫法，即早、晚短时间灌入深水，漫过全田植株，淹杀害虫，但整个灌水和排水过程不能超过 2～3 小时。③用 2.5% 溴氯菊酯乳油 2 000～3 000 倍液，或 10% 氯氰菊酯乳油 2 500～3 000 倍液，或 20% 氰戊菊酯乳油 2 000～3 000 倍液，或 1.8% 阿维菌素乳油 3 000～5 000 倍液，或 10% 吡虫啉可湿性粉剂 2 000 倍液，或 50% 马拉硫磷乳油 1 000～1 500 倍液，或 40% 吡虫啉水溶剂 3 000～4 000 倍液，或 40% 抗蚜威可湿性粉剂 2 000～3 000 倍液，或 0.65% 茴蒿素水剂 400～500 倍液，或 0.5% 藜芦碱醇溶液 800～1 000 倍液，或 1% 苦参素水剂 800～1 000 倍液，或 15% 蓖麻油酸烟碱乳油 800～1 000 倍液，或 3.2% 烟碱川楝素水剂 200～300 倍液喷雾防治，对叶背也应喷施周到。药剂应交替使用，以延缓蚜虫抗药性发生时间。保护地可选用 20% 烟剂，每亩每次 400～500 克，均匀摆放，点燃后闭棚 3 小时即可。

2. 小 菜 蛾

（1）**危害特点**　小菜蛾主要危害叶片，并吐丝结网、啃食嫩茎、钻食嫩果、吃空种子。初龄幼虫取食叶肉，留下表皮，形成一个个"天窗"状透明斑痕。3～4 龄幼虫可将菜叶食成孔洞和缺刻，严重时菜叶被吃成筛网状。小菜蛾繁殖代数多，有世代重叠现象，产卵多，繁殖快，对多种农药的抗性较强，防治较困难，要采取综合防治措施才能取得理想效果。

（2）**防治方法**　①避免与十字花科蔬菜连作，铲除杂草，清洁田园，减少产卵场所，消灭越夏虫口，或用黑光灯或性诱剂诱杀成虫，每亩设置 8 个小菜蛾性诱芯诱盆，平均每盆可诱杀成虫上万头。②药剂防治可选用微生物杀虫剂，如苏云金杆菌粉剂、复方苏云金杆菌乳剂 250 倍液，注意在 20℃以上时喷雾；或选用昆虫特异性杀虫剂，如 2.5% 多杀霉素悬浮剂 1 000～1 500 倍液，或 25% 灭幼脲 3 号悬浮剂 500～1 000 倍液，或 20% 除虫脲悬浮剂 3 000～5 000 倍液喷雾，注意施药时间较普通杀虫剂需提早 3 天左右；也可选用 25% 杀虫双乳油 500 倍液，或 10% 氯氰菊酯乳油 3 000～5 000 倍液，或 2.5% 溴氰菊酯乳油 2 000～3 000 倍液，或 5% 氟啶脲乳油 2 000 倍液等杀虫剂喷雾杀灭；也可选用植物性杀虫剂，如 1% 印楝素水剂 800～1 000 倍液，或 0.5% 藜芦碱醇溶液 800～1 000 倍液喷雾防治。轮换用药才能起到良好的防治效果。

3. 黄曲条跳甲

（1）**危害特点**　跳甲成虫啮食叶片形成孔洞，导致植株枯死。

（2）**防治方法**　①保持田间清洁，控制越冬基数，压低越冬虫量。②栽植时选用无虫苗，避免把虫源带入大田。③药剂防治可用 22% 氯氰·毒死蜱乳油 1 200 倍液，或 2.5% 溴氰菊酯乳油 2 000～3 000 倍液，或 20% 氰戊菊酯乳油 2 000～3 000 倍液防治。

第二十一章

芽 苗 菜

  芽苗菜俗称"芽菜""活体蔬菜"等，一般是指用植物种子或其他营养储存器官，在光照或黑暗条件下培育出可供食用的嫩芽、芽苗、芽球、幼梢或幼茎等芽苗类蔬菜。黄豆芽、绿豆芽等豆芽菜是遍布南北各地、历史悠久、大众喜食的重要传统蔬菜。生产豆芽不受季节影响，只要人工对温度稍加控制，一年四季都可以吃上豆芽。黄豆芽又称"金灿如意菜"，在所有的豆芽中营养价值最高，其蛋白质利用率要比黄豆高 10% 左右。绿豆芽又称掐菜、如意银针等，富含纤维素，有预防消化系统癌症的功效。豆芽作为众多蔬菜品种中的一种，其口感清脆、营养丰富，深受消费者喜爱；同时，生长环境可控、生长期短，一般 5～7 天便可上市，因而成为补充春、秋淡季供给的重要蔬菜之一。

  发展优质、富含营养、清洁无污染、食用安全的高档保健食品——新颖芽苗菜，符合我国目前对蔬菜产品的需求，即符合从数量消费型向质量消费型转变的食品消费方向和社会潮流，而且投资少、见效快、风险小、效益高。

一、品种类型

  根据芽苗菜培育的方式不同可分为传统豆芽菜（如黄豆芽、绿豆芽）和现代广义上的发芽蔬菜（如香椿芽、荞麦芽、花生芽、向日葵芽、萝卜苗等）。根据芽苗菜所利用营养来源的不同，将其分为"籽（种）芽菜"和"体芽菜"两类。

籽芽菜：利用种子贮藏的养分直接培育成幼嫩的芽或芽苗（多数为子叶展开，真叶"露心"），如黄豆芽、绿豆芽、蚕豆芽、种芽香椿、荞麦苗、萝卜芽、花生芽等。

体芽菜：利用2年生或多年生作物的宿根、肉质直根、根茎或枝条中累积的养分，培育成芽球、嫩茎、幼茎或幼梢，如：①肉质直根在黑暗条件下经软化栽培而长成的菊苣（为芽球）；②由宿根培育的菊花脑、马栏头、莒荬菜等（均为嫩芽或嫩梢）；③由根茎培育的姜芽、芦笋（均为幼茎）；④由植株枝条培育的树芽香椿、枸杞头、花椒芽（均为嫩芽）；⑤由大田生产的副产品豌豆尖、辣椒尖、甘薯尖、南瓜尖、佛手瓜尖（均为嫩梢）等。

二、栽培特点

各种芽苗菜在植物分类上分属于不同的科，其相互间的亲缘关系差异也较大，各具不同的生物学特性，但是若按食用器官及农业生物学分类，它们均属于芽苗菜类，有着许多共同的特点。

第一，芽苗菜容易高产优质栽培。芽苗菜产品形成所需营养，主要依靠种子、枝条、根茎中所贮藏和积累的养分，一般不必施肥，只需在适宜的温度环境下，保证其水分供应即可，而且产品形成周期很短，较少发生病虫害，也无须使用农药。产品洁净无污染，食用安全，因此较易达到无公害或绿色食品甚至有机食品所要求的标准。

第二，芽苗菜尤其是籽（种）芽菜栽培方式多样。芽苗菜所涉及的主要种类，对环境温度的要求多属于半耐寒、耐寒或适应性广的种类，尤其在产品形成期一般不需要很高的温度即可满足其生长要求，而且对光照强度的要求远低于一般蔬菜。芽苗菜既可在现代化的温室、大棚中进行调温控湿生产，又可以在普通的日光温室、塑料大棚、露地荫棚，甚至闲置的房舍、厂房中进行生产；既可进行土壤栽培，又可进行无土栽培，还可以多层立体栽培；既可进行一般的栽培，生产绿化型产品；也可进行软化栽培，生产黄化型产品。

第三，芽苗菜生产场地要求不高，生产设备简易，环境可控。良好的芽苗菜生产场地应具备以下条件：①保持催芽室具有20～25℃、栽培室具有16～25℃的温度调控能力；②具有通风设施，能进行室内自然通风或强制通风；③具有忌避强光的光照条件；④应具有自来水、贮水罐或备用水箱等水源装置，还必须设置排水系统；⑤在选用生产场地时根据上述条件因地制宜选择适用的条件。

生产设施应具备的条件：①栽培架要平整，间隔距离不能太短；②栽培容器应选有拉筋的塑料苗盘；③栽培基质应选择吸水好、持水能力强的废报纸、包装纸等，也可用珍珠岩和泡沫塑料；④喷淋装置应选择喷雾器、淋浴或微喷装置；⑤浸种容器选用水泥池、塑料桶等容器。良好的生产环境才能更好地促进芽苗菜的生长，降低能源的消耗，从而带动芽苗菜产业的全面发展。

第四，芽苗菜在土地紧张、气候恶劣地区也适合生产。芽苗菜生产方式简单，不受场地的限制，在土地资源紧缺的繁华城市及自然环境恶劣的沙漠、孤岛，都可进行芽苗菜的生产与栽培。芽苗菜的出现能够有效地解决不适合蔬菜种植地区对新鲜蔬菜的需求，为人们的生活提供新鲜蔬菜保障，为土地资源紧张、气候恶劣地区的蔬菜生产开辟了一条新道路。

第五，芽苗菜的生产可以实现标准化、现代化和智能化。现可以用精美方便包装盒来生产芽苗菜，可四季生产、无须设专室培养、投资小，极大地方便了生产者，经济效益十分高；也可使用泡沫箱栽培芽苗菜技术，一年四季均可生产，在生产过程中不使用化肥和农药，无污染，收益高；同时，无根绿色芽苗菜无土立体高效生产技术、加压法速生豆芽技术等新型栽培技术的应用范围正在不断扩大。

此外，芽苗菜智能化技术也在逐步地投入使用，不仅可以提高芽苗菜的产率，降低生产成本，减少能源消耗，而且生产出的芽苗菜更加洁净、卫生，产品价值和质量更高。芽苗菜智能化生产模式集成了设施栽培的优越性、智能管理的简易性、层式立体栽培的高效性以及不受季节局限的周年性，这些特性形成了智能化栽培的高效性，是未来芽苗菜的主要生产模式与发展方向。

第六，芽苗菜的生物效率、生产效率和经济效益都很高。芽苗菜的生物产量一般可达到投入生产干种子重量的4～10倍，由于可采用多层立体栽培，一般生产面积可扩大4～6倍，加之芽苗菜产品形成的周期很短，通常只需7～15天，常年复种指数可达30以上（一年中同一块场地的复播次数），因此具有很高的生产效率。

芽苗菜作为一类很有发展前途的新兴蔬菜产业，深受广大消费者的青睐和市场的瞩目。当前，发达国家的芽苗菜生产已开始走植物工厂之路，并全面结合了自动控制及智能管理技术，渐渐向自动化无菌化生产方向发展。我国芽苗菜产业经过多年的发展，取得了显著的成绩，但与国外相比，仍存在较大差距。

三、栽培技术

（一）传统豆芽菜培育技术

1. 栽培季节　豆芽菜以鲜嫩、洁白的幼芽供食用，培育豆芽菜，生长期短，长者10～14天，短者4～6天。只要有简单的设备条件，能调控种子发芽所需的温度、水分及空气条件，就可以进行豆芽栽培，不受地区、地点、季节限制，可以根据市场需要，一年四季进行豆芽栽培。

2. 品种选用　培育豆芽菜主要选用的豆类有大豆、绿豆、蚕豆、豌豆、赤豆等，按照不同豆类培育出的豆芽称为"黄豆芽""绿豆芽""蚕豆芽""赤豆芽"等。

3. 培育场所要求 豆芽菜的生产条件是保证种子发芽所需的合适的温度（20～25℃）、充足的水分、充足的氧气和阴暗避光的环境。

豆种在温度达到6～7℃即可发芽，但十分缓慢，且易烂籽，发芽的适宜温度为20～25℃，33～36℃时生长最快，但由于呼吸作用增强，消耗储藏的养分多，豆芽生长细弱，须很多，纤维多，品质不良。培植豆芽的场所，要求冬暖夏凉，室内温度保持在20～25℃为合适。

培育场所的要求：①不受太阳直接照射，空气流动比较稳定；②要有充足洁净的水源，井水受外界气温变化影响较小，冬暖夏凉，最适宜于豆芽菜生长之用；③冬季如有加温设备，以调控温度更为理想，但一般临时性或少量豆芽菜培育时，对场所的要求不会如此严格。

4. 培育设备 市场有各种家用或作坊用豆芽机供选择。

以下介绍传统豆芽菜生产技术，所需要的培育设备主要包括培育容器及配套供水、排水、温度调控设施设备。

（1）培育容器 培育容器根据培育豆芽菜数量的多少而定，不能过小，也不能过大。过小则浇水不易均匀，温度易升高，不利于豆芽菜生长；反之，不易保温，生产率低。一般每千克绿豆需20升容积的容器。

①水泥池（或木池） 一般长105厘米、宽105厘米、高70厘米，用瓦片（或塑料、纱布）堵塞水池底部排水孔，以调节水量。池内底部四周呈半圆弧形，为了利于排水，池底倾斜度7°左右。如此大小的池子一次可培育绿豆17.5千克或黄豆25千克左右。若培育的数量较大，可依此规格加大池子的比例。

②圆形木桶陶土缸（大水缸） 圆形木桶高和直径均为70厘米，木桶下部设1个排水孔，孔长、宽均为4厘米，一次可培育

绿豆 7.5 千克或黄豆 10 千克左右；陶土缸上口直径和高分别为 80 厘米和 60 厘米，缸底旁边设 1 个排水孔，其直径为 5 厘米左右，一次可培育绿豆 7.5 千克或黄豆 10 千克左右。

其他容器有竹笋、柳条筐等。

（2）**其他设备** 培育豆芽菜所需的其他设备还有进水管、排水管，贮水池或贮水缸，覆盖物（草包、蒲包、麻袋等），淘洗设备如竹篮、筛篮、竹淘笋等。大棚豆芽菜为保证周年生产，应有夏季遮阳防雨降温设施和冬季保温防寒设施。

5. 绿豆芽培育技术

（1）**精选豆种** 培育绿豆芽菜必须选择当年内收获的新鲜饱满种子，要剔除"硬实"种子，才能保证发芽势强、出芽整齐。大量购种时要做发芽试验和种子纯度的测定。

（2）**浸豆催芽** 培育豆芽菜的容器先用石灰水或 0.1% 漂白粉消毒，或用开水烫洗，所有用具应保持洁净，特别是不能沾上油腻，以免豆芽感染腐败细菌而腐烂。

首先把已称重的豆种倒入木桶（或淘笋内）用水清洗泥沙，并清除浮在上面的嫩豆、瘪豆、破豆、虫蛀豆。然后加入与豆粒等量的温水（25～27℃）浸种，并上下翻动数次使之均匀。浸泡 8～12 小时后，当豆子有 70%～80% 已吸水膨胀、种皮刚开始破裂时，即可捞出。

（3）**装桶培育** 浸泡过的种子用清水冲洗后，平铺于培育豆芽容器中（水池、木桶等），厚度 13～16 厘米为宜（季节性生产多用木桶，常年生产多用缸或水泥槽），再用干净的草包或蒲包盖严，使容器内保持黑暗。

（4）**精心管护** 浇水次数和用量是培育绿豆芽的关键。浇水不仅供应豆芽生长所需要的水分，而且对豆芽生长所需温度起调节作用。因为绿豆芽生长适宜温度为 21～27℃，且豆芽生长呼吸作用旺盛，放出大量热量，所以可使温度迅速升高。因此，在较高温度时浇水可使温度降低，在天冷时浇温水又可以保持豆芽生长所需的温度。

　　每次浇水间隔时间，主要根据气温高低而定，一般夏季每3～4小时浇1次，在冬季每6～8小时浇1次。浇水采用淋浇，不能冲倒豆芽，要浇透、均匀，要达到豆芽容器中排出水的温度与未浇入水的温度一致为止（或每次淋水漫过豆粒，然后在3～5分钟内排尽）。在浇完水后，立即用干净的草包或蒲包盖严：一是为了防止光线进入和保温保湿；二是为了减少豆芽生长时因呼吸作用放出的二氧化碳向外扩散，促进豆芽生长洁白、粗壮、脆嫩，提高维生素C含量。冬季要把培育豆芽的棚室通风口关闭，不让寒风吹入，还应根据室内温度情况，生炉加温，调节温度。

　　当绿豆芽长到1.5～2厘米时（称为扎根阶段），特别要防止温度急剧变化，温度过高易发生烂根，温度过低则生长速度慢，不利于扎根，也易发病，所以此阶段更要精细管理，防止豆芽受热、受凉。

　　（5）及时采收　从浸豆种到采收的时间，主要由温度高低和各地所需豆芽长短而定，一般夏季需4～5天，秋、冬季6～7天。当胚轴长到8～10厘米、子叶未展开时可采收。

　　采收方法：要轻轻拔出豆芽，将其放入大水缸或水池中，洗去种皮，注意不要折断。豆芽包装好后就可供应市场。一般1千克绿豆可生产8千克豆芽。

　　6. 黄豆芽培育技术　基本与绿豆芽相同。

　　（1）培育温度　黄豆芽生长适宜温度为21～23℃。

　　（2）浸种时间　由于黄豆种皮薄而柔软，浸水后易皱缩，蛋白质含量高，故黄豆浸水后比绿豆快，25℃浸3小时，吸水量约为本身重量的82%。因此，黄豆在25℃水中浸2～4小时即可（一般夏天3～4小时，冬季4～5小时）。若浸泡时间过长，反而影响发芽势，降低发芽率（在浸种期间每小时抄底翻动1次，直到大多数的豆粒豆皮发胀而未裂开时为止）。

（3）**种子用量** 将精选、清洗、浸泡的黄豆种子平铺于容器中，投放黄豆数量比绿豆可增加1/4左右。

（4）**温湿度管理** 浇水次数根据温度而定，在冬春培育时，每次浇水间隔6～8小时，当黄豆芽长到1.5～2厘米时，要特别注意温度不能过高或过低，以免伤芽，发生红根或腐烂现象。

（5）**采收上市** 当黄豆芽胚轴长到10厘米左右、真叶尚未伸出时，即可供应市场。在正常温度和良好培育管理条件下，一般培育时间7～9天（冬天长者达14～15天）。在采收时，要自上而下轻拿轻放，防止豆芽被折断，将其放入水池或水缸内洗去种皮和未发芽或腐烂的豆粒。一般每千克黄豆可培育豆芽菜5～6千克。

（6）**质量安全** 近年来，豆芽菜生产中经常采用植物生长调节剂、杀菌剂等，造成人们对豆芽菜的安全产生担忧。文后附北京市质量技术监督局颁布的北京市地方标准《豆芽安全卫生要求》（附录二），供参考。

（二）豌豆苗生产技术

豌豆苗由种子培育，养分由种子提供，只需水分，不用农药，是无公害蔬菜，所需设备简单，技术容易掌握，生长周期短，经济效益高，值得推广。

豌豆苗的生产室温为20℃左右，适应范围在10～30℃，温度低时其生长变慢。温度过低，生长期过长容易纤维化降低品质；温度高时生长加快，夏季温度超过30℃时需要降温，否则芽苗生长纤细，并且容易引起根腐病的发生。白天温度最好控制在20℃以上，夜间不低于16℃。

湿度管理是豌豆苗生产的关键技术。冬季温室加盖农膜后可以保温保湿，但要注意适当通风；夏季尤其是多雨闷热天气，更要加强通风，降低空气湿度，并适当减少浇水量。一般空气相对湿度保持在 80% 以下为好。

豌豆苗对光照要求不太严格，在株高达 3～5 厘米时才进行绿化，绿化只需要 3～4 天即可。否则，若把培养盘始终放在光照条件下，则生产出的豌豆苗纤维化严重，商品价值全无。

1. 苗床栽培　在保护地（大棚或温室）内作平整床面，长度可不限，床面铺 20～30 厘米厚的河沙，浇足底水、待用。豌豆品种很多，应选用豆苗产量高、生长速度快、不易纤维化、千粒重 150 克左右的小粒光滑品种为好。一般采用的品种有中豌四号、白玉豌豆或专用品种龙须豌豆种子。豌豆种子一般寿命为 2～3 年，所以在生产上最好选用当年生产的新种子，发芽率在 98% 以上（不能低于 95%）。品种要求一致，因为品种不纯时，生长速度不一样，高矮不齐，影响产量和质量。

将去除杂质、破粒、秕粒、霉粒，经过精选的饱满、整齐、光泽好，具有本品种特征的种子，在 55℃ 温水中烫 2 分钟，然后再在 25℃ 净水中浸泡 20～24 小时（浸泡容器不能用金属制品），浸泡过程中要注意更换清水 2～3 次，洗去种子表面的黏液，同时对种子再次进行精选。最后捞起撒播在沙床上。

每平方米用干种子量 2～2.5 千克，以豆粒铺满床面而不重叠为度。干种子上覆一层湿沙，待豆苗拱出沙土后，再分次覆细沙，随着豆苗生长覆沙几次，沙厚度达 1.5 厘米时停止覆沙，使苗尖露出。2～3 天后苗尖呈绿色时挖出豆苗，洗净捆把上市。露地播种 10～15 天收获，温室内 7～10 天即可。

2. 土壤栽培　春秋两季，气候温和，可行露地栽培，夏、秋两季则要用大棚并采取适当措施保证温度。做连沟 1.2～1.5 米宽的深沟高畦，按行距 20 厘米开沟条播，播幅 10 厘米，每亩用种量 30 千克，注意浇水。待苗长到一定高度时，采嫩梢食用。每 10～15 天采收 1 次，可连续采收 5～6 次。1 年可种植 6～8 茬。

（三）萝卜芽生产技术

萝卜芽也叫娃娃萝卜芽，是由萝卜种子经催芽培养、子叶展开即可食用的一种食药兼优的蔬菜。萝卜是半耐寒性蔬菜，全生育期适宜生长温度 15～20℃，发芽期适温 20℃左右，低于 10℃或超过 30℃都会影响生长。因此，在保护地栽培中冬季要有加温设备，夏季则需遮阳网等以保证其周年生产。在萝卜芽菜生产中，水分也是决定性因素，要求空气相对湿度在 80% 左右。育苗盘要保持湿润但又不能积水。萝卜芽苗生长对光照要求不严格，一般的光照条件即可。

1. 工厂化容器生产 按照工厂化立体生产方式采用标准化容器生产。

将挑选后的萝卜种子用 20℃水浸泡 8 小时左右，除去漂浮的种子（种子最大吸水量为种子重量的 65% 左右）；在容器底部垫上吸水性能好的白纸或纱布；将种子从水中捞出沥干水分，撒在铺有纸或纱布的容器里，厚度为 2～3 厘米，然后在种子上面盖上毛巾；每 8～10 小时用清水淋浇 1 次，水温以 20～25℃为宜（当室内温度高时增加淋水次数，温度低时提高淋水温度），当芽长 10 厘米左右时即可食用。用这种方法 1 千克种子可以生产出 6 千克左右的萝卜芽。

也可在苗高 3 厘米左右时浇营养液。营养液最简易的配方为：每升水加尿素 0.33 克和磷酸二氢钾 0.5 克，充分溶解后喷淋。当子叶充分展开，刚出真叶时即可食用。用这种方法 1 千克种子可以生产出萝卜芽 10 千克左右。

2. 大棚土壤栽培

（1）选地和整地 选择土质疏松肥沃、排灌方便的田块，深翻土地，施足基肥，每亩施三元复合肥 30～40 千克或腐熟的有机肥 1 500～2 000 千克。按连沟 1.2～1.5 米做深沟高畦，沟深10～15 厘米，畦面要求平整，覆土要细。

（2）**精细播种** 选用浙大长、短叶十三、马耳、黄州萝卜、京红四号、潍萝卜3号、大青萝卜、穿心红、满园花子、绿肥萝卜等萝卜品种种子，根据市场行情适时适量分批播种，每平方米用种150～250克，均匀撒播在畦面上，播后再挖沟里的细土覆盖畦面约0.5厘米厚（要把种子全覆盖）。盖土之后，早春和冬季用地膜覆盖，其他季节用遮阳膜覆盖，夏季畦面要浇透水（水壶喷洒），保持土壤湿润。

（3）**田间管理** 萝卜芽菜幼苗出土后，及时揭去覆盖的地膜或遮阳膜，一般冬季需6～7天出土，夏季3～4天出土。冬季和早春季节需在大棚内生产，以免受到冻害，夏、秋季可露地播种，高温季节傍晚需浇水，保持土壤具有一定湿度。

苗床出苗后要保持湿润，幼苗长到3厘米后浇水要少而勤，避免窝水、烂苗，宜采用喷水或喷雾方式，保持空气相对湿度80%左右。萝卜苗不需要太多光照，应注意遮阴，同时要及时将腐烂的病苗或病种拣出，防止病害蔓延。苗床生产病害严重时可喷施50%多菌灵可湿性粉剂2 000倍液防治。

（4）**适时采收** 当萝卜芽幼芽的对叶长到一定程度，在心叶未抽之前及时采收。冬季播种后约需25天，夏季只需8～9天就可采收。一般每1千克种子能产芽苗菜25～30千克。采收时用剪刀贴表面剪下洗净，放入塑料袋或盒中小包装净菜上市。

（四）南瓜苗生产技术

南瓜苗作为一种新特菜，近年来已摆上一些消费者的餐桌。南瓜苗的嫩梢、嫩茎叶、嫩叶片、嫩叶柄及花薹、花苞均可食用。以采收南瓜苗为主的可采取高密度、多茬次的保护地栽培，品种可选本地优良品种。

1. 选择品种 南瓜品种比较多，食苗南瓜则要选用分枝力强、生长势强、产量高、适应市场的品种。一般选用各地优良的中国南瓜地方品种为好，如黄瓢南瓜、磨盘南瓜、枕头南瓜、长柄南瓜、蜜本南瓜等。

2. 浸种催芽 南瓜种子经太阳晒 2 天，放入 50℃热水中搅拌，水温降到 30℃左右时浸种 15～20 分钟，自然冷却，继续浸种 7～12 小时。浸种后催芽，催芽温度保持在 30℃左右，2 天便可发芽。

3. 精细整地 应选土层深厚、土质疏松肥沃、保水力强、排水良好的土壤栽植。整地时要求浅耕细耙，打碎耙平起畦，畦面做成龟背形。按连沟宽 1.2～1.5 米做深沟高畦，开好畦沟，沟深 15～20 厘米。大棚四周开好排水沟。

4. 适时播种 食苗南瓜属喜温蔬菜，能耐 38℃高温，对低温的耐受力不如西葫芦。种子在 13℃以上开始发芽，根系在 6℃以上开始伸长，植株生长的适宜温度为 18～32℃。

为提早和延长上市时间，一般露地在 3 月份下旬开始播种，以后直至 8 月份都可分批播种。可按行距 15～20 厘米开播种沟，按 3～4 厘米间距条播，或按株距 10 厘米穴播，穴播按每穴播种 2～3 粒催好芽的种子，播后浇透水，覆盖 2 厘米厚的营养土。

大棚栽培时春季可提前 30～45 天、秋季可延迟 30 天左右播种，如大棚多层覆盖加电热温床，棚内温度高于 27℃要通风，低于 15℃要加盖草苫保温，即可实现冬、春季全季生产，周年供应。

5. 肥水管理 食苗南瓜以嫩茎叶、花为主要食用部分，因此整个生育期肥水供应必须充足、及时，否则瓜苗变小，纤维增多，影响品质和产量。

每亩施入腐熟有机肥 2 500～3 000 千克、磷肥 30～40 千克作基肥，播前浇透底水，播后用干细土覆盖 2 厘米左右厚，再用地膜平铺于畦面，四周用土压实保温。出苗后揭除地膜，并及时间苗和中耕松土，到 3～4 叶期每亩随水追施尿素 5～7 千克、三元复合肥 10 千克。这样既施了肥又保持了土壤湿润。每次采收完待伤口愈合并出现新叶时再开始追肥浇水，重施速效氮肥，促使其早发腋芽。

在生产过程中要注意培土压蔓，促进不定根的发育，扩大根系吸收面积，以适应新抽生侧枝茎叶旺盛生长的需要，为丰产打好基础。

6. 及时采收 当瓜苗长到35～40厘米高、有5～6片真叶时分批采收，可以连根拔起，剪除老根茎后扎把上市；也可在基部留1～2片真叶剪下上部的嫩苗，扎把上市。在腋芽生长到40厘米又可采收，如此反复多次。要根据植株生长情况、肥水管理水平，及时采收，促进侧枝发生，减少纤维化，提高产量。在每次采收前5～7天喷施80毫克/千克赤霉素溶液，可增产30%以上，而且可减少基节粗纤维的形成，瓜苗又显得十分幼嫩柔软，品质提高。每亩产量一般在3 000～5 000千克。

（五）叶用辣椒栽培

叶用辣椒是以采收嫩茎叶和成长叶供作蔬菜用的辣椒品种。叶用辣椒营养丰富，较一般辣椒品种辣味轻、味甜、清香，嫩滑可口，可炒食、做汤或作火锅料，具有清肝明目的保健作用。

1. 茬口安排 叶用辣椒春、夏种植两茬，春茬3月上旬播种，4月中旬采收，6月上旬采收结束。夏茬6月中旬播种，7月下旬采收，9月上旬采收结束。长江流域利用大棚也可以实现周年生产和供应。

2. 品种选择 选用改良辣椒叶3号（广州长合种子有限公司）和农普辣椒叶（广州市农业科学研究院）2个叶用辣椒专用品种。

3. 催芽 播前晒种1～2天，用10%磷酸三钠溶液浸种30分钟，或高锰酸钾100倍液浸种10分钟后洗净，然后用清水浸泡10～12小时。种子洗净黏液后用毛巾或纱布包好，放入塑料袋内半扎口或置于铁盘上用塑料膜覆盖，置于25～28℃恒温箱内催芽20～24小时，芽长0.5厘米时播种。每亩用种量1千克左右。

4. 播种 定植前每亩施腐熟有机肥 1 500～2 000 千克、尿素 25 千克。深翻后整平，做成连沟宽 1.2～1.5 米的深沟高畦，铺设双上孔软管滴灌，浇透水。春茬 3 月上旬采用大棚＋拱棚条播，夏茬 6 月中旬条播，行距 20 厘米。夏季直播后使用遮阳网覆盖畦面，出芽后及时揭掉。

5. 田间管理 植株株高 10 厘米时及时间苗，拔除小苗、弱苗，苗间距 15～20 厘米，保持田间湿润。每采收 2 次每亩追施尿素 7～10 千克，浇水淋溶。进入 7 月下旬后覆盖遮阳网，阴天和早晚揭开，及时摘掉花蕾和果实，减少营养损耗。田间水分管理以见干见湿为主，为防止湿度过大，可适当拔除部分植株，间距 25～30 厘米。

6. 病虫害防治 在子叶平展时喷施 30% 甲霜·噁霉灵水剂 3 000 倍液，可以有效防治立枯病和猝倒病。夏季用 2% 阿维菌素乳油，或 20% 苏云金杆菌可湿性粉剂 2 000～3 000 倍液，或 20 亿 PIB/ 毫升甘蓝叶蛾核型多角体病毒悬浮剂 500～1 000 倍液防治菜青虫。

7. 采收 第一次采收以门椒花孕蕾时为适期，植株基部留 4～6 节采收嫩茎叶及成长叶，长 15～20 厘米。以后每 15～20 天采收 1 次，采收前 1 周不能喷施农药，每亩产量 1 000～1 500 千克。

（六）板蓝根芽苗菜栽培

板蓝根芽苗菜具有清热解毒、排毒养颜、促进毛囊物质新陈代谢、延缓毛囊衰老等功效，而且口感清淡，略带苦味，既可生食凉拌，也可炒食做汤，是一种新兴的保健蔬菜。由于板蓝根芽苗菜的生产周期短，在生产过程中不使用农药，因此还是一种绿色无公害的蔬菜品种。从播种到采收完约 30 天时间，每亩产苗菜 1 500 千克以上。

1. 整地做畦 板蓝根芽苗菜栽培要选择在土壤肥沃、保水性好的壤土或沙壤土中进行。做畦前要先浇水造墒，然后对土壤进行深翻，用耙子将其耙平耙细，施足基肥，土肥混匀后做成连沟 1.2～1.5 米宽的深沟高畦。

由于板蓝根芽苗菜的采收是带根拔收的，为了保证板蓝根芽苗菜的商品性，不使芽苗菜上黏附有过多的泥土，可在整好的畦上铺一层细河沙。将细河沙过筛，均匀地铺在畦中，厚度为 2～2.5 厘米。

2. 种子处理　为了保证板蓝根种子有较高的发芽率，播种前要用筛子和簸箕去除杂质，将掺杂在种子中较大的杂质尽量挑除干净，以保证板蓝根种子有较高的发芽率。板蓝根种子的外面包有膜翅，对板蓝根种子的发芽有一定的影响，播种前需将膜翅搓除。方法是用手抓起种子轻轻搓动，膜翅就会粉碎脱落。但用力不能太大，否则会将种子折断。在温度适宜的情况下，也可不去除膜翅直接播种。

3. 播种　板蓝根芽苗菜采用撒播的方式，将种子均匀地撒播到已整好的畦中，每平方米用干种 3 克左右。种子播完后覆盖过筛河沙，厚度 0.5 厘米左右。覆沙完成后，为了保证种子发芽的湿度还要浇水 1 次。浇水量不能太大，以免出现沤种现象。2～3 天后板蓝根芽苗菜的种子就可以出苗。

4. 田间管理　从板蓝根芽苗菜出齐苗到采收要经过 20 天左右的时间。播种后至出苗前，要使用遮阳网进行覆盖遮阴，保持土壤湿润利于板蓝根出苗。出苗后要及时撤掉遮阳网，让幼苗见光生长。板蓝根芽苗菜在 10～35℃都能生长，但生长最适宜的温度为 25～30℃。

板蓝根芽苗菜生长期短，生长期间不需施肥，主要的管理是浇水和间苗。整个生长期间要小水勤浇，保持畦面见干见湿。随着芽苗菜逐渐长大，幼苗越来越拥挤，这样会影响幼苗通风透光，影响幼苗的生长，严重时还会引起病害的发生。因此，对于畦中幼苗生长过密的地方要及时进行间苗，间苗时要本着"去弱留强，去小留大"的原则，将过密处的瘦弱苗拔出，由于幼苗的生长密度较大，在间苗操作时要格外小心，不要伤及旁边的幼苗。留苗密度为 3～5 厘米^2 即可，每平方米 500～600 棵。

5. 采收　当幼苗长出 4～5 片真叶、苗高 10～15 厘米时就可以采收。采收要选在早晨或傍晚进行。从畦的边缘开始，用手轻轻将芽苗菜从畦中拔出即可。如果留苗过密或生长不整齐，可先将大苗采收，留下的小苗浇 1 次水，生长 5～7 天后再收获。板蓝根芽苗菜一般 100 克左右为 1 捆，用皮筋扎捆，或放入保鲜盘内覆盖保鲜膜，尽快上市销售。

附 录

附录一 微灌工程建设技术规范

为进一步促进武汉市设施农业的发展，落实武汉市菜篮子工程建设会议精神和市政府工作报告为民办实事的要求，确保7万亩设施蔬菜基地建设能高标准地完成，特制定本规范。本规范的解释权属于武汉市农业局。

【范围】本规范规定了微灌工程的设计、施工及验收技术规范。

【规范性引用文件】下列文件对于本文件的应用是必不可少的。凡是注日期的引用文件，仅所注日期的版本适用于本文件，其最新版本（包括所有的修改单）适用于本文件。

GB/T 50485-2009 微灌工程技术规范

GB 5084-2005 农田灌溉水质标准

SL 236 喷灌与微灌工程技术管理规程

SL 256-2000 机井技术规范

GB 50296-1999 供水管井技术规范

GB 50231-2009 机械设备安装工程施工及验收通用规范

GB 50254-2006 电气装置安装工程低压电器施工及验收规范

【基本要求】

●微灌工程规划、设计、施工安装单位应有相应资质。

●微灌工程选用的材料与设备除应符合国家及行业标准外，还应具有产品合格证，具有部、省级农机推广鉴定证书或本市农机部门的检测报告。

【术语和定义】

●微灌。利用专门设备，将有压水流变成细小水流或水滴，湿润植物根区土壤的灌水方法，包括滴灌、微喷灌等。

●微灌系统。由水源、首部枢纽、输配水管道和微灌灌水器等组成的灌溉系统。

●首部枢纽。微灌系统中集中布置的加压设备、过滤器、施肥（药）装置（选配）、量测和控制设备的总称。

●干管。向支管供水的管道。

●支管。直接向毛管配水的管道。

●毛管。直接向灌水器配水的管道。

●灌水器。微灌系统末级出流装置，包括滴头、滴灌带、微喷头、微喷带等。

●灌水均匀系数。表征微灌系统中同时工作的灌水器出水量均匀程度的系数。

●灌水器设计流量。设计时选定的灌水器流量，也是微灌系统中该种灌水器的平均流量。

●灌水器设计工作水压。灌水器设计流量所对应的工作水压。

●灌水小区。具有独立稳流（或稳压）装置控制的灌溉单元。在系统无稳流（或稳压）装置时，同时灌水的灌溉单元即为一个灌水小区。

●流量偏差率。灌水小区内灌水器的最大、最小流量之差与设计流量的比值。

●水压偏差率。灌水小区内灌水器的最大、最小工作水压之差与设计工作水压的比值。

●灌溉水利用系数。灌入田间供给作物需水的水量与渠首引进总水量的比值。

【微灌工程技术要求】

●微灌工程规划设计应符合 GB/T 50485-2009《微灌工程技术规范》的规定。

●微灌水质应符合 GB 5084–2005《农田灌溉水质标准》要求。

●灌溉水利用系数，滴灌不应低于 0.9，微喷灌不应低于 0.85。

●灌水器的流量偏差率不超过 20%。

●设计系统日工作小时数，应根据水源条件与农业技术条件确定，不应超过 22 小时。

【微灌系统的组成】

●首部枢纽：水泵机组、过滤器、施肥（药）装置、控制设备等。

●管道：干管、支管、毛管、管件、阀门等。

●灌水器：滴灌管（带）、滴头、喷头等。

【设备选择】

●首部枢纽

○水泵机组。按灌水小区的流量和扬程及水源等相关要求选择水泵机组。

○过滤器。过滤器的类型及过水量应满足灌水小区的基本要求，能过滤掉大于灌水器流道尺寸 1/10～1/7 粒径的杂质。

○施肥（药）装置。施肥（药）装置可根据施肥（药）量、经济性与方便程度选用。

○控制设备

—控制阀的止水性能好、耐腐蚀、操作灵活。

—压力表的精度不应低于 1.5 级，量程应为系统设计压力的 1.3～1.5 倍。

●管道能满足灌水小区的水压和流量要求。

○管材。采用 PPR、PE、UPVC 均可。

○干管外径为 Φ50～Φ110。

○支管外径为 Φ25～Φ40。

○喷灌毛管为 Φ16～Φ25 的 PE 管，根据喷头数量和流量选取。

●灌水器

○滴灌管（带）的规格为 Φ16，壁厚 0.4～0.8 毫米，滴孔间距 200～400 毫米。

○滴头应符合 GB/T 17187-1997《农业灌溉设备滴头技术规范和试验方法》的要求，流量符合灌水小区的设计方案。

○喷头为 360°旋转喷头，射程为 3～5 米，流量为 70～140 升／小时，喷头间距 2～3 米；应达到零件齐全，连接牢固，喷嘴规格无误，流道通畅，转动灵活的要求。

【设备的安装要求】

●首部枢纽

○水泵机组。水泵各紧固件无松动，泵轴转动灵活，无杂音，填料压盖或机械密封弹簧的松紧度适宜；电动机的外壳应接地良好，配电盘配线和室内外线路应保持良好绝缘，电缆线的芯线不得裸露。

○过滤器

—过滤装置应按输水流向标志安装。

—自动冲洗式过滤装置的传感器等电气元件应按产品规定的接线图安装，并通电检查运转状况。

—安装过滤器时应进行检查，并应符合下列要求：各部件齐全、紧固，阀门启闭灵活；开泵后排净空气检查过滤器，若有漏水现象应及时处理。

○施肥（药）装置

—施肥（药）装置应安装在过滤器的上游并设置防回流装置。

—施肥装置的进、出水管与灌溉管道的连接应牢固，不宜使用软管连接；必须使用软管时，不应拖拉、扭曲或打结。

—清洗过滤器、施肥（药）装置的废水不得排入原水源中。

—各部件连接牢固，承压部位密封，压力表灵敏，阀门启闭灵活，接口位置正确。

—采用注射泵式施肥器，机泵安装应符合产品说明书要求，安装完毕经检查合格后通电试运行。

○控制设备。截止阀与逆止阀应按流向标志安装。

●管道

○管道沟槽的开挖与回填应符合 GB 50268 的规定。

○塑料管道尚应符合下列规定：

—干管和支管的埋深不小于 40 厘米。

—塑料管道应在地面和地下温度接近时回填。

—管周填土不应有直径大于 2.5 厘米的石子及直径大于 5 厘米的土块。

—管道安装前，应对管材、管件外观进行检查，不得有裂缝，应清除管内杂物。

—管道安装，宜先干管后支管。承插口管材，承口向上游，插口向下游，依次施工。管道中心线应平直，管底与槽底应贴合良好。

—带有承插口的塑料管应按厂家要求连接。

—塑料管连接，除接头外均应覆土 20～30 厘米。

—出地竖管的底部和顶部应采取加固措施。管道穿越道路或其他建筑物时，应增设套管等加固措施。

●管件

○金属阀门与塑料管连接应符合下列规定：

—阀门与直径大于 65 毫米的管道连接时宜采用金属法兰，法兰连接管外径应大于塑料管内径 2～3 毫米，长度不应小于 2 倍管径，一端加工成倒齿状，另一端牢固焊接在法兰一侧，将塑料管端加热后及时套在带倒齿的接头上，并用管箍上紧。

—阀门安装于直径小于 65 毫米的管道可采用螺纹连接，并应装活接头。

—直径大于 65 毫米以上的阀门应安装在底座上，底座高度宜为 10～15 厘米。

—截止阀与逆止阀应按流向标志安装。

○连接件安装应符合下列规定：

——安装前应检查管件外形，清除管口飞边、毛刺，抽样量测插管内外径，符合质量要求。

——塑料管件安装用力应均匀。

●灌水器

○滴头安装应符合下列规定：

——应选用直径小于滴头插头外径0.5毫米的打孔器在毛管上打孔；如厂家有配套打孔器，可用其打孔。

——应按设计孔距在毛管上冲出圆孔，随即安装滴头，防止杂物混入孔内。

——微管滴头应用锋利刀具裁剪，管端剪成斜面，按规定分组捆放。

——微管插孔应与微管直径相适应，插入深度不宜超过毛管直径的1/2。

○微喷头安装应符合下列规定：

——喷头安装采用双倒钩、毛管、平衡器等配件，按种植需要分组，相邻两组喷头的行距应为2～3米，每组的第一个和最后一个喷头与大棚两端面的距离不大于2米。

——微喷头直接安装在毛管上时，应将毛管拉直，两端紧固，按设计孔距打孔，将微喷头直插在毛管上。

——用连接管安装微喷头时，应按设计规定打孔，连接管一端插入毛管，另一端引出地面后固定在插杆上，其上再安装微喷头。

——插杆插入地下深度不应小于15厘米，插杆应垂直于地面。

——微喷头安装距地面高度不宜小于20厘米。

○微喷带与出流小管安装应符合下列规定：

——应按设计要求由上而下依次安装。

——管端应剪平，不得有裂纹，并防止混进杂物。

——连接前应清除杂物，将微喷带或出流小管套在旁通上，气温低时宜对管端预热。

【系统试运行】

●微灌系统试运行应按设计的灌水小区进行。

●在设计工况下，应实测各灌水小区的流量，按 GB/T 50485《微灌工程技术规范》的规定计算。

●在设计工况下，实测各灌水小区的灌水器流量。所测的灌水器应分布在同一灌水小区干管上、中和下游的支管上，并处于支管的最大、最小压力毛管，且分布在以上每条毛管的上、中和下游，并应按 GB/T 50485-2009《微灌工程技术规范》公式计算灌水均匀系数。

●灌水小区流量和灌水器流量的实测平均值与设计值的偏差不大于 15%，微灌系统的灌水均匀系数不小于 0.8。

【工程验收】

●微灌工程验收前应提交下列文件：

设计文件（设计方案、预算表、设计图纸）；验收文件（竣工报告、决算表、竣工图纸、施工单位资质、产品合格证、产品检验报告、运行维护管理办法）。

●验收办法

〇审查文件。设计文件和验收文件必须齐全；在竣工报告与设计方案不一致时，竣工报告须满足本规范的技术要求，并在竣工报告中单独说明更改设计的原因、更改内容详情及可行性论证。

〇审查设备及安装。实际设备的配备数量应与竣工方案一致，安装应符合本规范的要求。

〇现场运行，实测相关技术参数（见附表 1-2）。

〇验收合格的工程应由验收小组出具验收报告，每个组员签字生效。

〇如有不合格项，验收小组要求施工单位在约定的时间内整改，整改合格即可通过验收。

附表1-1　主要设备技术及安装列表

大类名称	小类名称	技术要求	安装要求
首部枢纽	水泵	按流量和扬程及水源等相关要求选择水泵；水泵配套动力选择应使水泵在高效区运行，泵轴转动灵活，无杂音，填料压盖或机械密封弹簧的松紧度适宜	进水口设置拦污栅
	电动机	选择与水泵配套的电动机	电动机的外壳应接地良好，配电盘配线和室内外线路应保持良好绝缘，电缆线的芯线不得裸露
	过滤器	过滤器的类型及过水量应满足灌水小区的基本要求，能过滤掉大于灌水器流道尺寸1/10～1/7粒径的杂质	过滤装置应按输水流向标志安装
	施肥（药）装置	各部件连接牢固，承压部位密封，压力表灵敏	应安装在过滤器的上游并设置防回流装置，不宜使用软管连接
	逆止阀	止水性能好、耐腐蚀、操作灵活	按流向标志安装
	压力表	精度不应低于1.5级，量程应为系统设计压力的1.3～1.5倍	按设计图纸安装
管道	干管	采用PPR、PE、UPVC，外径为Φ50～Φ110毫米	管道沟槽的开挖与回填应符合GB 50268的规定，周填土不应有直径大于2.5厘米的石子及直径大于5厘米的土块
	支管	可采用PPR、PE、UPVC，外径为Φ25～Φ40毫米	宜先干管后支管。承接口管材，承接口向上游，插口向下游，依次施工
	喷灌毛管	为PE管，应为Φ16～Φ25毫米	按设计图纸安装
灌水器	滴灌管（带）	规格为Φ16毫米，壁厚0.4～0.8毫米，滴孔间距200～400毫米	按设计图纸安装

续附表 1-1

大类名称	小类名称	技术要求	安装要求
灌水器	滴头	选用直径小于灌水器插头外径0.5毫米的打孔器在毛管上打孔，插入深度不宜超过毛管直径的1/2	应按设计孔距在毛管上冲出圆孔
	喷头	喷头为360°旋转喷头，射程为3~5米，流量为70~140升/小时，喷头间距2~3米	喷头安装通常采用双倒钩、毛管、平衡器等配件，按种植需要分组，相邻两组喷头的行距应为2~3米，每组的第一个和最后一个喷头与大棚两端面的距离不大于2米

附表 1-2　微灌工程技术规范验收报告

验收时间：　　年　月　日

施工单位			联系人		
项目地址			联系电话		
项目申报情况	名称、型号、数量、补贴额				
验收情况	1. 文件资料	1.1 验收文件是否齐全			
		1.2 竣工报告与设计方案是否一致		报告与方案不一致时，竣工报告是否满足上述工程验收相关要求	
	2. 设备及安装	是否满足上述的设备安装的要求		存在问题	
	3. 测试数据	报告内灌水器流量设计值	最大偏差是否≤20%	灌水器均匀系数是否≥80%	
业主反馈意见					
验收结论					
备注					
验收小组签名					

附录二　豆芽安全卫生要求
【DB 11/377-2006】

由北京市质量技术监督局于 2006 年 7 月 25 日发布，自 2006 年 9 月 1 日起实施。

●适用范围：本标准适用于以绿豆和黄豆为原料，培植而成的绿豆芽和黄豆芽。

●术语定义：豆芽：以绿豆或黄豆为原料，以水为培植基础，利用原料本身的养分培育而成的豆芽。包括子叶、下胚轴、胚芽和尾根。

●技术要求

感官要求：色泽均匀、正常，下胚轴呈洁白色，长短粗细基本均匀，新鲜、脆嫩、清洁、无杂质、无色变、无萎缩或腐烂，具固有的豆香味、无异味。有害物质限量如附表 2-1 所示。

附表 2-1　豆芽中有害物质限量要求　（单位：毫克/千克）

项　目	指　标	项　目	指　标
铅（Pb）	≤ 0.1	6-苄基腺嘌呤	≤ 0.2
无机砷（以 As 计）	≤ 0.05	2,4-D	≤ 0.1
总汞（以 Hg 计）	≤ 0.01	赤霉素	≤ 0.5
镉（Cd）	≤ 0.05	福美双	≤ 0.06
铬（Cr）	≤ 0.5	多菌灵	≤ 0.1
亚硝酸盐（以 $NaNO_2$ 计）	≤ 4	甲基硫菌灵	≤ 0.1
亚硫酸盐（以 SO_2 计）	≤ 15	百菌清	≤ 5
4-氯苯氧乙酸钠	≤ 1		

注：其他有毒有害物质的指标应符合国家有关法律、法规、行政规章和强制性标准的规定。

致病菌：沙门氏菌、志贺氏菌、金黄色葡萄球菌等致病菌不得检出。

●试验方法

从样品中抽取豆芽 150 克，置于白色瓷盘内，用目测法进行色泽、长短粗细、新鲜、清洁、杂质、萎缩或腐烂等项目的检验；用手掐的方法检验是否脆嫩；用鼻嗅的方法检验豆香味及异味。

三农编辑部新书推荐

书 名	定 价	书 名	定 价
西葫芦实用栽培技术	16.00	山楂优质栽培技术	20.00
萝卜实用栽培技术	19.00	板栗高产栽培技术	22.00
设施蔬菜高效栽培与安全施肥	32.00	猕猴桃实用栽培技术	24.00
特色经济作物栽培与加工	26.00	桃优质高产栽培关键技术	25.00
黄瓜实用栽培技术	15.00	李高产栽培技术	18.00
西瓜实用栽培技术	18.00	甜樱桃高产栽培技术问答	23.00
番茄栽培新技术	16.00	柿丰产栽培新技术	16.00
甜瓜栽培新技术	14.00	石榴丰产栽培新技术	14.00
魔芋栽培与加工利用	22.00	核桃优质丰产栽培	25.00
茄子栽培新技术	18.00	脐橙优质丰产栽培	30.00
蔬菜栽培关键技术与经验	32.00	苹果实用栽培技术	25.00
百变土豆 舌尖享受	32.00	大樱桃保护地栽培新技术	32.00
辣椒优质栽培新技术	14.00	核桃优质栽培关键技术	20.00
稀特蔬菜优质栽培新技术	25.00	果树病虫害安全防治	30.00
芽苗菜优质生产技术问答	22.00	樱桃科学施肥	20.00
大白菜优质栽培新技术	13.00	天麻实用栽培技术	15.00
生菜优质栽培新技术	14.00	甘草实用栽培技术	14.00
快生菜大棚栽培实用技术	40.00	金银花实用栽培技术	14.00
甘蓝优质栽培新技术	18.00	黄芪实用栽培技术	14.00
草莓优质栽培新技术	22.00	枸杞优质丰产栽培	14.00
芹菜优质栽培新技术	18.00	连翘实用栽培技术	14.00
生姜优质高产栽培	26.00	香辛料作物实用栽培技术	18.00
冬瓜南瓜丝瓜优质高效栽培	18.00	花椒优质丰产栽培	23.00
杏实用栽培技术	15.00	香菇优质生产技术	20.00
葡萄实用栽培技术	22.00	草菇优质生产技术	16.00
梨实用栽培技术	21.00	食用菌菌种生产技术	32.00
设施果树高效栽培与安全施肥	29.00	食用菌病虫害安全防治	19.00
砂糖橘实用栽培技术	32.00	平菇优质生产技术	20.00
枣高产栽培新技术	15.00		

三农编辑部新书推荐

书 名	定 价	书 名	定 价
怎样当好猪场场长	26.00	蜜蜂养殖实用技术	25.00
怎样当好猪场饲养员	18.00	水蛭养殖实用技术	15.00
怎样当好猪场兽医	26.00	林蛙养殖实用技术	18.00
提高母猪繁殖率实用技术	21.00	牛蛙养殖实用技术	15.00
獭兔科学养殖技术	22.00	人工养蛇实用技术	18.00
毛兔科学养殖技术	24.00	人工养蝎实用技术	22.00
肉兔科学养殖技术	26.00	黄鳝养殖实用技术	22.00
肉兔标准化养殖技术	20.00	小龙虾养殖实用技术	20.00
羔羊育肥技术	16.00	泥鳅养殖实用技术	19.00
肉羊养殖创业致富指导	29.00	河蟹增效养殖技术	18.00
肉牛饲养管理与疾病防治	26.00	特种昆虫养殖实用技术	29.00
种草养肉牛实用技术问答	26.00	黄粉虫养殖实用技术	20.00
肉牛标准化养殖技术	26.00	蝇蛆养殖实用技术	20.00
奶牛增效养殖十大关键技术	27.00	蚯蚓养殖实用技术	20.00
奶牛饲养管理与疾病防治	24.00	金蝉养殖实用技术	20.00
提高肉鸡养殖效益关键技术	22.00	鸡鸭鹅病中西医防治实用技术	24.00
肉鸽养殖致富指导	22.00	毛皮动物疾病防治实用技术	20.00
肉鸭健康养殖技术问答	18.00	猪场防疫消毒无害化处理技术	22.00
果园林地生态养鹅关键技术	22.00	奶牛疾病攻防要略	36.00
山鸡养殖实用技术	22.00	猪病诊治实用技术	30.00
鹌鹑养殖致富指导	22.00	牛病诊治实用技术	28.00
特禽养殖实用技术	36.00	鸭病诊治实用技术	20.00
毛皮动物养殖实用技术	28.00	鸡病诊治实用技术	25.00
林下养蜂技术	25.00	羊病诊治实用技术	25.00
中蜂养殖实用技术	22.00	兔病诊治实用技术	32.00